PLANETA HOSTIL

Marco Moraes

PLANETA HOSTIL

Como as ações humanas estão mudando a Terra
e fazendo dela um lugar imprevisível e perigoso

© 2024 - Marco Moraes
Direitos em língua portuguesa para o Brasil:
Matrix Editora
www.matrixeditora.com.br
◉/MatrixEditora | ◉ @matrixeditora | ◉ /matrixeditora

Diretor editorial
Paulo Tadeu

Capa, projeto gráfico e diagramação
Patricia Delgado da Costa

Revisão
Cida Medeiros
Silvia Parollo

CIP-BRASIL - CATALOGAÇÃO NA PUBLICAÇÃO
SINDICATO NACIONAL DOS EDITORES DE LIVROS, RJ

Moraes, Marco
Planeta hostil / Marco Moraes. - 1. ed. - São Paulo: Matrix, 2024.
336 p.; 23 cm.

ISBN 978-65-5616-421-2

1. Meio ambiente. 2. Aquecimento global. 3. Efeito estufa (Atmosfera). 4. Mudanças climáticas - Influência do homem. I. Título.

23-87314   CDD: 363.7
               CDU: 504

Meri Gleice Rodrigues de Souza - Bibliotecária - CRB-7/6439

Sumário

PRÓLOGO A história de Verena 11

INTRODUÇÃO É muito pior do que você imagina 15

1. O maior de todos os males: o aquecimento global e suas causas 31

2. Escravos do carbono: os principais processos que geram gases
de efeito estufa 55

3. O sertão vai virar mar: degelo e subida do nível dos oceanos 87

4. Quente e violento: as principais mudanças climáticas e
suas consequências 107

5. Com calor e com sede: ondas de calor, secas, queimadas
e a crise hídrica 135

6. A morte dos oceanos: aquecimento, acidificação e destruição dos
ecossistemas marinhos 161

7. Terras inóspitas: a destruição dos ecossistemas terrestres e
o colapso das cadeias alimentares 187

8. A sexta extinção: a crise da biodiversidade 211

9. A teia invisível: os pequenos seres que dão suporte
(e ameaçam) nossas vidas 237

10. Química a serviço da vida – ou da morte?
Intensificação química descontrolada 265

11. O homem de plástico: plástico no ar, nas águas, e até dentro de você 297

EPÍLOGO O lixão global e o otimismo realista 315

NOTAS E REFERÊNCIAS 329

Ainda que expulse a natureza com pressa,
ela sempre retornará, furtiva, e antes que o perceba,
ela destruirá triunfante seu perverso desprezo.

Horácio, 20 a.C. – Citado por Elizabeth Kolbert no livro
Sob um céu branco: a natureza no futuro
(tradução de Maria de Fátima Oliva do Coutto).

Nós temos que entender que somos enormemente
resistentes a mudanças. Eu não estou falando do entusiasmo
com o qual a sociedade abraça as novidades superficiais,
mas de uma profunda inércia com respeito a qualquer
transformação genuína no nosso modo de ser.

Tradução livre de uma frase do livro de Matthieu Ricard,
Happiness: a guide to developing life's most important skill.

Am I dying?... No, I'm becoming something that never existed before.
(Estou morrendo?... Não, estou me tornando algo que nunca existiu antes.)

Jeff Goldblum como Seth Blunder no filme *A mosca*, de 1986,
ao se transformar num ser monstruoso, produto da combinação
genética de um humano com uma mosca – poderia ser
o planeta Terra falando de seu atual momento.

É pior, muito pior do que você imagina...

David Wallace-Wells no livro *A terra inabitável*

Trabalhei neste livro por muito tempo e por muitas horas. Quando a gente escreve o primeiro livro, não tem ideia se vai produzir algo que tenha algum valor. É um período de altos e baixos. Por isso, gostaria de agradecer inicialmente à minha família, em especial à minha esposa, Margareth, pela paciência e pelo incentivo (e pelo alerta: "Não escreva coisas muito complicadas!").

Sou também imensamente grato aos primeiros leitores e revisores: meus filhos Renata e Lucas, meus irmãos Luiz Fernando e Paulo Ricardo, e meus amigos e colegas Paulo L. B. Paraizo, Tiago Agne de Oliveira e Adriano R. Viana.

Finalmente, gostaria de agradecer ao Paulo Tadeu, editor da Matrix Editora, e à sua equipe por acreditarem no potencial da obra.

Para Ayla e Valentín, que viverão para ver toda a odisseia humana do século XXI.

PRÓLOGO

A história de Verena

Fazia um calor intenso no deserto. O céu sem uma nuvem e a cor cinza-claro do solo e das rochas que ladeavam o vale tornavam ainda mais extrema a sensação térmica. O grupo era formado pelo professor e três alunos. Eram paleontólogos. E tinham vindo ao vale coletar fósseis. Mais especificamente, os fósseis de uma espécie que se extinguira abruptamente 50 milhões de anos antes. Quando o barco ancorou na margem do rio estreito e turbulento, o professor apontou para uma montanha próxima. "Estão vendo aquela camada cinza mais escura? O topo dela marca a extinção. Vamos procurar os fósseis logo abaixo dessa superfície." A aluna mais nova (vamos chamá-la de Verena) adaptou os olhos à claridade. A camada era claramente visível na face da montanha. Não era muito longe. Os quatro apanharam seus apetrechos e voaram até o local. "Vejam", disse o professor, assim que se puseram a examinar a camada. "Há muita coisa aqui, fragmentos diversos, mas a maioria é de coisas inúteis." "Parece uma lixeira", disse Verena. O professor riu. "Parece mesmo! O que estamos procurando são ossos. Vão aparecer como objetos esbranquiçados em meio a esse cinza-escuro."

Verena estava animada. Era a primeira vez que ia a campo para um trabalho de verdade. Já tinha ido várias vezes em viagens da Escola de Geologia. Mas, recentemente, havia sido aceita como aprendiz do professor, e agora estava indo com eles num projeto de pesquisa. Examinou detalhadamente a camada. Era formada predominantemente por uma argila escura. Mas, dispersos na massa argilosa, havia fragmentos diversos, de formato e tamanho variados. Mas não eram fósseis e, portanto, não interessavam. Ela examinou novamente a camada, até a superfície em que abruptamente dava lugar a outra, também argilosa, mas bem mais clara. "Por que eles foram extintos?", perguntou. "Não sabemos. Eles existiram por pouco tempo, a julgar pela pequena espessura da camada, aqui e no resto do mundo, mas foram muito eficientes em se disseminar por vários ambientes", disse o professor. "E desapareceram assim, de repente?" Ela apontou para a superfície de contato das camadas. "Bom, de repente em geologia pode representar milhares de anos ou até mais", respondeu o professor. "Além disso, houve uma brutal extinção nessa época. Não foram só eles. E ainda temos que considerar que houve uma grande mudança climática. O planeta ficou muito mais quente", completou.

Os alunos e o professor começaram a trabalhar intensamente. Esquadrinhavam cada centímetro da camada à procura de fragmentos de ossos. A procura revelava-se inútil. "É difícil mesmo", o professor disse para animá-los. E assim continuaram, sem sucesso, por longas horas. Até que Verena encontrou um objeto branco levemente projetado para fora da superfície. Examinou com cuidado. Lembrou-se das aulas e de outros espécimes que havia visto no laboratório. "Professor", disse, um pouco temerosa de estar cometendo um erro de principiante. "Parece que tem algo aqui." O professor se aproximou, enquanto os demais alunos olhavam com curiosidade, um tanto desconfiados da novata. O professor escovou o objeto com o pincel e disse: "Sim, você encontrou algo!". Ele começou cuidadosamente a escavar a rocha em torno do objeto, deixando-o cada vez mais exposto. Chamou um dos alunos, que começou a trabalhar com ele. "Preste bem atenção, Verena. Veja como fazemos. Na próxima vez você mesma o fará." E assim continuaram exumando o objeto, até o professor exclamar: "É um pedaço de mandíbula". O que era importante. A mandíbula é uma parte muito relevante de um fóssil, pois pode revelar seu tamanho, sua idade, sexo e até seus hábitos alimentares.

Quando o objeto foi extraído, o guardaram num saco, anotando o dia e o local em que foi encontrado. Depois disso, mais alguns fragmentos foram encontrados pelo professor e pelos estudantes. Mas nenhum com a importância do que foi encontrado por Verena. "Você foi a heroína do dia!", exclamou o professor. Ela ficou amarela de contentamento. O Sol estava se pondo, lançando sombras e cores variadas sobre a paisagem do deserto. Eles colocaram as amostras nas mochilas, com o pedaço de mandíbula recebendo cuidados especiais. Então voaram até o barco, que singrou pacificamente as águas calmas do rio, levando-os de volta para a cidade.

No dia seguinte, Verena chegou cedo ao laboratório. O pedaço de mandíbula já havia sido desempacotado ao chegarem no dia anterior, e colocado em uma caixa de vidro. Verena colocou as luvas e pegou a frágil amostra fóssil. Eram seres pequenos. Um adulto dessa espécie devia ter a metade do tamanho dela. Verena examinou a amostra com atenção. Apesar de não estar inteira, estava bem preservada. Uma fileira de dentes, dos molares a um canino, era perfeitamente visível. Verena notou uma pequena peça metálica entre dois dentes. Segundo seus professores, esse fragmento de metal, assim como outros encontrados na camada cinza, eram fruto de precipitação química de metais a partir das águas que percolavam as rochas. Ainda levaria muitos anos até que a civilização de Verena atingisse o desenvolvimento tecnológico suficiente para determinar que esses metais haviam sido fabricados por uma antiga civilização. E mais alguns anos ainda para conseguirem decifrar alguns registros escritos e gravados por eles. E então saber que essa espécie, extinta há 50 milhões de anos, se autodenominava *Homo sapiens*.

INTRODUÇÃO

É muito pior do que você imagina

Todos os dias ouvimos falar das mudanças climáticas. E de como elas podem afetar a vida de todos nós. E os governos dizerem que estão tomando medidas para reduzir a emissão de gases de efeito estufa. Planos muitas vezes ambiciosos, que ajudam a ganhar (ou, em alguns casos, perder) as eleições. Mas, acredite em mim (ou melhor, veja os dados que apresento neste livro), simplesmente não está dando certo. Mesmo com os alertas das Nações Unidas, noticiários frequentes, alguns muito alarmistas (ainda que não seja exagero), envolvimento de celebridades, protestos raivosos (não sem razão), promessas de políticos. E milhares de artigos científicos com dados e prognósticos sombrios. Além dos próprios alertas da natureza. Tempestades cada vez mais violentas, inundações cada vez mais catastróficas, queimadas apavorantes. Vemos tudo isso à noite, sentados no conforto das nossas salas. E no dia seguinte saímos com nossos carros movidos a combustíveis fósseis, ou mesmo a álcool, que também libera carbono em sua linha de produção e uso, além de ocupar terras que poderiam produzir alimentos. Talvez vamos para a academia, ou correr, ou simplesmente passear levando nossa garrafinha com água mineral – de plástico, obviamente, que depois vai poluir o mar, almoçamos um bife suculento – malpassado, por favor –, extraído de um boi que arrotou metano (um dos gases que causam o aquecimento da atmosfera) e foi criado num pasto que destruiu a floresta e todos os ecossistemas que havia nela.

Mas o fato é que, à parte alguns fugazes momentos de preocupação, levamos nossas vidas como se nada fosse acontecer. Só que algo vai acontecer. E será muito pior do que você imagina. E muito mais abrangente do que somente as mudanças climáticas – embora estas sejam de fato muito preocupantes. Se continuarmos com essa complacência, nossos piores pesadelos não serão suficientemente horrendos para fazer jus ao mundo que nos espera. Este livro conta essa história – o que estamos fazendo para destruir o planeta que nos recebeu como espécie, e no qual sempre vivemos, transformando-o num mundo diferente, cheio de eventos extremos e armadilhas silenciosas, cada vez mais inadequado para nós. Em que não temos uma ideia concreta do que pode acontecer, e quando. Já adiantando o final da história, não temos mais como evitar que o planeta se transforme. Mas podemos evitar que fique ainda pior. E, tão importante quanto, temos que nos preparar para esse mundo hostil em que teremos que viver e, acima de tudo, sobreviver.

E por que eu disse sobreviver? Porque a história apresentada no Prólogo poderia ter sido escrita por um autor de ficção científica pouco inspirado, e ser apenas isso, uma história sofrível de pura ficção. Se não fosse por um detalhe: a cada dia que passa, mais aumenta a probabilidade de ser não uma história de ficção, como outros tantos relatos do apocalipse com os quais nos entretemos em livros e filmes, mas uma premonição de algo que pode vir de fato a ocorrer, talvez mais cedo do que qualquer um de nós imagina. O planeta, naturalmente, não vai acabar, nem mesmo a vida. Mesmo que os humanos deflagrem todo seu poder destrutivo, incrementando a destruição causada pela queima de combustíveis fósseis, extinção desenfreada de hábitats e espécies, poluição por plásticos e químicos, ou talvez até mesmo uma guerra nuclear que varra do planeta todos os seres que sejam maiores do que alguns centímetros. Mesmo assim, o planeta e a vida vão continuar existindo. E a vida voltará, em alguns milhões de anos, a ser tão rica e exuberante como é agora. Se a história da Verena fosse verdadeira, ela provavelmente viveria num planeta de extraordinária beleza e diversidade biológica. Mas para nós terá sido tarde demais. Ficção à parte, o fato é que, mesmo que os cenários mais catastróficos não venham a ocorrer, este planeta, este aqui em que você vive, que abrigou a nossa espécie desde o seu surgimento com as condições adequadas para a vida humana, este que você vê agora à sua volta, não vai mais existir. E isso, provavelmente, vai acontecer durante a sua vida.

Ainda que as mudanças climáticas sejam a face mais visível das transformações do planeta, há mais, muito mais. A situação não é apenas muito pior do que você imagina. É muito mais abrangente, insidiosa e brutal. As mudanças climáticas são, como eu disse, a faceta mais visível, e certamente representam algo muito grave e preocupante. Mas não são nosso único problema. Os oceanos estão sendo destruídos, os solos empobrecidos e os químicos liberados por diferentes atividades humanas estão se acumulando por todo o planeta, biomas e seres vivos, incluindo nós mesmos. E ainda há o plástico nas terras, nos oceanos, em nossos corpos. Há uma crise da biodiversidade não registrada em dezenas de milhões de anos, ou mesmo em toda a história da Terra. Se as coisas continuarem como estão, centenas de milhões de vidas serão perdidas, bilhões de pessoas terão suas existências e sua saúde afetadas, e até mesmo a sobrevivência de nossa espécie, tão orgulhosa de sua "superioridade" sobre os demais seres vivos, será ameaçada.

É difícil admitir, até mesmo para mim, que tudo que vou descrever neste livro é absolutamente real, e que cenários assustadores, para não dizer aterrorizantes, vão acontecer com todos nós. E de modo impiedoso. Mas as evidências se somam de forma avassaladora. Veja bem, "todos nós" inclui você também! E seus filhos e netos, e todos à sua volta. Atualmente, como eu mencionei no início, ouvimos falar diariamente sobre as mudanças climáticas. E não é sem razão. Elas de fato ameaçam vidas e propriedades em todo o mundo. Ainda assim, as mudanças climáticas, com todas as suas terríveis consequências, mesmo que sejam provavelmente o mais importante, são apenas parte dos desafios que vamos enfrentar. O aquecimento da atmosfera, causado pelas emissões de gases de efeito estufa, não provoca apenas mudanças climáticas. Causa o derretimento das geleiras, que vai levar a uma elevação de muitos metros no nível do mar, o que pode destruir a maior parte das praias que você conhece. E, pior, muitas cidades e instalações costeiras. Causa também o aquecimento das águas dos oceanos, que afeta o clima, mas também resulta em uma série de danos à vida marinha, independentemente das mudanças no clima. O aumento de CO_2 na atmosfera, que é o mais comum dos gases que provocam seu aquecimento, também causa a acidificação dos oceanos, com consequências ainda mais nefastas que o aquecimento das águas a quase toda vida do mar. E os humanos estão fazendo muitas outras coisas que tornarão este planeta um lugar hostil, violento e, sobretudo, muito mais perigoso para a existência humana.

Esta não é uma história que você vai ver na TV, acontecendo em algum lugar distante, ou mesmo um terrível desastre que ocorre às vezes em todo lugar. Esta é a história de todos nós. Todos somos em parte vítimas e em parte vilões. Mas que, dependendo do que faremos nas próximas décadas, pode ser uma história de heroísmo e superação, ou, o que parece mais provável, se considerarmos o que está acontecendo no início da década de 2020, uma história de puro terror. Vou relatar aqui a situação em que nos encontramos e o que deve acontecer nas próximas décadas, ou até o final do século, que os mais jovens entre nós viverão para ver todo seu desenrolar. Vou procurar descrever com realismo e, tanto quanto possível, sem ideias preconcebidas, quais são os principais problemas que enfrentamos, como chegamos a essa situação, assim como as perspectivas para o futuro, tanto no referente ao que não mais conseguiremos evitar quanto ao que ainda podemos fazer. Levarei em consideração nossas características como humanos divididos entre o egoísmo e o espírito tribal, mas raramente com uma visão suficientemente ampla de todo o planeta.

Como veremos, as transformações que os humanos estão promovendo no planeta são extremamente abrangentes e variadas, e a maioria delas tem o potencial de gerar efeitos muito nocivos ao ambiente e a nós mesmos. Tratar de todas elas é um grande desafio. O que procurei fazer aqui é me concentrar naquelas que são mais urgentes, no sentido de que já estão produzindo profundos efeitos deletérios, e, mais ainda, no sentido de que seus efeitos são amplos e graves a ponto de ameaçar a própria existência humana. Ou seja, tentei reduzir ao máximo a especulação e apresentar o que realmente já sabemos, ou que podemos considerar como tendo alta probabilidade de ocorrer. Essa abordagem, naturalmente, pode deixar escapar algo muito sério sobre o qual nós ainda temos poucas evidências concretas. Ao longo do livro, procurei reduzir essa limitação apontando trabalhos de outros autores que exploram essas possibilidades. Portanto, o que você vai ver aqui são coisas muito concretas, ameaças reais e imediatas que exigem uma intensa mobilização da sociedade em nível global. Infelizmente, também vou demonstrar que a humanidade está fazendo muito pouco. E isso terá que mudar. Se não acontecer por nossa iniciativa, seremos forçados a isso por uma série de tragédias terríveis, todas já claramente anunciadas.

Eu comecei minhas pesquisas para este livro procurando entender melhor a causa do aquecimento global. Afinal, vim de uma longa carreira na indústria do petróleo – atuando como geólogo na área de pesquisa, o que aguçou, pelo menos um pouco, minha capacidade de aceitar e agir com base em evidências. Naturalmente, a indústria do petróleo tem nos seus quadros muitos questionadores do papel das emissões humanas de gases de efeito estufa no aquecimento global. E não há nada errado em se questionar, mesmo as ideias que sejam amplamente aceitas. A ciência evolui exatamente porque alguém questiona as ideias aceitas pela maioria. No entanto, embora entre meus pares na indústria houvesse ceticismo de que o aquecimento global fosse causado pela ação humana, ao interagir com pesquisadores das universidades, e até mesmo com alguns colegas da indústria do petróleo, comecei a ouvir cada vez mais uma história diferente. Assim, ao contrapor diferentes argumentos, fiquei com essa questão me incomodando. Eu precisava entender melhor o que estava acontecendo. Quando me retirei da vida corporativa, tendo mais tempo disponível, resolvi estudar seriamente o assunto, buscando dados e informações que me permitissem avaliar melhor essa questão. O que encontrei me deixou muito preocupado. Meus estudos confirmaram algo em que, atualmente, mais de 97% dos cientistas climáticos concordam: o aquecimento global é causado pelos humanos. Além disso, ao investigar o que está acontecendo no planeta, me dei conta de que o problema não é só o aquecimento global. Assim como não só a queima de combustíveis fósseis libera gases de efeito estufa. Na verdade, esse, ainda que importante, não é o principal gerador desses gases. Além disso, descobri que estamos fazendo ainda muitas outras coisas prejudiciais ao planeta, a ponto de, como afirmei anteriormente, estarmos no caminho para transformá-lo num lugar em que será muito difícil viver. Foi uma grande mudança na minha visão de mundo. Mas temos que fazer ciência, e até mais do que isso, levar nossas vidas e tomar nossas decisões, baseados em evidências, e não em "achismos" ou argumentos de quem se reveste de autoridade, ou de quem simplesmente ganha (ou pensa que ganha) se deixarmos as coisas como estão.

A consequência do conjunto de ações humanas que vou descrever neste livro é que estamos fazendo uma experiência muito perigosa com o planeta. Ainda que nossa espécie tenha surgido há cerca de 150 mil anos, a civilização só surgiu há cerca de 10 mil anos, quando ocorreu a revolução agrícola. Até ali éramos apenas caçadores-coletores, ou seja, seres errantes que viviam andando e caçando animais ou coletando frutas e raízes. Éramos apenas mais uma espécie entre tantas, inclusive outros humanos, como os neandertais, por exemplo, sem nenhuma importância em termos de planeta. Mas quando inventamos a agricultura, tudo mudou. Foi possível ao *Homo sapiens* se fixar com suas lavouras, primeiro em pequenas aldeias, depois em cidades e, finalmente, em grupos ainda maiores. Essa estabilidade só foi possível porque o início da civilização ocorreu ao mesmo tempo em que se iniciava o Holoceno, uma era geológica caracterizada por grande estabilidade climática, que sucedeu o Pleistoceno, conhecido por quase todos como a "era das glaciações", ou simplesmente "a era do gelo" (você deve ter visto os filmes), tempo em que as grandes variações climáticas tornariam inviável o desenvolvimento de civilizações estáveis.

Ou seja, tudo que temos e somos hoje se deve ao que se chama de "o ótimo do Holoceno", um período de 10 mil anos em que a temperatura global não variou mais do que 1°C. Agora, estamos injetando imensas quantidades de gases de efeito estufa na atmosfera. Cerca de 51 bilhões de toneladas de CO_2 equivalente[1] por ano. Como consequência, o planeta já aqueceu 1,1 grau desde o início da era industrial, que começou nos anos 1760. Esse aquecimento, assim como a maior parte das transformações discutidas neste livro, sofreu grande aceleração depois de 1950. No entanto, na prática (não nos discursos, propagandas e promessas), estamos fazendo muito pouco para reduzir o aumento descontrolado das emissões de gases de efeito estufa. Ou seja, continuamos a aquecer a atmosfera e a promover muitas outras transformações que afetam todos os seres vivos, e até mesmo a paisagem do planeta. As mudanças são tão extremas que os cientistas estão propondo que não estamos vivendo mais no Holoceno, e sim no Antropoceno, a "era dos humanos" (*Antropo* significa "homem" em grego). E isso, acredite, não é nenhum elogio.

Olhando assim, parece uma coisa insana ficar injetando gases que, sabemos, provocam o aquecimento da atmosfera (e dos oceanos). Cientes de que esse aquecimento pode provocar mudanças climáticas e outras transformações igualmente danosas, cujos efeitos são potencialmente extremos e duradouros, agindo como se nada fosse acontecer. Até o final do século XX é compreensível que tivéssemos certa hesitação. Havia, de fato, muitas incertezas sobre o comportamento do sistema planetário. Mas, como veremos aqui, não há mais dúvida de que coisas muito graves vão ocorrer se não modificarmos nossa maneira de viver. Na verdade, já estão ocorrendo. Não há mais razão para sermos complacentes. E por que fazemos isso? Por que simplesmente não fazemos o que deve ser feito? A possível explicação para nossa inércia tem muitas vertentes, a maior parte das quais vou discutir ao longo do livro, mas que, num resumo muito preliminar, envolve basicamente três fatores.

O primeiro deles é que simplesmente nos acostumamos ao conforto. Desde o início da revolução industrial, quando os britânicos começaram a queimar carvão para mover suas máquinas a vapor, criamos um estilo de vida baseado em conforto e abundância cada vez maiores. No início tudo parecia ir bem, e o destino da humanidade, em uma visão de progresso permanente, era o de chegar a um momento em que o bem-estar chegaria para todos. Mas não demorou para que os problemas começassem a aparecer: poluição do ar, da água e do solo, envenenamento de animais e de humanos por produtos químicos, destruição desenfreada de ecossistemas, exaustão dos solos. A solução foi remediar o que podia ser remediado: instalação de filtros em indústrias e veículos, substituição de produtos muito tóxicos, e transferir o que pudesse ser transferido –

destruir florestas para abrir novas áreas agrícolas que compensassem os solos exauridos e mudar as fábricas poluentes de lugar, de preferência para países em desenvolvimento que aceitassem um pouco de riqueza adicional (ou muita para poucos) em troca de vidas humanas e da deterioração do seu ambiente. Coisas assim. Só que isso tudo tem limites, e já passamos deles na maioria dos casos. O planeta não suporta mais a nossa maneira de viver, de obter os insumos de que precisamos em uma economia baseada na exploração desenfreada de recursos naturais. No entanto, ainda que nos preocupemos com isso, não conseguimos mudar nosso estilo de vida. As pessoas querem ter isso ou aquilo (quantas polegadas tem sua televisão? Só isso?), fazer as coisas que estão na moda (e aí, já está jogando *beach tennis*?), visitar os lugares famosos (vocês ainda não foram a Trancoso?), ou seguir as últimas tendências da *fast fashion* (a cor do próximo verão será o verde-limão!). E não importa se somos ricos ou pobres. Se já temos um nível mínimo de renda que nos permite comprar algum produto supérfluo, somos presas fáceis do constante bombardeio nas diversas mídias, nos dizendo o que temos que fazer ou comprar, e nosso instinto tribal, aquele que faz com que a gente tenha que se sentir parte de um grupo para ser minimamente feliz, fica logo ansioso para acompanhar a "tribo". Você acha que não é um desses? Que não se deixa influenciar por esse consumismo ridículo? Sério? Sugiro pensar melhor. O fato é que, como disse Matthieu Ricard na frase que citei no início do livro, temos muita dificuldade de mudar, principalmente se essa mudança implica em redução do nível de conforto, e até mesmo do *status* social. Essa é uma das razões pelas quais estamos fazendo tão pouco para evitar a destruição do planeta, mesmo quando ela acontece diante de nossos olhos.

O segundo motivo é o lucro. Ainda que o capital sempre se adapte a novas situações, essa adaptação geralmente custa dinheiro (e perdas) para alguns setores. E eles resistem às mudanças. E as indústrias de combustíveis fósseis, o agronegócio e as indústrias poluidoras são poderosos o suficiente para pressionar governos e outras empresas a continuarem a utilizar seus produtos sem migrar para opções mais sustentáveis. Por exemplo, se alguém investiu bilhões de dólares na construção, digamos, de uma usina termoelétrica a carvão (usinas a carvão ainda são o principal meio de geração de eletricidade no mundo) – e isso dificilmente é feito sem o aval dos governos – vai querer um retorno para seu capital. E para isso a usina terá que ficar em funcionamento por pelo menos trinta anos. Portanto, não é fácil explicar para os investidores (não são todos ricos, devemos lembrar – há muitos fundos de pensão de aposentados que são grandes investidores) que agora resolvemos mudar toda nossa geração de energia para, digamos, eólica, e que seus bilhões de dólares (e aposentadorias merecidas após muitos anos de trabalho) serão perdidos. Não seria fácil. De qualquer maneira, mesmo se quiséssemos fazer isso de forma radical, não poderíamos sem privar as pessoas de seu acesso à eletricidade. E aí voltamos ao conforto, como você já sabe.

O terceiro motivo é o negacionismo. Essa praga que está se proliferando como nunca nessa primeira metade do século XXI. Um péssimo momento para isso. Novamente, não há nada errado em questionar ideias e hipóteses, mesmo aquelas que parecem ser unânimes. Mas, quando a postura é negar o que é suportado por um grande conjunto de observações e evidências, aí começam os problemas. Há alguns anos os argumentos dos negacionistas do aquecimento global eram, do ponto de vista atual, risíveis. Diziam, por exemplo, que as estações meteorológicas inicialmente ficavam nos arredores das cidades, onde há mais vegetação e as temperaturas são mais baixas e que, à medida que as cidades cresciam, as estações ficaram cercadas de prédios, e que as áreas com mais concreto, como todo o mundo sabe, são mais quentes. Por causa disso, afirmavam eles, "parecia" que a atmosfera havia aquecido. Como se os cientistas climáticos não fizessem as devidas (e muito simples) correções. Eu sei que dizer isso parece inacreditável, mas esse argumento até hoje às vezes é utilizado.

Atualmente, o negacionismo climático atua de maneira mais sutil, de modo que para alguns parece ter desaparecido. Mas o fato é que continua atuante, só que de um jeito disfarçado. Por exemplo, um relatório da coalizão da Ação Climática contra a Desinformação (CAAD na sigla em inglês) de 2023 mostra como notícias falsas foram espalhadas por empresas ligadas à produção de combustíveis fósseis antes e durante as reuniões da Conferência do Clima da ONU (COP27) em Sharm el Sheikh, no Egito, em novembro de 2022[2]. O documento aponta o gasto das organizações desse setor de aproximadamente US$ 4 milhões em anúncios na Meta, controladora de redes sociais, como Facebook e Instagram, com o intuito de espalhar informações falsas e enganosas sobre a crise climática e a necessidade do uso de seus combustíveis. De acordo com o documento, foram identificados 3.781 anúncios do tipo, postados por 87 páginas nessas redes, sendo a maioria veiculada por um grupo de relações-públicas do *American Petroleum Institute* (Instituto Americano do Petróleo), gastando entre US$ 3 milhões e US$ 4 milhões. Somente um dos principais produtores de materiais plásticos dos Estados Unidos gastou mais de US$ 1 milhão em postagens pagas nas plataformas digitais, com um custo médio diário de US$ 13 mil. Além disso, conteúdos negacionistas das questões climáticas tiveram um aumento exponencial em diferentes redes desde 2022, incluindo a hashtag #ClimateScam no Twitter (atual X). Felizmente, nem a Petrobras, nem outra empresa brasileira de petróleo (ou fabricante de plásticos) foi citada no relatório.

Voltando aos argumentos dos negacionistas, agora, com milhares de estações meteorológicas espalhadas pelo mundo, boias que medem a temperatura do ar e da água dos oceanos, satélites, balões meteorológicos e toda uma parafernália tecnológica monitorando a distribuição da temperatura do planeta, poucos negam que esteja havendo aquecimento. O foco agora é dizer que o clima da Terra sempre mudou, e que estamos diante apenas de mais um ciclo natural de mudança. Eles têm razão no primeiro ponto. Mas os ciclos naturais, como veremos no capítulo 1, ocorrem de maneira muito mais lenta do que estamos vendo agora. Além disso, de todos os fatores conhecidos que podem causar o aumento da temperatura da atmosfera (irradiação solar, atividade vulcânica, entre outros), o único que explica a atual taxa de aquecimento é o fato de que há um bando de irresponsáveis (incluindo você e eu) injetando gases de efeito estufa na atmosfera! Para dizer a verdade, se o aquecimento que estamos presenciando fosse natural, aí é que nós deveríamos ficar mesmo preocupados. Afinal, se a causa do aquecimento são nossas emissões, nós ainda podemos reduzi-lo e mesmo revertê-lo. Mas, se por outro lado o aquecimento muito rápido a que estamos presenciando for consequência de um processo natural, então não há limite para o quanto o planeta pode aquecer. Poderíamos estar no rumo de ver nossos corpos fervendo em uma futura onda de calor[3].

Ou seja, somos nós os responsáveis. Não apenas injetando gases de efeito estufa na atmosfera, mas também poluindo intensamente o ar, o solo, os rios e os oceanos com bilhões de toneladas de plásticos e uma quantidade cada vez maior de produtos químicos, gerando uma das maiores extinções em massa de espécies da história do planeta, interferindo no funcionamento de microbiomas que talvez sejam essenciais até mesmo à nossa própria vida. Somos nós que, em troca do nosso conforto, estamos transformando o planeta numa escala e numa velocidade jamais vistas. Durante um tempo, parecia mesmo que estávamos numa festa que nunca ia acabar. Estava ficando cada vez melhor, com nossos índices de conforto e sobrevivência atingindo patamares nunca vistos. Mas agora a conta está chegando. E estamos todos juntos nisso. Embora, como sempre, as maiores vítimas sejam os menos favorecidos, histórias de idosos ricos morrendo de calor na Europa, milionários sendo queimados vivos em suas mansões na Califórnia, bairros nobres sendo destruídos por inundações na Europa e nos Estados Unidos, entre outros eventos trágicos, estão mostrando que todos serão atingidos. E como, ainda que sejamos obrigados a fazer algo a respeito, não iremos evitar muitos dos efeitos do que estamos fazendo, teremos que aprender a viver de modo a reduzir os danos, e nos adaptarmos ao mundo hostil que nos espera.

Como já mencionei, vou procurar ser realista. Talvez pareça que não, dado o caráter assustador das coisas que vou descrever. Mas fui absolutamente honesto ao apresentar os resultados dos meus estudos. O livro é realista ao descrever os problemas que estamos enfrentando, e vamos enfrentar, e apresenta os cenários futuros mais prováveis, não os mais pessimistas. Isso é particularmente relevante porque, atualmente, estamos vendo, de um lado, visões alarmistas que são meras especulações, e por outro, uma grande proliferação de propostas para "resolver" os problemas do planeta. A situação é muito séria, e há razões para sermos alarmistas, no sentido de alertar sobre sua gravidade. E agir rapidamente. Mas o alarmismo deve ser direcionado para o que é comprovadamente sério, ou ao que é potencialmente desastroso, para que nossas preocupações e esforços sejam mais bem direcionados. O termo "mudanças climáticas" virou lugar-comum. Um dia desses, ouvi alguém dizendo que até os terremotos eram causados pelas mudanças climáticas! Vou aqui separar o joio do trigo.

Por outro lado, no que tange às soluções, boa parte das que estão sendo propostas simplesmente não é viável. Não que sejam ruins, mas porque ignoram a condição humana. O fato é que nossas mentes não têm acompanhado os avanços científicos e, principalmente, os tecnológicos. Além de termos que ver líderes de potências nucleares agindo como meninos briguentos no pátio da escola, ainda temos que lidar com fanáticos de todos os tipos: religiosos, políticos, racistas, xenófobos. Na verdade, nossas mentes evoluíram muito pouco desde que saímos das savanas africanas, há mais de 60 mil anos. Ainda somos governados por instintos territoriais, sexuais e de *status* no grupo, que são praticamente os mesmos dos nossos ancestrais que viviam da caça e da coleta nas savanas africanas. Na vida moderna, transmutamos esses instintos básicos em comportamentos sofisticados (pelo menos a maior parte das vezes). Mas se examinarmos o comportamento humano atual com um pouco mais de profundidade, veremos que esses instintos estão todos ali, governando nossas vidas. Embora eu tenha mencionado o perigo desse comportamento primitivo diante, por exemplo, de um botão nuclear, eles também são responsáveis, como veremos aqui, pela demora e ineficiência como temos enfrentado as muitas urgências que as transformações do planeta estão trazendo para nossas vidas atuais e futuras.

Olhando o futuro nebuloso da perspectiva dos anos 2020, não há razão para otimismo. Primeiro, ninguém cumpriu os acordos celebrados em Paris em 2015. A seguir, vimos a Conferência do Clima da ONU, a COP28, de 2023, sendo realizada em Dubai, cidade dos Emirados Árabes Unidos, um dos maiores produtores de petróleo do mundo! E não é só isso. Durante a pandemia de covid-19, ficou muito claro que os países cuidam primeiro das suas populações e depois pensam se poderão ajudar os povos menos favorecidos. Ver os países desenvolvidos e até mesmo muitos em desenvolvimento com suas populações já recebendo a quarta dose da vacina, enquanto na maior parte da África as pessoas não receberam nem a primeira dose é um exemplo. Os países desenvolvidos precisam entender que, para resolver os problemas do planeta, precisam ajudar os países em desenvolvimento. Ninguém vai se preocupar com o ambiente ou outros problemas planetários se seu maior desafio é o de encontrar o que comer a cada dia. Além disso, no mundo todo, muito se fala, mas pouco se faz efetivamente. Todos os esforços de mudança da matriz energética e mudança no estilo de vida representam uma fração muito pequena do que é realmente necessário fazer. Estamos enxugando gelo. Se continuarmos assim, as coisas vão ficar muito ruins, como veremos exaustivamente aqui.

Ao escrever este livro, deixei de fora algumas ameaças que já estão conosco há um certo tempo, como as guerras e os diversos tipos de terrorismo (nuclear, biológico, cibernético), ambos em franca mudança em razão do surgimento de novas tecnologias (ainda que, no início dos anos 2020, a invasão da Ucrânia pela Rússia e as ameaças da China sobre Taiwan pareçam nos levar de volta às guerras nacionalistas da primeira metade do século XX, ou à Guerra Fria da segunda metade). Além disso, novas ameaças tecnológicas surgiram no século XXI, representadas pelos avanços da inteligência artificial e da manipulação genética. Abordar tudo isso seria bastante complexo, envolvendo análises políticas e sociais que iriam requerer não só muita pesquisa adicional, mas até mesmo uma investigação mais aprofundada. Deixo esses assuntos para os repórteres investigativos. Ou para os muitos bons livros publicados sobre eles (começando, para as ameaças tecnológicas do século XXI, pelos livros do Yuval Harari).

Descrever as transformações que os humanos estão impondo ao planeta e suas consequências não é difícil apenas por serem complexas, mas por serem muitas. Tenho a pretensão de propiciar uma visão abrangente das principais transformações, e de como elas vão afetar todos nós. Assim, espero que, se você chegar ao final, tenha as informações que lhe permitam não apenas avaliar os grandes desafios que temos pela frente, mas de agir para ajudar na sua mitigação e na adaptação a eles. Nesse último aspecto, a adaptação não se refere apenas à sua ação como parte da sociedade, mas também ao âmbito estritamente pessoal e prático. Por exemplo, se você mora perto de um rio, tenho certeza de que vai avaliar se está num lugar seguro.

Se tem uma casa na praia, vai considerar a possibilidade de que o mar a destrua. Quando comprar utensílios para sua casa, se algum deles não contém químicos perigosos, e assim por diante. Mas você não precisa acreditar em tudo que eu falo. Apresento uma extensa lista de referências, as que eu considero mais úteis e didáticas devidamente destacadas, para que você possa se aprofundar em todos os assuntos aqui abordados. Infelizmente, boa parte delas é em inglês. Nesse sentido, penso que essa é mais uma contribuição que faço aqui. Oferecer um texto em português que seja um bom resumo dos vários assuntos que, embora sejam tratados separadamente em muitos textos, precisam ser examinados no contexto de seu intrincado inter-relacionamento.

Sendo um pouco mais pretensioso, espero que este livro seja também uma fonte de consulta, com os fatos e dados mais relevantes sobre as transformações do planeta. Considero que ele preenche duas lacunas: um texto em português que seja por um lado conciso, mas por outro também abrangente, e uma visão de alguém que vive num país em desenvolvimento, na periferia de onde as grandes decisões são tomadas, muitas delas, ainda que bem-intencionadas, com o viés do mundo desenvolvido que muitas vezes não se aplica aos países "periféricos". Embora esses dados devam ser constantemente atualizados, eu apresento aqui as informações mais relevantes sobre cada tópico, que servirão de base para futuras atualizações e consultas mais aprofundadas. Evidentemente, como vamos ver ao longo do livro, os sistemas naturais são muito complexos e há incertezas quanto a sua evolução. Surpresas sempre podem acontecer. Por isso, você vai ver que termos como "incertezas", "probabilidade" e "estimativas" são frequentemente utilizados. Ainda assim, há muitas evidências que nos permitem descortinar os cenários mais prováveis. E o fato é que, apesar de inicialmente as previsões sobre a evolução do planeta serem consideradas por muitos como "alarmistas", o que tem acontecido nos últimos anos tem se revelado pior do que os cientistas previam.

Na pesquisa para este livro, consultei centenas de artigos técnicos, reportagens, sites e outras fontes de informação, além de dezenas de livros. Embora a maior parte das informações apresentadas seja de domínio público[4], alguns textos me serviram como referências importantes, e eles são citados especificamente. Além disso, algumas referências foram fundamentais para a composição da visão das transformações do planeta que apresento aqui. Primeiramente, os relatórios do IPCC[5] (sigla em inglês para o Painel Intergovernamental sobre Mudanças Climáticas), o comitê de mais de 2 mil cientistas criado pela ONU para reunir o conhecimento sobre as mudanças climáticas. Há centenas de relatórios disponíveis, alguns com resumos para o grande público, e muitos extremamente técnicos. Consultei muitos deles na pesquisa para este livro. Não haveria espaço para citar todos eles, mas sempre que relevante, estão citados especificamente. Também os relatórios do IPBES[6] (sigla em inglês, em tradução livre, para Plataforma Intergovernamental sobre Biodiversidade e Serviços Ecossistêmicos) foram importantes referências sobre a crise da biodiversidade e a destruição de ecossistemas. Outras referências valiosas incluem o livro de David Wallace-Wells, *A terra inabitável*, que fala, de maneira profunda e original, sobre os efeitos das mudanças climáticas na sociedade humana; *A espiral da morte*, do jornalista brasileiro Cláudio Angelo, que traz uma excelente descrição do aquecimento global e seus efeitos nas regiões polares e no clima da Terra; o livro de Daniel Yergin, *The quest*, que versa sobre a transição energética; o livro de Bill Gates, *Como evitar o desastre climático*, que, como diz o título, discorre sobre as opções que temos para zerar as emissões de gases de efeito estufa; e o livro de Elizabeth Kolbert, *A sexta extinção*, que aborda a crise da biodiversidade. Todos são devidamente citados ao longo do livro, em que trechos dessas obras servem de fonte mais específica. Também retirei muitas informações dos sites da Nasa (www.nasa.org), do INPE (Instituto Nacional de Pesquisas Espaciais - www.gov.br/inpe), do Observatório do Clima (www.oc.eco.br), da UNEP (sigla em inglês do Programa das Nações Unidas para o Meio Ambiente – www.unep.org) e da Organização Mundial da Saúde (WHO, na sigla em inglês – www.who.int). Todos esses livros e sites são citados novamente ao longo do texto sempre que uma informação específica ou opinião do autor são mencionadas.

Um aspecto importante a salientar é que este livro não foi escrito para especialistas, e sim para o público em geral. O que faço aqui é um resumo do que pode ser encontrado em milhares de artigos e livros escritos por especialistas nos vários assuntos. Um material que a maioria das pessoas não tem tempo nem a formação científica para digerir. Para dizer a verdade, eu mesmo não tenho como absorver tudo que esses materiais apresentam. Mas tentei usar minha base de conhecimento científico e o próprio método utilizado pela ciência para extrair o máximo possível de conhecimento e comunicá-lo de uma forma que possa ser mais facilmente compreendido. Ainda assim, por mais que eu tenha tentado tornar a leitura agradável, isso não significa que tudo será fácil. Há muitos temas que são inerentemente complicados, e assim parecerão, por mais que eu tenha tentado simplificá-los (até para eu mesmo entender!). Aliás, o primeiro capítulo é o que apresenta a maior quantidade de conceitos e informações científicas. Se você achar que está muito "pesado", pode percorrê-lo rapidamente e partir para o capítulo seguinte. Daí em diante os textos ficam mais "digeríveis" (talvez voltando a ficar mais "insípidos" em alguns trechos que falam da poluição química). De qualquer forma, os capítulos, ainda que tenham muitas conexões entre eles, podem ser lidos de forma estanque. Ou seja, você pode seguir na ordem dos assuntos que mais lhe interessam, o que pode tornar a leitura mais palatável. O que você vai ler não vai deixá-lo confortável. Muitos aspectos perturbadores serão discutidos. Mas eu acredito sinceramente que, para enfrentar os desafios que nos esperam, e tomar as decisões que precisaremos tomar, é necessário entendê-los, pelo menos nas suas dimensões mais essenciais. Então, vou tomar a liberdade de sugerir, novamente, que você não desista. Nem agora, nessa leitura, nem quando as coisas parecerem ainda mais complicadas, e a deterioração do planeta parecer inevitável. Pois tempos difíceis virão. No entanto, com boa informação, realismo e pragmatismo, podemos vencer o nosso maior inimigo que, você já sabe, somos nós mesmos.

1.

O maior de todos os males: o aquecimento global e suas causas

Você viajou no tempo e está numa floresta do período Carbonífero, há cerca de 300 milhões de anos. Inicialmente, parece uma floresta tropical dos dias de hoje. Tudo parece tão igual que você resolve sair da nave sem proteção. Você dá alguns passos. De fato, as cores e os aromas parecem familiares, mas o calor e a umidade são extremos, até para uma floresta como a amazônica. E está difícil respirar. Seus ouvidos começam a doer, como se estivesse mergulhado no mar profundo. Antes de recolocar sua roupa pressurizada, você olha em volta. Há algo diferente nessa floresta. Não há árvores como as atuais. Por todo lado, o que você vê se parece com enormes samambaias. Agora há um ruído. Deve ser algum animal. Subitamente, você o vê entre as plantas. Nossa! Parece uma lacraia. Mas tem mais de um metro de comprimento! É melhor voltar para a nave!

O Carbonífero foi um período da história geológica da Terra que se estendeu de 360 a 290 milhões de anos atrás. Embora à primeira vista, para nosso viajante do tempo, fosse semelhante ao nosso, era, na verdade, bem diferente. Mas já havia vida, muita vida. O planeta era muito quente e úmido, cheio de pântanos com florestas constituídas, predominantemente, por samambaias imensas. Foi nesse período – como seu nome sugere – que se formaram as principais jazidas de carvão do mundo. A atmosfera era muito densa. A pressão do ar era tão alta que os insetos, que respiram por difusão, ou seja, dependem da pressão atmosférica para fazer o oxigênio entrar em seus corpos, eram muito maiores que os atuais. Foi por isso que você viu aquela lacraia gigante!

O carvão se forma pela acumulação de restos vegetais em locais úmidos, como pântanos e mangues, em que a baixa oxigenação permite a preservação de boa parte do material vegetal (em ambientes oxigenados se decompõe, formando principalmente dióxido de carbono – CO_2). É um processo muito lento. Primeiro, o material acumulado forma uma camada rica em matéria orgânica ainda bastante porosa chamada turfa. Depois, aos poucos, esse material é soterrado, compactado e aquecido, transformando-se em carvão. Note que durante o processo de fotossíntese, que constitui a base energética de toda a cadeia de vida na Terra, as plantas utilizam energia solar mais água e dióxido de carbono (CO_2 – ou seja, uma molécula composta por um átomo de carbono e dois átomos de oxigênio) para produzir oxigênio mais água e glicose (cuja fórmula química é $C_6H_{12}O_6$). A energia acumulada por essa reação é utilizada pela própria planta, por animais que venham a consumi-la, ou é preservada no solo se a planta não se decompuser. Portanto, quando a matéria orgânica não é decomposta, moléculas orgânicas compostas basicamente de carbono, oxigênio e hidrogênio "colados" pela energia absorvida do sol são preservadas no interior da Terra. Podemos dizer que carvão se trata de energia solar concentrada por um processo que dura milhões de anos. Quando é queimado, essa energia é liberada.

A reação química básica da queima do carvão (e outros combustíveis fósseis) é muito simples: $C + O_2 \rightarrow CO_2$ + energia. O "C" nesse caso está representando uma molécula orgânica, que geralmente é composta de carbono, hidrogênio, algum oxigênio e, quando são moléculas maiores, outros tipos de átomos. Uma reação real é um pouco mais complexa, como, por exemplo, a combustão do metano (um gás simples que ocorre junto do carvão): $CH_4 + 2O_2 \rightarrow CO_2 + 2H_2O$ + energia. No caso do carvão em si ou da gasolina, para citar os dois materiais mais utilizados por nós, as moléculas orgânicas (representadas pelo "C" da reação básica da primeira linha) são maiores. Mas os elementos envolvidos são, essencialmente, os mesmos. É o que acontece em qualquer combustão, seja na queima de carvão, seja na de gasolina ou mesmo no fogo na lareira. Só que uma pequena quantidade de carvão representa milhões de anos de acumulação e concentração do material vegetal (e, portanto, da energia solar). Ou seja, ao queimarmos carvão ou gasolina, estamos liberando a energia concentrada por um longo processo. É como se fizéssemos o tempo geológico andar numa velocidade estonteante. O mesmo vale para o petróleo. Nesse caso, sua formação se deve principalmente a minúsculas algas e animais acumulados em mares e lagos.

A abundante energia obtida pela queima, ou outros tipos de uso, dos combustíveis fósseis, permitiu um enorme progresso da sociedade humana. Foram a energia e demais produtos obtidos a partir dos combustíveis fósseis que possibilitaram que criássemos a civilização que hoje vemos à nossa volta, na qual conquistamos um nível de conforto e bem-estar que nenhum dos nossos antepassados teve. Não podemos deixar de reconhecer sua contribuição à humanidade. Mas tudo tem o seu preço. Durante muito tempo, os humanos aproveitaram essa energia barata e abundante, e toda a gama adicional de produtos, como se não houvesse nenhum custo além do de extrair e usar. Fizemos uma festa. Como se não houvesse amanhã! Só agora a natureza está cobrando o preço. Liberar a energia dos combustíveis fósseis foi como abrir a caixa de Pandora da civilização. O uso de combustíveis fósseis gera subprodutos extremamente poluentes, assim como causa a liberação de gases de efeito estufa, principalmente CO_2 e metano.

Por conta disso, com a emissão desenfreada de gases de efeito estufa fazendo quase 200 anos, o planeta está aquecendo. Era para desconfiar que isso aconteceria? Sim, houve quem alertasse sobre isso há muito tempo[1]. Em 1939, por exemplo, o engenheiro britânico Guy Stewart Callendar afirmou que os seres humanos já eram agentes climáticos perceptíveis. Segundo ele, as emissões de dióxido de carbono pela queima de combustíveis fósseis, que haviam crescido 10% em um século, já haviam elevado as temperaturas médias da Terra e poderiam elevá-las mais ainda, eventualmente em 2 graus. Callendar foi recebido com ceticismo por seus pares. Não ajudou o fato de ele ser "apenas" um engenheiro, e não um cientista respeitado. Sua afirmação contrariava os livros-texto de meteorologia da época, segundo os quais a única influência humana no clima era temporária e local. E Callendar não foi o único. Antes dele, em 1856, a cientista amadora (e também ativista dos direitos das mulheres) norte-americana Eunice Foote apresentou resultados de experimentos demonstrando que o CO_2 absorvia calor, e que esse efeito poderia ter influência no clima da Terra. É fascinante pensar que ela fez isso em meados do século XIX. É interessante notar que quem apresentou o trabalho dela num congresso científico foi Joseph Henry, que viria a ser o primeiro diretor do prestigiado Instituto Smithsonian. Henry atribuiu o trabalho a Eunice Foote, e talvez o tenha apresentado para lhe emprestar seu prestígio. Mas, seja porque Foote não descreveu exatamente o mecanismo, seja porque os Estados Unidos na época se situavam na periferia da ciência, ou ainda porque Foote era uma mulher, seu trabalho foi ignorado.

Por outro lado, apesar desses alertas, pelo menos até a década de 1950, os cientistas tinham mais temor de que começasse outra era do gelo do que do aquecimento global, pois as evidências de uma era do gelo recente (do ponto de vista geológico) são abundantes em todo o planeta. Só que não há sinal de um esfriamento significativo por vir, pelo menos no curto prazo (que em termos de tempo geológico significa ao menos alguns milênios). Pelo contrário, dados cada vez mais convincentes demonstram de forma inequívoca que o planeta está aquecendo. E hoje não temos mais dúvidas de que o aquecimento global é de origem antropogênica (relembrando: "antropos" em grego significa "homem"). O aquecimento está ocorrendo desde a segunda metade do século XVIII – exatamente quando começou a revolução industrial e os humanos começaram a queimar combustíveis fósseis: primeiro carvão, depois petróleo. Desde aquela época a atmosfera já aqueceu 1,2°C, e brevemente vai atingir o limite considerado perigoso de 1,5°C. Além disso, parece ser inevitável que vá ficar 2°C mais quente bem antes de 2050, sendo que atingir essa última temperatura, segundo muitos cientistas, implicará em consequências catastróficas. Depois de anos de debates, perturbados pelos inevitáveis negacionistas, *lobby* das indústrias (não só do petróleo), grande proliferação de desinformação, além de incertezas legítimas em razão da complexidade do sistema atmosférico, há poucas dúvidas de que esse aquecimento é o resultado da injeção de CO_2 e outros gases de efeito estufa na atmosfera, não só pela queima de combustíveis fósseis, mas também de vários outros processos industriais e agrícolas, que veremos no próximo capítulo.

Quando dizemos que "o planeta está aquecendo", estamos nos referindo à temperatura média da atmosfera, que naturalmente varia em diferentes regiões e épocas do ano. Como sabemos disso? Embora pareça que alguns graus de aquecimento seja pouco se comparado com as variações diárias que ocorrem na maior parte do mundo, o aumento da temperatura média tem profundas implicações em fatores como a quantidade de vapor de água que a atmosfera pode absorver (que influencia, por exemplo, o volume das chuvas), na intensidade e duração das secas e ondas de calor, e na quantidade de evaporação. Todos esses fatores, e muitos outros, como veremos adiante, fazem com que alguns graus de aquecimento possam ter consequências trágicas para o planeta e para a vida humana.

O EFEITO ESTUFA

Mas, antes de vermos a tendência de aquecimento atual e compará-la com os ciclos naturais anteriores, é importante sabermos do que se trata o tão falado, e por vezes pouco compreendido, efeito estufa. Vamos precisar de um pouco de física e química aqui, que talvez não sejam seus assuntos preferidos, mas vale a pena entender melhor esse fenômeno que afeta, e vai afetar muito mais, todos os aspectos de nossas vidas. Prometo que a seguir os assuntos ficarão mais "leves".

O efeito estufa é conhecido e estudado há bastante tempo, numa história com vários personagens[2], dos quais vou destacar os que considero mais relevantes. O primeiro deles foi o cientista suíço Horace Bénédict de Saussure. Além de cientista e professor da Academia de Genebra, Saussure era também montanhista, estudioso da natureza dos Alpes suíços. Uma peculiaridade importante para mim e para meus colegas de profissão: ao descrever seus estudos no livro *Voyages dans les Alpes*, ele inventou a palavra "geologia". Saussure passou muito tempo medindo temperaturas na região dos Alpes, tanto do ar quanto das águas dos rios e lagos. Inventou vários instrumentos para fazer essas medições. Ao fitar o céu claro das montanhas, Saussure se perguntava, como muitos cientistas da época o fizeram: por que o calor da Terra não escapava para o espaço durante a noite? Seria o mais esperado, pois a superfície da Terra aquece durante o dia quando recebe a radiação solar, aumentando assim a temperatura do ar. Mas isso só ocorre enquanto a superfície está aquecida. À noite, havendo só a dissipação de calor para o espaço, a Terra deveria congelar. Mas isso, evidentemente, não acontece.

Para tentar encontrar a resposta, Saussure construiu o que ficou conhecido como "caixa quente" – uma espécie de miniestufa. Era um equipamento bastante simples, uma caixa com as laterais e o fundo cobertos por uma cortiça preta e vidro no topo. Assim, o calor e a luz entravam pelo topo da caixa, aqueciam o ar do seu interior que, como estava preso dentro da caixa, não conseguia sair, mantendo seu interior aquecido. Nós estamos muito acostumados com esse efeito, não apenas nas estufas da jardinagem, mas também quando ficamos num carro fechado ao sol. Ou seja, os vidros das estufas (e do carro) deixam (pelo menos parte) a luz passar, e esta aquece o interior da estufa, mas os vidros impedem que o ar aquecido saia, preservando a temperatura. Ao perceber o que acontecia, Saussure se perguntou se a atmosfera não se comportava da mesma maneira, como se fosse uma capa sobre a superfície, uma gigantesca estufa que segurava o calor e evitava que fosse dissipado para o espaço. Mas Saussure não tinha como provar essa hipótese, pois não possuía os conhecimentos de física necessários. Além disso, o que acontece na atmosfera não é exatamente o que acontecia na "caixa quente" ou nas estufas de jardinagem. Levaria quase um século para que alguém conseguisse demonstrar o que de fato ocorria.

Quem demonstrou experimentalmente como funciona o efeito estufa foi o cientista irlandês John Tyndall, que, por sinal, também era um apaixonado pelas montanhas da Suíça[3]. Tyndall construiu, no final da década de 1850, um aparelho no seu laboratório em Londres. Tratava-se de um espectrofotômetro, um equipamento que hoje em dia é muito utilizado nos laboratórios para verificar a quantidade de energia absorvida por uma determinada solução química. No experimento de Tyndall, o espectrofotômetro lhe permitiria determinar se os gases presentes na atmosfera poderiam absorver luz e, principalmente, calor. Era sua principal suspeita para explicar o efeito estufa. Se os gases absorvessem calor, o efeito estaria explicado. Mas se eles fossem transparentes, ou seja, não absorvessem calor, ele teria que arrumar outra hipótese. Ele primeiro testou os gases mais abundantes na atmosfera, nitrogênio e oxigênio. Não houve absorção de calor.

Tyndall, então, resolveu testar um gás ao qual ele tinha fácil acesso, o chamado "gás de carvão", que a companhia de iluminação utilizava para fornecer luz para a cidade. Consistia basicamente de metano. Quando ele colocou o gás de carvão no espectrofotômetro, notou que o gás, ainda que invisível a olho nu, era opaco aos raios infravermelhos. Ele os absorvia e, ao fazer isso, aquecia. Tyndall então experimentou com o CO_2 e com o vapor de água. Eles também absorviam calor. Assim, ele pôde comprovar, ao examinar dois gases comuns na atmosfera, além do vapor de água, que, naturalmente, também é abundante, como a atmosfera retém o calor emanado pela superfície da Terra e, dessa forma, evita que o planeta congele à noite[4]. A experiência de Tyndall também mostrou que, como eu disse antes, o termo "efeito estufa" não é bem apropriado. No caso das estufas de jardinagem, o calor resultante do aquecimento do solo pela radiação solar é mantido porque o ar aquecido não consegue sair. No caso da atmosfera, o que ocorre é a absorção da radiação infravermelha (emitida por corpos aquecidos) por certos gases. Devemos considerar então que é um termo meramente ilustrativo. Como é uma expressão muito popular, vou manter seu uso aqui.

Tyndall provou que gases presentes na atmosfera são os responsáveis pelo "efeito estufa". Mas ele não tinha conhecimentos suficientes para calcular como seu aumento ou redução impactariam a temperatura da atmosfera. Hoje em dia os cientistas usam sofisticados modelos computacionais para fazer esse cálculo. No final do século XIX não havia computadores, de modo que o químico sueco chamado Svante Arrhenius (aquele das aulas de Química) se dispôs a fazer os cálculos à mão mesmo, pois ele estava curioso quanto aos efeitos do aumento e da redução dos níveis de dióxido de carbono no clima e no avanço e retração das geleiras. Lembrando que, para quem morava na Suécia, a possibilidade de as geleiras avançarem e cobrirem o país era uma perspectiva bem assustadora. Por outro lado, o aquecimento não era tão malvisto assim por quem morava num lugar muito frio! Arrhenius obteve seu Ph.D. na Universidade de Uppsala, onde não foi um aluno brilhante. Ainda assim, ele depois conseguiu uma boa posição na Universidade de Estocolmo. Em 1894, porém, estava solitário e deprimido, por causa da separação da mulher e da perda da guarda do filho. Com muito tempo livre, o pobre Arrhenius resolveu dedicar-se por muitos meses à cansativa tarefa de fazer os tais cálculos. Preencheu páginas e mais páginas com exaustivas e complexas operações matemáticas. Hoje em dia é difícil imaginar que alguém se dispusesse a fazer esses cálculos à mão. Mas, depois de um ano de trabalho, os resultados ficaram prontos. E foram publicados num artigo de 1896[5]. Suas contas demonstraram que se houvesse uma redução de 50% do dióxido de carbono na atmosfera, isso abaixaria a temperatura cerca de 4 a 5 graus centígrados. E, por outro lado, se o teor de dióxido de carbono na atmosfera dobrasse, haveria um aumento de 5 a 6 graus na temperatura. Os resultados dos cálculos de Arrhenius, feitos à mão, se mostrariam muito próximos dos resultados atualmente obtidos em supercomputadores. Embora não o tenha feito especificamente nesse artigo, em trabalhos posteriores Arrhenius sugeriu que a queima de combustíveis fósseis poderia causar o aquecimento do planeta.

O efeito estufa é necessário. Mais do que isso, é fundamental para a vida na Terra. Se não fosse ele, a Terra (todo o planeta!) iria congelar à noite, tornando impossível o surgimento de vida, e mesmo a sobrevivência da maioria dos seres vivos atuais. Sem o efeito estufa, a Terra jamais teria presenciado o desenvolvimento de formas complexas de vida, muito menos seres como nós. Mas, como em tudo, há um equilíbrio. Sem o efeito estufa, a Terra congelaria. Mas se o efeito for forte demais, o calor torna-se insuportável. Foi o que aconteceu com Vênus. Esse planeta, que conhecemos como a estrela vespertina ou a estrela da manhã (ou a estrela d'alva), é assim brilhante porque está coberto de nuvens, que refletem parte da luz do Sol. Durante muito tempo os cientistas se perguntavam se abaixo das nuvens poderia haver um planeta com condições de abrigar vida. Foi o astrônomo Carl Sagan que, ao saber que se tratava de nuvens de dióxido de enxofre, avisou: "É um gás de efeito estufa, Vênus deve ser terrivelmente quente". De fato, em 1970 a sonda soviética Venera-7 conseguiu pousar na superfície de Vênus e, antes de ser destruída pelas altas pressões e temperaturas, esticou um termômetro para fora. A temperatura era de 540ºC. Sagan, depois, ainda nos anos 1970, alertou para o problema do aquecimento da atmosfera terrestre.

Ainda estamos longe da situação de Vênus, que deve ter ocorrido pela falta de mecanismos para fixar os gases de efeito estufa nos mares (Vênus, por estar mais perto do Sol, talvez sempre tenha sido muito quente para sustentar mares permanentes) ou nas rochas. A Terra é bastante diferente de Vênus, não só por estar mais afastada do Sol, mas também porque há diferenças na sua composição. A Terra não deve se tornar um inferno de 540ºC, mas Vênus serve de alerta para o que pode acontecer, ainda que em menor intensidade, se as coisas saírem do controle. Afinal, basta a temperatura do ar permanecer por longo tempo acima de 50-60 graus centígrados (a temperatura exata depende da umidade) para que o corpo humano não consiga mais se autorregular, e a gente morra de hipertermia.

Portanto, ainda que devamos ser gratos pelo efeito estufa, temos que ter cuidado com ele. Não é uma boa ideia ficar injetando esses gases e esperar para ver o que vai acontecer. Mas como saber que o aquecimento que está ocorrendo nos últimos 200 anos é de fato causado pelas emissões humanas? Primeiramente, é preciso verificar se de fato há uma correlação entre o aumento de temperatura e os gases de efeito estufa, particularmente o dióxido de carbono, o CO_2, que é o gás de efeito estufa mais abundante na atmosfera (os outros importantes são o metano – CH_4, o óxido nitroso – N_2O, e o vapor de água) e cujo efeito é o mais duradouro. É aqui que entra a já famosa "Curva de Keeling".

Charles Keeling foi um cientista que desde jovem tinha uma obsessão peculiar: medir o teor de CO_2 na atmosfera[6]. Isso no tempo em que não havia muito interesse no assunto. Se não fossem as implicações resultantes de seus trabalhos, talvez permanecesse como um obscuro cientista de um assunto só. Mas não foi o caso. Os dados obtidos por Keeling se revelaram fundamentais para entender a relação do efeito estufa com o aquecimento global. Quando cumpria seu programa de doutorado em Química na Universidade de Northwestern, no estado americano de Illinois, ele passou um verão caminhando e escalando as montanhas com "patamares de geleiras" na Cordilheira Cascade no estado de Washington, e, como Saussure e Tyndall, se apaixonou por montanhas e geleiras. Para seu trabalho de pós-doutorado, Keeling queria associar seus conhecimentos de química com seu novo interesse por geleiras e geologia. Uma proposta para o programa de geoquímica no CalTech (Instituto de Tecnologia da Califórnia) lhe propiciou essa oportunidade. O tema de sua tese, que passaria a ser o objetivo de sua vida, seria o carbono. Keeling instalou equipamentos no teto do instituto fazendo medidas do dióxido de carbono no ar. Mas a poluição do ar tornou as medições pouco confiáveis. Keeling, então, fez medições nas praias desertas do norte da Califórnia. Mas ali também não funcionou, por uma razão prosaica. As florestas próximas causavam oscilação nos teores por causa da respiração das árvores. Para conseguir medidas confiáveis, ele precisava de um local onde não houvesse variações diárias ou mesmo sazonais. Ou seja, uma atmosfera limpa e estável.

Quando parecia que não encontraria uma solução, o chamaram para trabalhar no Instituto Scripps de Oceanografia (fica em San Diego, também na Califórnia), prometendo que ele teria os recursos necessários para suas investigações. Keeling se dedicou intensamente ao trabalho, lembrando que "naquela época (final dos anos 1950 e década de 1960) ninguém via nenhum perigo nisso, fazíamos só pelo interesse científico". Mas Keeling ainda precisava de lugar com atmosfera "límpida e uniforme". Foi o Bureau de Meteorologia dos Estados Unidos que lhe propiciou o lugar, pois seu novo observatório meteorológico no Havaí, a cerca de 3.400 metros de altitude, no vulcão Mauna Loa, era caracterizado por ar puro, sem perturbações por poluição urbana ou pelos ciclos diários da vegetação (as medidas, obviamente, eram interrompidas em períodos de atividade vulcânica, quando diferentes tipos de gases, incluindo CO_2, são emitidos). Era o que ele precisava. Além desse, outro de seus equipamentos foi despachado para a Antártica, para tornar as medidas ainda mais confiáveis.

Os resultados cumulativos para longos períodos da estação do topo do Mauna Loa (devidamente corrigidos para variações diurnas, sazonais e épocas de atividade vulcânica) foram impressionantes[7]. Os níveis atmosféricos de CO_2 estavam aumentando rapidamente. Em 1959, a concentração era de 316 partes por milhão (abrevia-se como "ppm"). Em 1970, a concentração havia aumentado para 325 ppm, e em 1990 atingia 354 partes por milhão. Em 2021 chegou a 420 ppm. Colocadas num gráfico, a linha ascendente que conecta essas medições ficou conhecida como a Curva de Keeling. E coincidem com o aumento da temperatura detectado na atmosfera. Por causa desse gráfico, o nome de Keeling ficará na posteridade. Se a tendência observada por ele, e posteriormente confirmada por dezenas de outras estações de medição, continuar, a concentração de dióxido de carbono na atmosfera vai dobrar (em comparação com os teores pré-industriais) na metade do século 21. Hoje sabemos que desde o início da revolução industrial o teor de CO_2 na atmosfera aumentou de 275 ppm para 420 ppm (uma elevação de 40%), sendo que a maior parte desse aumento ocorreu nos últimos 70 anos, coincidindo com a industrialização intensiva. Como veremos neste livro, quase todas as grandes transformações do planeta aceleraram brutalmente desde 1950, e muitos estudiosos chamam esse período, ou seja, os últimos 70 anos, de "a grande aceleração". Desde o início da era industrial (principalmente a partir de 1950), a temperatura global aumentou 1,2°C, e os cientistas preveem que, como vimos, o aumento chegará a 1,5°C em poucos anos. As contas são complicadas, mas a relação com o CO_2 é quase linear. Sendo conservadores, podemos dizer que, se a concentração chegar a 500 ppm até 2050, o que é bem possível, estima-se um aumento de temperatura de cerca 3°C. Essa taxa de aquecimento é, e não dá para ser menos dramático, absolutamente assustadora. Se for mantida, poderemos chegar a um aquecimento de cerca de 4°C no final do século[8], o que pode, como veremos adiante, simplesmente inviabilizar a vida humana na maior parte do planeta.

Portanto, a Terra está aquecendo e pelo menos a concentração de um dos gases de efeito estufa está aumentando rapidamente na atmosfera (como já mencionei, estamos emitindo outros gases de efeito estufa, como o metano e o óxido nitroso, mas vamos ficar com o CO_2 por enquanto). Com relação a esse aumento de CO_2, uma das questões debatidas inicialmente pelos cientistas foi a hipótese de que o aumento da sua concentração poderia se dever ao aquecimento, e não o contrário. De fato, se o aquecimento fosse decorrente de uma fonte externa, como, por exemplo, o aumento da radiação solar, haveria uma tendência de parte do CO_2 dissolvido na água do mar ser liberado para a atmosfera. Basta observar uma garrafa de Coca-Cola, ou qualquer outro refrigerante, largada ao sol e se verá o aumento de bolhas. É o CO_2 dissolvido na bebida sendo liberado pelo aumento de calor. Você pode fazer esse experimento. Sugiro apenas não abrir a garrafa! No entanto, não há nenhum mecanismo conhecido que justifique o aquecimento que está sendo observado. Os dois principais mecanismos que sabemos que causam variações de temperatura no planeta são: a radiação solar e a atividade vulcânica. Nenhum deles tem variado nos últimos 250 anos, de modo a explicar o aquecimento que tem sido observado. Vou falar mais sobre eles adiante, pois ao longo da história do planeta eles foram comprovadamente importantes, e há relação entre sua atuação e outros fenômenos, como as mudanças climáticas do passado e até mesmo as grandes extinções.

Como sabemos que o dióxido de carbono que se acumula na atmosfera não é consequência do aquecimento provocado por outros mecanismos, e sim pela emissão do CO_2 pelos humanos? Evidentemente, como mencionei, a ausência de outros mecanismos atuando com intensidade suficiente para explicar o aquecimento é por si só uma evidência. Já vimos que a radiação solar não é a causa do aquecimento. Nem a atividade dos vulcões, pois esta tem permanecido estável nos últimos séculos. Mas existe uma evidência direta da origem antrópica (humana) do CO_2 que é muito mais interessante e inequívoca. Vamos entrar um pouco em química, pois a explicação tem a ver com isótopos, que são átomos que têm o mesmo número de prótons, mas que diferem no número de nêutrons. Mas não vou entrar em muitos detalhes aqui. Imagino que você lembre, das aulas de Química, que os átomos, as partículas básicas da matéria, são compostos de prótons, que são partículas de carga positiva, nêutrons, que não têm carga, e elétrons, que têm carga negativa. O número de prótons é que caracteriza os diferentes elementos químicos. O hidrogênio, por exemplo, tem um próton no núcleo; o nitrogênio, sete; e o oxigênio, oito. Um átomo real é muito diferente daquela visão clássica que parece um sistema solar com um núcleo de prótons e nêutrons, e elétrons girando em seu entorno como planetas em volta do Sol. Na verdade, o átomo é um agregado de esferas de energia que interagem de forma complexa. Mais do que isso, a física quântica tem demonstrado que os prótons e nêutrons são constituídos por partículas ainda menores – com nomes muito estranhos, como glúons e quarks. Mas, para nossa finalidade aqui, o modelo análogo ao sistema solar é bom o suficiente.

Como eu já disse, o número de prótons no núcleo é o que caracteriza cada elemento químico. No caso do carbono, esse número é 6. O átomo mais comum do carbono contém 6 prótons e 6 nêutrons, além de, naturalmente, 6 elétrons, pois os elementos, no seu estado estável, têm carga neutra. Por conta da soma de prótons e nêutrons no seu núcleo, esse átomo é denominado isótopo de carbono 12. Ocorre que no carbono, assim como em muitos outros elementos, há uma parcela de átomos que tem mais nêutrons do que prótons no núcleo. Outros isótopos naturais do carbono, que ocorrem em menores proporções, são o carbono 13 (um nêutron a mais no núcleo) e o isótopo de carbono 14 (dois nêutrons a mais no núcleo), que é radioativo. Para o caso aqui examinado, vamos comparar a proporção entre os isótopos de carbono 12 e 13 (chama-se isso de "razão isotópica"). Note que o isótopo de carbono 13, por ter um nêutron a mais no núcleo, é mais "pesado". E essa é uma propriedade que pode ser utilizada para chegarmos a conclusões interessantes. Para saber qual é a proporção relativa de carbono 12 e 13 numa substância, o ar ou a água, por exemplo, os cientistas usam um aparelho chamado espectrômetro de massa. Numa comparação bastante aproximada, o que o espectrômetro faz é "lançar" as partículas, para ver as que vão mais longe. Assim, os átomos mais leves, no caso os de carbono 12, atingem distâncias maiores, e os pesados, no caso os de carbono 13, não chegam tão longe. Certamente a chefe do laboratório de espectrometria da Universidade Federal do Rio Grande do Sul, onde eu estagiei quando estudante, iria torcer o nariz ao ver nossa comparação. E nos explicar, pacientemente, que na verdade "o espectrômetro é um aparelho que bombardeia uma substância com elétrons para produzir íons que, por sua vez, atravessam um campo magnético que curva suas trajetórias de modos diferentes, dependendo de suas massas, e essas variações são registradas pelo aparelho num padrão denominado espectro de massa". Ao que nós responderíamos, antes de sermos expulsos do laboratório: "Ok, professora, mas é quase a mesma coisa..."

Enfim, como disseram os alunos, para a revolta da professora, considerar que o espectrômetro de massa "lança" as partículas para determinar sua massa relativa é uma comparação boa o suficiente. E isso vai nos permitir chegar ao nosso objetivo aqui, que é o de responder à seguinte pergunta: o CO_2 que está se acumulando na atmosfera é resultado da liberação pela água do mar em razão do seu aquecimento natural ou provém da queima de combustíveis fósseis, sendo consequentemente a causa do aquecimento? A resposta é extremamente simples e inequívoca.

As plantas, que fixam o carbono através da fotossíntese, contêm uma proporção menor de carbono 13 em relação àquela apresentada pela atmosfera em condições normais. Portanto, se o CO_2 que está se acumulando na atmosfera desde o início da era industrial provém, principalmente, da queima de combustíveis fósseis (que foram formados basicamente a partir de plantas), deveria se esperar que, progressivamente, a proporção de carbono 13 na atmosfera deveria cair. E como fazer essa comparação? De uma maneira simples e bastante engenhosa. Os cientistas coletaram amostras de ar presas no gelo formado antes da era industrial (nas geleiras da Groenlândia e da Antártica) e compararam a proporção de carbono 12 e carbono 13 desse ar antigo com o ar atual. A resposta foi muito clara: a proporção no ar atual é mais baixa[9]. Ou seja, o CO_2 que está se acumulando na atmosfera contém uma proporção menor de carbono 13, como seria esperado se fosse proveniente da queima de combustíveis fósseis (e não pela liberação da água do mar, por exemplo). Uma evidência direta! Se havia alguma dúvida sobre a contribuição humana para o aumento de CO_2 na atmosfera (como mencionei antes, eu mesmo tinha), diante desses dados não vejo mais razão para duvidar disso.

VARIAÇÕES DE TEMPERATURA DA HISTÓRIA DA TERRA

Algumas vezes temos ouvido daqueles – em número cada vez menor, mas nem por isso menos ativos – que defendem que o aquecimento não é causado pelos humanos, a afirmação de que a Terra sempre apresentou, ao longo de sua história, variações na temperatura da atmosfera e dos oceanos e, consequentemente, do clima e outros processos relacionados com ela. E que, portanto, o que estaríamos presenciando é mais uma dessas variações naturais. A primeira parte dessa afirmação é absolutamente verdadeira. E vou falar sobre isso a seguir. Mas inferir a partir disso que a variação atual se deve a um ciclo natural me parece equivocado. Não apenas pelo que já vimos anteriormente, mas também pela própria natureza do aquecimento atual, como veremos adiante.

Os estudos de geologia demonstram que durante a história do planeta as temperaturas já foram bem mais altas que as atuais, assim como bem mais baixas. Os geólogos conseguem determinar isso examinando as rochas formadas nas diferentes épocas, assim como usando dados geoquímicos (ou seja, dos elementos químicos que compõem as rochas), que são uma espécie de "termômetro" do passado do planeta. Em razão principalmente dessas variações, nós dividimos a história da Terra em períodos que são caracterizados por condições diferentes de temperatura, nível dos oceanos, tipos de fauna e flora, entre outros fatores. Esses períodos geralmente são separados por eventos extremos, como extinção em massa das espécies, ou por mudanças ambientais muito significativas. Alguns períodos são bastante conhecidos, como o Cretáceo, que terminou há 65 milhões de anos com o choque de um asteroide, causando uma grande extinção (sim, aquela dos dinossauros). E o Jurássico, popularizado pelos filmes de Spielberg, que antecede o Cretáceo, e é separado deste por significativas mudanças climáticas, pois no Cretáceo o mundo se tornou mais quente e úmido, com grande elevação do nível do mar. Aliás, a maior parte dos dinossauros que aparecem no filme *Jurassic Park* é do Cretáceo! Uma vez o paleontólogo Stephen Gould perguntou a Spielberg por que então o filme não se chamava *Cretaceous Park*, e o cineasta respondeu: "Sabe, eu nunca pensei nisso!". O fato é que o filme é baseado no livro *Jurassic Park*, de Michael Crichton. Na minha opinião, esse nome foi escolhido simplesmente porque *Jurassic Park* soa melhor do que *Cretaceous Park*!

Com exceção da extinção do Cretáceo, que foi causada por um evento externo (embora talvez não tenha sido a única causa), todos os outros grandes eventos de extinção foram causados por mudanças climáticas – a maior parte por aumento na atividade dos vulcões (que, por sinal, também aumentou no final do Cretáceo). A maior extinção em massa da história da Terra ocorreu no final do período Permiano, que sucedeu ao Carbonífero – sobre o qual falei no início deste capítulo. O período Permiano, que durou de 298 a 252 milhões de anos, foi muito diferente do Carbonífero – ainda que no seu início as condições fossem favoráveis à formação de carvão (é o caso, inclusive, das jazidas brasileiras). O Permiano foi um período muito mais seco e caracterizado por pelo menos três eventos geológicos marcantes. O primeiro foi uma importante glaciação que atingiu todo o hemisfério sul. Naquele tempo, a América do Sul, a África, a Índia (que não fazia parte da Ásia) e a Oceania estavam reunidas num supercontinente chamado pelos geólogos de Gondwana (significa "Terra dos Gonds" – uma tribo da Índia). Evidências dessa glaciação estão amplamente distribuídas por esses continentes, na forma de rochas e feições como os pavimentos estriados, que são a marca do atrito das geleiras quando passam sobre as rochas (temos várias ocorrências de pavimentos estriados no sul do Brasil). Ou seja, fazia frio por aqui naquele tempo. Outro processo importante que ocorreu no final do Permiano, agora atingindo o mundo todo, foi um intenso vulcanismo. É difícil dizer por que em certos períodos há maior atividade vulcânica. Mas isso está provavelmente associado à dinâmica de movimentação dos continentes – que se movem, acho que você sabe, carregados pelas placas tectônicas. O vulcanismo do Permiano foi tão intenso que no final do período o aumento da temperatura da atmosfera e todas as suas consequências climáticas e a acidificação dos oceanos causaram a maior extinção de espécies que o planeta já experimentou. Muito mais disseminada e catastrófica do que a do final do Cretáceo.

A atividade dos vulcões às vezes é mencionada como possível causadora do aquecimento atual. Mas, como eu disse, não houve aumento dessa atividade nos últimos séculos. Além disso, o incremento da atividade vulcânica reflete a atuação de processos geológicos ao longo de milhões de anos. Pode produzir o aumento de CO_2 e outros gases estufa na atmosfera e, consequentemente, seu aquecimento. Mas sua influência se dá de maneira muito lenta. Não é comparável ao que estamos vendo agora. De qualquer forma, as evidências coletadas nas rochas do Permiano e na maior parte das camadas que marcam as extinções que ocorreram no planeta indicam que a maior parte delas se deu por causa do aumento do teor de CO_2 na atmosfera (e nos oceanos). Essa constatação serve de poderoso alerta sobre o que pode acontecer na Terra se continuarmos injetando dióxido de carbono e outros gases de efeito estufa na atmosfera.

Ainda que o vulcanismo aparentemente tenha sido responsável pelas mudanças planetárias que causaram a maior parte das grandes extinções, as mudanças mais frequentes (ou seja, em períodos de duração mais curta) de temperatura do planeta são controladas por mudanças na intensidade da radiação solar causadas por ciclos orbitais, ou seja, variações da forma da órbita ou, em alguns casos, do eixo da Terra. Esses fenômenos orbitais foram primeiramente identificados pelo engenheiro e geofísico sérvio Milutin Milankovitch e são atualmente considerados os principais causadores dos ciclos de resfriamento e aquecimento do planeta – por exemplo, das glaciações do Pleistoceno (quem não viu *A era do gelo*?). Há três tipos principais de variações orbitais, com nomes um tanto estranhos, mas cujos mecanismos são fáceis de entender. São elas: (1) variações na excentricidade orbital da Terra – ou seja, mudanças na forma da órbita em torno do Sol; (2) mudanças na obliquidade – que são variações no ângulo (inclinação) que o eixo da Terra faz com o plano da órbita da Terra; (3) precessão – que é a mudança na direção do eixo de rotação da Terra, isto é, o eixo de rotação se comporta como o eixo de um pião quando começa a perder velocidade. Essas variações se devem à interação da Terra com outros corpos celestes, principalmente com os grandes planetas, Júpiter e Saturno, e se dão em ciclos que variam de dezenas de milhares de anos a várias centenas de milhares de anos. Elas afetam a intensidade da radiação solar que chega à Terra e, portanto, sua temperatura. Assim, ao longo da história da Terra, as variações orbitais têm causado ciclos de esfriamento e aquecimento da temperatura global.

Do ponto de vista geológico, são ciclos de alta frequência. Afinal, o que são 10 mil ou mesmo 100 mil anos para um planeta que tem 4,5 bilhões de anos? Por outro lado, do ponto de vista humano, para quem a história iniciou há apenas 10 mil anos, são ciclos bastante longos.

E como os geólogos determinam as temperaturas antigas da Terra? E as variações no teor de CO_2 em épocas muito antigas? Primeiramente, examinando as rochas. Evidências da ocorrência de rochas de origem marinha podem servir para estimar o nível do mar. Por exemplo, se a maior parte das rochas referentes a um determinado período são marinhas (o Cretáceo é um exemplo disso), isso indica nível do mar alto e temperaturas mais quentes. Extensos depósitos de rochas de origem glacial, por outro lado, indicam temperaturas mais frias. Muitas rochas formadas em desertos? Climas quentes e áridos. Os geólogos fazem isso desde os primórdios da geologia. Mais recentemente, outra ferramenta tem sido usada para esse fim, os isótopos. Ocuparia muito espaço para explicar como se faz isso, e você provavelmente se aborreceria com tanta química. Mas o princípio é semelhante ao utilizado para se determinar a origem do CO_2 atmosférico. Por outro lado, já mencionei o método para determinar o teor de CO_2, assim como estimar as temperaturas nos últimos milhões de anos, período mais relevante para nós. Basta coletar amostras de atmosferas antigas, caprichosamente armazenadas nas geleiras. Pois o gelo, quando se forma pela compactação da neve, aprisiona pequenas bolhas de ar, que nada mais são do que amostras da atmosfera do tempo de sua formação. Assim, como as maiores geleiras da Terra, como as da Groenlândia e da Antártica estão se acumulando há muitos milhões de anos, elas contêm amostras de ar não apenas do Holoceno e do Pleistoceno, mas de épocas ainda mais antigas. Além disso, pela análise de isótopos, agora de oxigênio, podem-se determinar as temperaturas atmosféricas do passado. Fico imaginando a emoção de um cientista ao sugar o ar de uma bolha no gelo que representa a atmosfera de 10 mil, 100 mil ou 1 milhão de anos atrás!

Por ser mais relevante para nós, vou me concentrar nas variações climáticas mais recentes. Nossa espécie – assim como todos os humanos – surgiu no Pleistoceno, período que se estendeu de 1,8 milhão de anos até cerca de 11,5 mil anos atrás e foi marcado pela ocorrência de uma série de glaciações e variações muito abruptas na temperatura do planeta. A glaciação mais recente, amplamente documentada no hemisfério norte pela ocorrência de sedimentos glaciais presentes até em regiões de clima temperado e ameno tanto na Europa como na Ásia e na América do Norte (há um piso de rocha com estrias que indicam a passagem de geleiras – que ocorre pelo atrito do gelo com as rochas, em pleno Central Park, em Nova York – se você for lá, procure a placa indicadora), terminou justamente há 11 mil anos. A época em que vivemos (ou vivíamos até pouco tempo atrás) chama-se Holoceno, caracterizada por condições mais amenas e pouca variação climática. De fato, as condições foram tão estáveis nos últimos 11 mil anos que muitos cientistas chamam isso, como já mencionei, de "ótimo holocênico". Foi nessas condições que a civilização humana surgiu e floresceu. O surgimento da agricultura, que propiciou a fixação dos até então caçadores-coletores, dando início à formação das cidades e de estados bem estruturados, ocorreu há justamente 10 mil anos. Antes disso, em razão das frequentes variações climáticas do Pleistoceno, não seria possível se desenvolver uma civilização estável, pois os humanos precisavam estar em constante movimento, devido às mudanças ambientais.

Portanto, toda a história registrada pelos humanos (vou, neste livro, por uma questão de simplificação, chamar de "humanos" a nossa espécie, já que somos os únicos representantes do gênero "homo" a andar sobre a Terra – falarei mais sobre isso adiante) ocorreu durante o Holoceno. Assim, tudo o que concebemos a respeito de civilização aconteceu em um período de grande estabilidade climática. No entanto, mesmo durante o "ótimo do Holoceno", houve variações globais de temperatura e clima que afetaram a humanidade de forma marcante. Há cerca de 8 mil anos, o clima do mundo (pelo menos das regiões habitadas pelos humanos) tornou-se mais seco e frio. A secura foi tanta que o nível do Mar Mediterrâneo desceu significativamente, tornando o Mar Negro completamente isolado. As geleiras avançaram sobre a Europa, ainda que sem a intensidade do Pleistoceno, de forma que ficou inviável sobreviver mesmo no sul do continente. Por exemplo, nos Bálcãs – no Leste Europeu – e até em regiões mais ao norte, como no sul da Alemanha, onde já havia considerável atividade humana. Ao sul, nas regiões mais quentes, o clima muito seco também inviabilizou a continuidade das populações, que naquele tempo já começavam a praticar a agricultura. Por isso, povos de diferentes regiões da Europa e da Ásia migraram em direção ao Mar Negro, onde havia bastante água e, consequentemente, chuvas, que permitiam a continuidade da agricultura. Essa época durou cerca de 2.500 anos. Então, tudo mudou. O clima tornou-se rapidamente mais quente e úmido, e o nível dos mares subiu. Há cientistas[10] que sugerem que essa subida foi tão rápida que teria formado uma verdadeira cascata no Estreito de Bósforo, que conecta o Mar Negro ao Mar de Mármara, que, por sua vez, é conectado ao Mediterrâneo – ou mais especificamente ao Mar Egeu – pelo Estreito de Dardanelos.

Se houve realmente uma cascata de água do mar, que teria sido algo muito impressionante, não se sabe ao certo. Mas que a subida do nível do Mar Negro foi rápida a ponto de surpreender as civilizações que haviam se instalado à sua volta, disso há poucas dúvidas. Recentemente, muitas aldeias praticamente intactas foram encontradas submersas no Mar Negro, assim como evidências de praias e outras feições costeiras. Por isso, os povos que se reuniram no entorno do Mar Negro durante o período mais seco tiveram que se dispersar. Isso não foi ruim, pois as áreas onde viviam anteriormente, agora recuperadas e com clima mais ameno, apresentavam abundância de solos férteis, frutas a serem colhidas e animais para serem caçados e domesticados. Essa megainundação, segundo vários estudiosos, teria dado origem à lenda do dilúvio, que hoje é encontrada nas histórias antigas de diferentes civilizações.

O mais significativo desse relato é demonstrar que importantes variações climáticas ocorrem em curtos períodos, e que aconteceram recentemente. Na verdade, depois desse episódio, outras fases de calor e frio também ocorreram. Por exemplo, entre os anos 700 e 1300 d.C., o clima era mais quente que o atual. Uvas eram cultivadas no sul da Inglaterra, e a Groenlândia teve sua cobertura de gelo tão reduzida que os vikings estabeleceram povoações permanentes, inclusive com cultivo agrícola na região. Foi nessa época que um viking chamado Leif Eriksson teria chegado à América do Norte, mais especificamente na costa leste do Canadá. Ou seja, Cristóvão Colombo não teria sido o primeiro europeu a chegar às Américas. O clima esfriou de novo em poucas dezenas de anos e tanto os ingleses ficaram impedidos de fazer vinhos como os vikings tiveram que abandonar suas povoações na Groenlândia. Então, depois, o mundo tornou-se mais frio, por um período de cerca de 200 anos, naquela que ficou conhecida como "a pequena era do gelo". São famosas as referências de Shakespeare ao "inverno sem fim", e até referências (não devidamente comprovadas) do rio Tâmisa congelado.

O que causa essas mudanças de pequena duração no clima? Ainda que atividades vulcânicas possam ter influenciado a ocorrência da "pequena era do gelo", pelo bloqueio da luz solar pelas cinzas injetadas pelos vulcões na atmosfera, e que ainda se discuta se a "pequena era do gelo" foi mesmo global, ou se teria afetado apenas o continente europeu, existem flutuações na intensidade da radiação solar que coincidem, pelo menos aproximadamente, com essas variações climáticas. Existem variações ainda mais frequentes, como o período frio nas décadas de 1790 a 1810.

Essas variações climáticas de ainda mais alta frequência que os ciclos de Milankovitch são causadas por ciclos de atividade das manchas solares, que são bem conhecidos. Nos últimos seis séculos, pelo menos três mínimos de atividade solar são documentados: os mínimos de Dalton, Maunder e Spörer. Os cientistas preveem que nos anos 2030 haverá um novo ciclo de Maunder, que pode contribuir para a redução da temperatura da Terra ou, mais provavelmente, para a redução da taxa de aquecimento. Isso tem levado algumas pessoas, ainda que poucos cientistas climáticos, a prever que "a Terra vai esfriar e, portanto, não há necessidade de se preocupar com o aquecimento global". Pelo contrário, segundo este conceito, seria até conveniente continuarmos a bombear CO_2, pois isso nos livraria de uma nova "era do gelo".

Esse raciocínio esconde o desconhecimento dos efeitos relativos dos ciclos das manchas solares e o do CO_2 que estamos acumulando na atmosfera. A radiação solar que atinge a Terra é de cerca de 1.365 W/m^2 (watts por metro quadrado – watt é uma unidade de potência – conhecida por usarmos para avaliar as lâmpadas domésticas). O impacto das variações de radiação relacionadas com a atividade das manchas solares, como o ciclo de Maunder, é de cerca de 0,21 W/m^2. Por outro lado, segundo dados do IPCC[11], o impacto do aumento dos gases estufa é de 2,5 W/m², ou seja, mais de dez vezes mais alto, e aumentando a cada ano. Assim, se um mínimo de Maunder ocorrer nos anos 2030, seu impacto será pequeno, e não vai impedir que o planeta continue aquecendo. Além disso, devemos considerar que esses ciclos apresentam curta duração, de forma que, depois que passarem e a atividade das manchas solares aumentar, o aquecimento vai acelerar ainda mais. Meu temor é que a atuação do próximo mínimo de Maunder reduza a taxa de aquecimento, retardando as ações de mitigação que são necessárias para evitar um aquecimento ainda maior quando ele terminar.

Não temos mais dúvidas, portanto, de que a atividade humana não apenas contribui como é a principal responsável pelo ciclo atual de aquecimento. A experiência que estamos fazendo com o planeta não é pouca coisa. Desde o início da era industrial, a humanidade já emitiu mais de 500 bilhões de toneladas de carbono na atmosfera. As emissões inicialmente cresceram aos poucos, mas esse crescimento tem acelerado nas últimas décadas. De fato, as emissões cresceram 1,5% ao ano de 1980 a 2000, e 3% ao ano de 2001 a 2012. Na década seguinte, de 2012 a 2022, houve uma redução na taxa de crescimento, para cerca de 1% ao ano. Mas elas não pararam de crescer, mesmo com uma pandemia no meio do caminho. Esse crescimento, para surpresa de muitos brasileiros, porque nós utilizamos pouco essa fonte, se deveu principalmente ao aumento do uso de carvão em termoelétricas. Atualmente, estamos emitindo 51 bilhões de toneladas de carbono por ano, e esse número não está reduzindo, mesmo com o esforço de muitos países para tornar sua matriz de energia mais limpa. E por que não estamos conseguindo? Porque, como citei anteriormente, e veremos no próximo capítulo, os processos de emissão de carbono estão envolvidos em tudo que usamos e fazemos na sociedade moderna. Tão envolvidos que seria impossível viver sem eles, a não ser que voltássemos a viver em cavernas, ou nas matas, e a caçar animais e coletar frutas para nos alimentar.

As conclusões deste capítulo não poderiam ser mais diretas. O planeta está aquecendo rapidamente, e a principal causa desse aquecimento é a emissão de gases de efeito estufa pelas atividades humanas. Já há muito tempo entendemos o que é o efeito estufa e o que ele pode causar. Basta estudarmos um pouco a história da Terra. Ou a de Vênus. Sabemos que os gases de efeito estufa emitidos pela fabricação de diversos produtos, pela criação de animais e pela queima de combustíveis fósseis para produzir eletricidade, aquecer nossas casas e transportar pessoas e mercadorias estão se acumulando na atmosfera e causando seu aquecimento. Com todas as suas consequências. Mas os processos que produzem os gases de efeito estufa estão enraizados de forma tão profunda na nossa maneira de viver que simplesmente não conseguimos diminuir essas emissões. Estamos tentando (e aqui devo considerar apenas os que realmente estão tentando, e não os hipócritas que prometem, mas não o fazem). Mas mesmo que haja muitas pessoas bem-intencionadas nesse esforço – indivíduos, governos e mesmo indústrias –, não estamos conseguindo. Apesar de já dispormos de soluções tecnológicas para a maioria dos problemas, tenho razões para acreditar que teremos, pelo menos nas próximas décadas, muita dificuldade para reduzir de modo significativo as emissões de gases de efeito estufa. Nossa falha, entretanto, terá consequências nefastas para a humanidade. Sem medo de exagerar, digo que estamos prestes a entrar num pesadelo. Para muitos, será um pesadelo muito pior do que podem imaginar. Não há forçação de barra aqui. E vamos ver por que nos próximos capítulos.

2.

Escravos do carbono: os principais processos que geram gases de efeito estufa

Antes de vermos as consequências catastróficas presentes e futuras do aquecimento global, é conveniente examinar os principais processos pelos quais a humanidade está injetando essa quantidade de carbono na atmosfera. Tais processos estão na essência de quase tudo que fazemos, usamos e necessitamos, e é por isso que reduzir a emissão de gases de efeito estufa é tão difícil. Os principais processos são os seguintes, listados segundo sua contribuição na emissão de carbono equivalente[1]: (1) Fabricação de materiais: 31%; (2) Geração de eletricidade: 27%; (3) Agropecuária: 19%; (4) Transporte (aviões, caminhões, cargueiros): 16%; (5) Aquecimento e refrigeração: 7%.

Olhe novamente para esses números. Eles podem surpreender muita gente (surpreenderam inclusive a mim), porque quando falamos de gases de efeito estufa costumamos pensar em petróleo e transporte. Você sabia que a fabricação de materiais é a principal responsável pela emissão de gases de efeito estufa? No Brasil, não pensamos nem em eletricidade, já que a maior parte da nossa eletricidade é gerada por hidrelétricas (nesse aspecto somos mais "limpos" que a maioria dos outros países – o que compensamos, negativamente, com o nosso péssimo manejo das florestas, agropecuária intensiva e pelo setor de transportes). Há de fato muitos outros processos que geram esses gases. Para parte deles já dispomos de alternativas, ainda que sejam de difícil implantação. Mas em alguns casos não temos nem alternativas viáveis de substituição, pelo menos nas próximas décadas. Vejamos então, com mais detalhes, as principais fontes de emissão de gases de efeito estufa.

FABRICAÇÃO DE MATERIAIS

Comecemos pelos processos que mais geram gases de efeito estufa, ou seja, a fabricação de materiais (31% das emissões!). Entre eles, a fabricação de concreto é a maior emissora. O concreto é o material que resulta da mistura de cimento, água, cascalho e areia. É amplamente utilizado em todo o mundo, por ser um excelente material de construção. É facilmente moldável, resistente à corrosão e não é inflamável. Por isso está por toda parte: nas casas, nos edifícios, nas pontes e viadutos, redes pluviais e de esgotos, estradas, represas. A moderna tecnologia de fabricação de concreto, que usa peças pré-moldadas que são montadas no local da obra, acelera e torna mais seguras as construções. Três componentes do concreto: cascalho, areia e água são utilizados como ocorrem na natureza (embora o cascalho geralmente seja produzido moendo-se pedras maiores). Mas nenhum deles tem grande efeito quanto ao aquecimento, ainda que sua obtenção possa causar danos ambientais. A fabricação de cimento é que representa o maior problema. Todos os anos os Estados Unidos produzem mais de 90 milhões de toneladas de cimento; o Brasil, cerca de 70 milhões de toneladas (apesar de nossa economia ser bem menor, nós usamos mais cimento e concreto na construção de casas e prédios do que os americanos). Mas a produção chinesa é quase inacreditável. A China fabricou seis vezes mais concreto nos primeiros dezesseis anos do século XXI (25,8 bilhões de toneladas) do que os Estados Unidos em todo o século XX, que fabricaram 4,3 bilhões de toneladas de 1901 a 2000.

O cimento é basicamente composto de cálcio, mais um pouco de argila, ferro e gesso (sulfato de cálcio). Para obter cálcio, geralmente se utiliza o calcário – uma rocha que contém cálcio, carbono e oxigênio (especificamente, carbonato de cálcio, $CaCO_3$, que é o principal componente das conchas, dos corais e outros organismos marinhos que têm esqueletos externos ou internos e que, ao serem soterrados, formam o calcário). Para se obter o cimento, queima-se o calcário em um forno (onde geralmente se usa carvão ou gás natural – já gerando aí gases de efeito estufa) junto com outros materiais. Assim, separa-se o cálcio para o cimento e libera-se carbono e oxigênio, na forma de CO_2, ou seja, toda aquela quantidade de cimento e concreto referida há pouco implica na emissão de dióxido de carbono em sua fabricação. Não temos, até agora, outra maneira de fabricar cimento. Ou seja, a não ser que passemos a fazer tudo com outros materiais – madeira, plástico e vidro (ou passemos a reciclar nossas construções de concreto, o que está ainda muito incipiente), vamos ter que continuar a produzir muito cimento, gerando CO_2 por pelo menos mais algumas décadas, até que apareça alguma alternativa.

O aço é outro material essencial para a humanidade. Os humanos conhecem o ferro, o metal que é o principal constituinte do aço, há milhares de anos. E desde então têm aperfeiçoado o produto, misturando com outros metais, como o carbono (para formar o aço comum), ou o cromo e o níquel (além de carbono – para fabricar o aço inoxidável), de modo que hoje temos um aço que, além de ser forte e resistente, é ainda mais fácil de modelar quando aquecido do que o ferro usado pelos antigos. Não preciso me alongar muito quanto ao uso do aço. Começando pela construção civil, onde dá elasticidade e resistência maior ao concreto, aos automóveis, navios, aviões e uma infinidade de produtos. Para fabricar aço é preciso, basicamente, de ferro puro e carbono. O que acontece é que sem a adição de outros componentes o ferro não é muito resistente, e é quebradiço. Mas se for adicionada uma pequena quantidade de carbono – menos de 1%, a depender do tipo de aço –, obtém-se um material resistente, maleável e flexível, que é essencial para a construção civil e para fabricar todo tipo de máquinas e utensílios. O aço, no mundo moderno, é quase tão comum quanto o concreto e o plástico, que são os outros materiais discutidos nesta seção. De certa forma, é utilizado em produtos talvez mais essenciais do que os outros dois.

Carbono e ferro são abundantes na natureza. O ferro, principal constituinte do aço, é um elemento comum nas rochas e solos. Mas o ferro puro (também chamado de ferro nativo) é muito raro. Quando mineramos o ferro, geralmente o obtemos a partir de uma rocha rica em ferro, que ocorre na forma de óxido de ferro, além de conter outras impurezas, geralmente sílica. Se você for a Belo Horizonte, olhe a bela serra que circunda a cidade, a Serra do Curral. É puro minério de ferro. Uma rocha chamada itabirito. Aliás, olhe bem a serra, ou o que resta dela – pois muito minério de ferro já foi extraído dali –, porque a todo momento aparece um político ligado às mineradoras querendo arrumar um decreto para autorizar que destruam ainda mais a serra para extrair o minério que será vendido a preço de banana (bem mais barato, na verdade), principalmente para a China. Não tenho nada contra a mineração executada de forma adequada, mas são exemplos como esse (e outros, como rompimento de barragens), em que as atividades de mineração são exercidas de forma insensível e irresponsável, justificadas por discursos recheados de hipocrisia, que levam à má fama da indústria mineral. O Brasil é o segundo maior produtor de ferro do mundo (380 milhões de toneladas por ano), atrás da Austrália (900 milhões). A China é o terceiro maior (360 toneladas por ano), e o maior importador do mundo (cerca de 1 bilhão de toneladas por ano).

Fabricar aço envolve separar o oxigênio do ferro presente no minério, e acrescentar um pouco de carbono, processos que são realizados simultaneamente, fundindo o minério de ferro a temperaturas muito elevadas (1.700°C), na presença de oxigênio e um tipo de carvão de uso especial para metalurgia (que o Brasil importa) chamado coque. Nessa temperatura, o minério de ferro libera seu oxigênio e o coque libera carbono. Um pouco de carbono se liga ao ferro, formando o aço, e o resto se liga ao oxigênio, formando o CO_2, que é liberado na atmosfera. Muito dióxido de carbono. Fabricar uma tonelada de aço gera cerca de 1,8 tonelada de CO_2.

Os maiores fabricantes de aço do mundo são a China (com um pouco mais de 1 bilhão de toneladas por ano), a Índia e o Japão. Grandes produtores históricos, como os Estados Unidos e a Alemanha, por exemplo, ainda produzem bastante, mas estão preferindo deixar outros países expandirem suas indústrias mais poluentes, como a do aço, e se concentrar em processos industriais mais limpos, rentáveis e que requerem menos mão de obra, que é cara nos países desenvolvidos. Assim como o concreto, a produção de aço deve crescer nas próximas décadas, mesmo com uma reciclagem, apesar de bem mais avançada que a do concreto – reciclam-se cerca de 40% do aço produzido. Até 2030, as estimativas são de um crescimento de 4% ao ano na produção global de aço. Ou seja, a emissão de CO_2 por essa indústria deve continuar aumentando.

O plástico é o terceiro produto que vou mencionar neste capítulo. Há muitos outros processos industriais que emitem CO_2, como a produção de vidro (por causa de seus fornos), por exemplo. Mas o plástico completa a lista dos três mais relevantes. Comparado com o cimento e o aço, o plástico é um produto relativamente novo. O plástico sintético começou a ser fabricado somente nos anos 1950. Até então os humanos utilizavam plásticos naturais, como a borracha. Mas suas aplicações eram limitadas. Os plásticos sintéticos, obtidos a partir da indústria petroquímica, são extremamente versáteis. Atualmente há mais de duas dúzias de tipos de plástico, variando nos usos que todos conhecemos – do polipropileno dos potinhos de iogurte ou o polietileno das garrafas PET, por exemplo, aos mais surpreendentes, como o acrílico em tintas, cera de assoalho e sabão em pó, ou os microplásticos em sabonetes e xampus, ou o náilon em sua jaqueta impermeável, ou o poliéster num grande número de roupas. E muito mais: o plástico está em carros, aviões, eletrodomésticos, aparelhos eletrônicos, material de escritório, móveis em geral. Olhe à sua volta. Você está cercado de plástico. É difícil imaginar algum aspecto da vida moderna em que não haja plástico envolvido. E os materiais plásticos têm ficado cada vez mais versáteis e resistentes. Existe todo um ramo de pesquisa e desenvolvimento dedicado a aperfeiçoar os materiais produzidos a partir da indústria petroquímica. E a cada ano surgem centenas de novas aplicações para o plástico.

O que os diferentes tipos de plástico têm em comum é que contêm carbono. O carbono é muito útil para criar todo tipo de material por se ligar com muita facilidade a uma ampla variedade de elementos, além de formar variados tipos de estruturas atômicas. Não é à toa que a vida escolheu o carbono como seu átomo essencial. No caso do plástico, o carbono em geral se agrupa ao hidrogênio e ao oxigênio, com alguns outros elementos servindo para criar diferentes propriedades. Além da versatilidade, o plástico tem outra grande vantagem: é muito barato. Qualquer coisa utilizada em seu lugar, como papel, vidro, aço, é muito mais cara. E a verdade é que, problemas planetários à parte, na hora em que pesa o bolso, todos nós, industriais, empresários, comerciantes e consumidores, preferimos pagar menos. Melhor ainda se o produto mais barato for o melhor.

Os plásticos são, por outro lado, diferentes do cimento e do aço quanto ao seu impacto no aquecimento global. Quando produzimos cimento ou aço, liberamos CO_2 diretamente na atmosfera. Mas o carbono no caso do plástico é normalmente retido no produto final, e os plásticos são quimicamente muito estáveis. Eles podem levar centenas de anos para se degradar. Ou seja, o carbono retido nos plásticos será liberado muito lentamente na atmosfera. Mas a estabilidade do plástico cria um enorme problema de poluição. Tão grande a ponto de você provavelmente já ter pequenas partículas de plástico circulando em seu sangue! Vou falar sobre o problema da poluição por plásticos tanto no capítulo sobre os oceanos como no capítulo específico sobre a poluição plástica.

Por outro lado, ainda que os plásticos não contribuam tanto para o aquecimento global por causa de sua degradação (e consequente liberação de carbono) mais lenta, eles têm, ainda assim, um ciclo de vida intenso em carbono. A maior parte dos plásticos é fabricada pela indústria petroquímica. A extração e destilação de petróleo, a fabricação dos produtos, o transporte e a comercialização, todos esses processos emitem gases de efeito estufa, assim como seu descarte, incineração e reciclagem. Estima-se que, em 2015, as emissões do ciclo de vida dos plásticos produziram 1,8 bilhão de toneladas de CO_2, o que corresponde a cerca de 5% das emissões globais. Esse número parece baixo, mas o fato é que a indústria do plástico é aquela que mais tem crescido em termos de produção de gases de efeito estufa. O Programa Ambiental das Nações Unidas estima que, se a tendência de aumento de produção continuar, a indústria do plástico vai responder por 19% das emissões industriais de gases de efeito estufa em 2040[2]. Há formas de produzir e utilizar o plástico de maneira mais inteligente, reduzindo seu impacto ambiental. Ou seja, se formos cuidadosos, disciplinados e criativos (serão necessários novos desenvolvimentos tecnológicos), o plástico, em vez de um problema, pode até ser uma solução para substituir em parte o concreto e o aço. Essa é uma afirmação que deve ser considerada de forma cuidadosa. Para ser bem claro, estou dizendo aqui que certos usos do plástico podem ser úteis no esforço, principalmente de curto e médio prazos, de reduzir as emissões de gases de efeito estufa. Mas são casos específicos. Como veremos adiante, em razão da poluição, a fabricação e o uso de plásticos devem ser muito reduzidos.

É surpreendente verificar que, embora a fabricação de materiais seja a principal geradora de gases de efeito estufa no mundo, tem sido muito pouco falada. E, em consequência, os esforços para mudar esse quadro têm sido mínimos. Não temos perspectiva no curto ou mesmo no médio prazo de reduzir a produção de concreto, aço ou plásticos. Segundo estimativas, até 2030 a produção anual de concreto deve crescer mais de 6%, a de aço, pelo menos 4%, e a de plásticos, também cerca de 4%. Sem perspectivas de queda de produção até pelo menos 2050. Esses dados demonstram como a meta de atingir emissão zero em 2050 será difícil de atingir. Mas, naturalmente, há muito mais processos emissores de gases de efeito estufa.

GERAÇÃO DE ELETRICIDADE

Não pensamos muito de onde vem a eletricidade que usamos diariamente. Apenas tomamos como certo que vamos acordar, acender a luz, ligar a televisão, talvez usar a torradeira, e depois descer de elevador até a garagem, cujo portão vai se abrir automaticamente. Se faltar luz, aí sim nos damos conta de como a eletricidade é a cada dia mais essencial para nossas vidas. Mas só ficamos esperando que a energia volte. Não pensamos em toda a infraestrutura que é necessária para fazer a energia elétrica chegar até nós. Nem como ela é gerada. Ou você sabe onde a energia elétrica que está usando neste momento é gerada?

Então, para começar, vamos ver a questão da geração. No Brasil, a maior parte da nossa energia elétrica provém de fontes hidráulicas: cerca de 65%. É uma fonte de energia que chamamos de renovável, pois os rios que alimentam as represas não deixam de fluir (pelo menos por enquanto). Também costumamos dizer que é uma fonte limpa, por não gerar gases de efeito estufa. O que não é bem verdade, pois quando as represas são formadas, uma grande quantidade de vegetação é coberta pelas águas e sua decomposição forma metano, um poderoso gás de efeito estufa. A contribuição da energia hidrelétrica tem se reduzido no Brasil. Não apenas pela maior frequência de períodos secos, mas também por uma boa notícia: o aumento da contribuição de energia eólica, que já ultrapassa 10%. Temos ainda a energia solar, com cerca de 6,9%, e aumentando significativamente[3], gás natural – que é usado pelas termoelétricas, acionadas principalmente quando as hidrelétricas estão com baixa produção: cerca de 8%. As usinas termoelétricas são caras (todos nós sabemos bem quanto custa uma bandeira vermelha na conta de luz), usam uma fonte não renovável (o gás queimado não será substituído pela natureza) e são poluidoras – a queima de gás gera principalmente CO_2. Ainda que seja uma opção melhor do que a principal fonte do resto do mundo – como veremos a seguir. O Brasil ainda usa outros derivados do petróleo: cerca de 1,5%, usinas nucleares: cerca de 2,2% e carvão e derivados: cerca de 3,1%. De qualquer forma, nossa matriz energética é bastante sustentável, e as perspectivas de ampliarmos o uso das fontes eólica e solar tornam nosso futuro energético bastante promissor (há, no entanto, desafios quanto à distribuição e armazenamento, como veremos adiante).

Por outro lado, quando falamos na matriz elétrica mundial, o quadro é bem diferente. A maior parte da energia elétrica do mundo é gerada pelo primeiro combustível utilizado pela revolução industrial: o carvão. Nada menos que cerca de 37% da energia elétrica do mundo vem dessa fonte não renovável, poluidora e cuja queima gera uma grande quantidade de gases de efeito estufa, principalmente CO_2 e metano. O mundo ainda usa muito gás natural: cerca de 23%, e energia nuclear: cerca de 10%. Das fontes renováveis, a principal no mundo é a hidráulica: cerca de 16%, seguida de um conjunto que inclui energia solar, eólica, maré e outros: cerca de 11%. Completam a matriz mundial de geração de eletricidade o petróleo e derivados: cerca de 3% e outras, incluindo biomassa: cerca de 1%.

O mundo prefere utilizar combustíveis fósseis para gerar eletricidade não apenas porque são mais baratos, mas também porque são mais confiáveis[4]. As hidrelétricas, por exemplo, dependem das chuvas. Em países com muita variação na intensidade de chuvas (e o Brasil está ficando assim), a irregularidade na geração pode ser um grande problema. As energias solar e eólica também sofrem com o problema da sazonalidade. Além disso, devemos lembrar que muitos países não têm um sistema elétrico integrado como o nosso. Fomos obrigados a fazer isso porque nossa geração vem de poucas grandes hidrelétricas (nossa geração era até mais concentrada de como é agora – mas essa afirmação ainda é válida). Na maioria dos países, é conveniente que a geração seja próxima de onde está o consumo. Daí a opção preferencial pelo carvão, que pode ser transportado na quantidade certa que se quer para praticamente qualquer lugar. O gás natural depende de gasodutos, ou seja, não é tão facilmente transportável como o carvão. Mas tanto o gás natural quanto o carvão independem das chuvas. No caso do gás natural, este último fator mais o preço e o fato de ser menos poluente é que o tornaram a melhor opção do ponto de vista de logística e economia. O gás natural tem sido promovido, principalmente pela indústria do petróleo, como o "combustível da transição energética". Mas devo ser muito claro aqui: ainda que menos poluente, o gás natural não resolve o problema da emissão de gases de efeito estufa. E, se consideramos os incentivos atuais à exploração de novos campos de gás natural e gasodutos, podemos dizer que é mais um entrave do que uma solução para a verdadeira transição para fontes limpas de energia.

A demanda por energia elétrica está cada vez maior. À medida que as pessoas dos países em desenvolvimento melhoram de vida – e ninguém pode achar isso ruim –, aumenta o uso de eletrodomésticos, computadores, aparelhos de ar-condicionado e outros aparelhos elétricos. Também as pessoas pobres têm sido beneficiadas pelo acesso à eletricidade, que, no entanto, ainda falta em muitos lugares. Atualmente, cerca de 760 milhões de pessoas não têm acesso à eletricidade no mundo[5]. E estima-se que, em 2030, 8% da população mundial, cerca de 670 milhões de pessoas, ainda não terão acesso à eletricidade. Além disso, devemos também considerar que o uso de computadores está aumentando em todo o mundo, incluindo as gigantescas fazendas de servidores, que sustentam a internet mundial, além de armazenarem praticamente todos os dados gerados no mundo (quem não tem hoje dados armazenados "na nuvem"? – se você acha que não tem, pergunte ao seu banco onde está guardado o seu dinheiro!). Além disso, esses servidores têm que ser resfriados por sistemas de ar-condicionado que consomem ainda mais energia do que eles próprios.

E agora, para mostrar que estão preocupadas com o planeta, as empresas e pessoas dos países desenvolvidos estão usando cada vez mais carros elétricos. Eu não estou dizendo que isso não é bom. Além de não consumirem combustíveis fósseis, os carros elétricos são muito menos poluentes e silenciosos (no Brasil seria muito bom termos pelo menos motocicletas elétricas, para que possamos sofrer menos com aquele barulho insuportável das motos sem silenciador). Mas pouco adianta usar carros elétricos se a fonte de energia são os combustíveis fósseis. Nos Estados Unidos, por exemplo, onde quase todo o mundo (pelo menos os democratas) sonha em ter um carro elétrico, se continuarem com uma matriz elétrica na qual mais de 60% da geração vem de combustíveis fósseis (em 2022, 40% gás natural e 20% carvão), a substituição da frota tradicional por veículos elétricos vai produzir pouco efeito em termos de redução da emissão de gases de efeito estufa, se não for acompanhada de uma rápida transição para fontes renováveis. Por outro lado, os americanos estão reduzindo o uso de carvão, que caiu de cerca de 60% em 2000 para os atuais 20%, aumentando o uso de gás natural (cerca de 12% no ano 2000 para os atuais 40%) e o de energias renováveis (de cerca de 12% em 2000 para os atuais 21%). Houve progresso, sem dúvida. O gás natural é muito menos poluente do que o carvão. Mas, novamente, sua queima emite gases de efeito estufa. E note que o uso de gás natural aumentou muito mais do que o uso de fontes renováveis. Será que a eletricidade demandada pelos carros elétricos virá do gás natural? Seria uma troca pouco conveniente para o planeta.

O Brasil está, como vimos, numa situação bastante favorável, com alto potencial para um grande aumento no uso de energia eólica e solar.

De forma até mesmo impressionante. Em alguns meses, a energia eólica gerada na região Nordeste tem sido suficiente não só para abastecer toda a região, mas também para exportar eletricidade para outras. Isso demonstra que a energia renovável é uma opção real às fontes mais poluidoras. Mas é preciso que os governos incentivem essa substituição, o que não vem acontecendo em várias partes do mundo. É uma conta difícil de fazer, mas podemos estimar que, atualmente, os subsídios para a indústria de petróleo, incluindo o gás natural (ver valores na próxima página), são no mínimo iguais aos incentivos dados para as energias renováveis.

No Brasil, a Petrobras, atualmente, está considerando se tornar uma empresa de energia, contemplando também as fontes renováveis. Mas, no seu plano de negócios, essa é uma parcela muito pequena do seu investimento e previsão de retorno, quando comparada à dedicada aos combustíveis fósseis. Ou seja, a empresa pretende continuar a ser predominantemente uma petroleira. E por muito tempo, a julgar por recentes declarações de seus executivos e representantes do governo. Naturalmente, abandonar o petróleo como seu principal negócio representaria uma transição difícil para a empresa e seus empregados. Eu sei bem. Em toda a minha vida profissional sempre pensamos em encontrar e produzir mais petróleo. E éramos (e os que lá estão ainda o são) muito bons nisso. Para os geólogos, então, essa mudança seria particularmente dolorosa, pois o petróleo é encontrado por eles nas rochas do subsolo. Vento, energia solar, e mesmo biocombustíveis, não precisam de geólogos para sua produção. No entanto, é preciso colocar acima dos interesses de classe as emergências planetárias. Não há, na minha opinião, outro caminho. A realidade acabará se impondo. Além disso, geólogos serão necessários para auxiliar governos, empresas e indivíduos a lidarem com os efeitos do aquecimento global, incluindo as mudanças nas áreas costeiras, os efeitos das tempestades, inundações e deslizamentos, e a contaminação de solos e aquíferos. Seria uma compensação adequada para a sociedade, considerando os efeitos negativos passados e presentes de seus produtos, se parte da força de trabalho da Petrobras, principalmente sua área de pesquisa, passasse a se dedicar, não apenas ao desenvolvimento de fontes energéticas sustentáveis, mas também a auxiliar a população brasileira a lidar com as mudanças climáticas e as demais transformações do planeta.

As informações que temos sobre o mundo em termos de transição energética não são boas. Mesmo com todos os compromissos adotados em conferências internacionais, como a COP21, o chamado Acordo de Paris, de 2015, a maioria dos países (incluindo o Brasil e os Estados Unidos) adota diversas medidas para manter baixo o preço dos combustíveis – a Agência Internacional de Energia (IEA na sigla em inglês) estima que os subsídios governamentais para o consumo de combustíveis fósseis totalizaram mais de 582 bilhões de dólares em 2021[6]. Assim, fica complicado incentivar a sua substituição! A parcela da energia global derivada da queima de carvão (como vimos, cerca de 40%) não mudou em trinta anos. O petróleo e o gás natural juntos respondem por cerca de 26% há três décadas. No total, os combustíveis fósseis fornecem dois terços da eletricidade mundial. A energia solar e a eólica, enquanto isso, correspondem a 7%. Olhando esses números, a impressão que eu tenho é que fazemos de conta que estamos preocupados com o aquecimento global. Não lhe parece? E tem mais. Em meados de 2019, o equivalente a 236 gigawatts de usinas a carvão estavam sendo construídas no mundo todo. O carvão e o gás natural são hoje os combustíveis mais usados em praticamente todos os países desenvolvidos (a França usa mais energia nuclear), e a demanda por eletricidade aumentou muito nas últimas décadas. Entre 2000 e 2018, a China triplicou a quantidade de energia a carvão que utiliza. Isso é mais do que Estados Unidos, México e Canadá são capazes de gerar juntos.

Em resumo, o consumo de energia elétrica está em crescimento exponencial no mundo, e as principais fontes de geração são os combustíveis fósseis. Apesar dos avanços significativos em termos de produção de energias renováveis na União Europeia, nos Estados Unidos e mesmo em países em desenvolvimento (como o Brasil), não há boas perspectivas para a redução no uso de combustíveis fósseis no curto (anos) e médio prazos (décadas). As estimativas da Agência Internacional de Energia são de que até 2040 deverá haver um aumento de pelo menos 30% no consumo de energia elétrica, e que os combustíveis fósseis ainda serão responsáveis por mais de 50% de sua geração. Ou seja, o consumo de combustíveis fósseis (e a consequente emissão de gases de efeito estufa) vai ficar mais ou menos estabilizado. Dessa forma, a geração de energia elétrica deve continuar como uma importante fonte de gases de efeito estufa por várias décadas.

AGROPECUÁRIA

O próximo item da nossa lista de processos emissores de gases de efeito estufa tem a ver com o seu almoço de hoje. Foi um bife suculento? Um hambúrguer? Ou quem sabe um simples cachorro-quente? Não importa, você contribuiu para o aquecimento global, pois a agropecuária é a terceira atividade humana que mais produz gases de efeito estufa – além de ser a responsável, como veremos adiante, por 70% da extinção de espécies observada no planeta. Quando menciono a agropecuária nesta seção, estou me referindo tanto ao cultivo de plantas (que, em outras seções, tratarei especificamente como agricultura) como a todos os tipos de criação animal, dos quais, como veremos adiante, a pecuária é a mais prejudicial ao meio ambiente. Além dessas atividades, vou também incluir nesse item (nesta seção) a derrubada de árvores, seja para extração de madeira, seja para abrir espaços para a agropecuária propriamente dita, e outros tipos de manejo do solo. Pois bem, elas somadas correspondem a 19% das emissões globais de gases de efeito estufa. Também um valor que surpreende a muitos. Tanto quanto saber que arrotos de vacas e bois são grandes emissores de metano.

Criar animais para alimentação é, portanto, uma das principais causas de aquecimento do planeta. Na agropecuária, é de fato o metano (cuja fórmula química, como já vimos, é CH_4), e não o CO_2, o principal problema. O metano causa cerca de 80 vezes mais aquecimento por molécula do que o CO_2. Além disso, outro subproduto da agropecuária é o óxido nitroso (N_2O), que causa cerca de 256 vezes mais aquecimento que o CO_2. Considerando os efeitos somados, as emissões anuais de metano e óxido nitroso atingem mais de 7 bilhões de toneladas de dióxido de carbono equivalente, ou mais de 80% de todos os gases de efeito estufa no setor de agropecuária. Os demais 20%, 1,6 bilhão de toneladas, são diretamente de CO_2, relacionados principalmente ao desmatamento e outros usos da terra que envolvem a destruição de plantas.

A agropecuária (aqui me referindo à criação de animais e ao cultivo de plantas), naturalmente, é de grande importância para a vida e a saúde humana. E a humanidade precisa cada vez mais de alimentos. Seja porque a população mundial está aumentando, seja porque o aumento do nível econômico permite que as pessoas comam mais e melhor. Nesse contexto, há um grande problema. Junto com o aumento do nível de vida, tem aumentado (e muito!) o consumo de carne e de laticínios em geral. E é exatamente a criação de animais que causa os maiores impactos nas emissões de gases de efeito estufa.

Por que os animais, principalmente os bovinos e ruminantes em geral, emitem tanto metano? Por causa das características do seu sistema digestivo. No trato digestivo de uma pessoa, há apenas uma câmara (o estômago), onde o alimento começa a ser digerido. Mas o trato digestivo dos bovinos tem quatro câmaras (mais especificamente, é um estômago dividido em quatro compartimentos). Esses compartimentos permitem ao animal se alimentar de grama e outras plantas que os humanos não conseguem digerir. As bactérias na barriga dos bovinos quebram a celulose, fermentando-a e produzindo metano. Os animais arrotam a maior parte do gás, ainda que uma pequena quantidade seja expelida na forma de flatulência.

Um bilhão de cabeças de gado é criado no mundo para fornecer carne e laticínios. O metano expelido por eles causa anualmente o mesmo efeito do aquecimento de 2 bilhões de toneladas de CO_2, o que corresponde a cerca de 4% das emissões globais totais. Confesso que fiquei surpreso ao ver esse número. É muita coisa. E não só o metano é um problema mais restrito aos ruminantes, ou seja, bois, cabras e ovelhas. Há também outra causa de emissão de gases de efeito estufa comum aos animais em geral: suas fezes. Quando as fezes dos animais se decompõem, liberam vários gases de efeito estufa – na maior parte, óxido nitroso, além de um pouco de metano, enxofre e amônia. Cerca de metade das emissões ligadas a estrume vem dos suínos, e o restante, dos bovinos. A quantidade de estrume animal produzida é tanta que isso na verdade representa a segunda maior causa de emissões na agropecuária, depois do metano.

O Brasil não apenas contribui significativamente para a emissão de gases de efeito estufa pela criação de gado, mas também por algo que muitas vezes está relacionado à expansão de áreas para pecuária. O desmatamento, principalmente na Amazônia. A Amazônia, até 2018, absorvia um quarto de todo o carbono absorvido pelas florestas em todo o mundo a cada ano. Mas a partir de 2018, quando se iniciou o governo conservador, o desmatamento acelerou num ritmo nunca visto antes. Cientistas brasileiros estimam que, se o ritmo de desmatamento continuar, entre 2021 e 2030, no padrão verificado no início dos anos 2020, vai resultar na liberação de 13,12 gigatoneladas de carbono. Em 2023, o novo governo começou com muitas promessas na área ambiental, mas teremos que esperar alguns anos para ver quais mudanças vão de fato ocorrer. Os Estados Unidos emitem cerca de 5 gigatoneladas por ano. Ou seja, em dez anos apenas o desmatamento da Amazônia, se não for reduzido de forma significativa, terá um impacto duas ou três vezes maior do que toda a economia americana, com seus carros, aviões e usinas térmicas a carvão. O maior emissor de carbono do mundo é a China, com 9,1 gigatoneladas por ano. Portanto, em dez anos, o desmatamento da Amazônia poderá, se não for reduzido drasticamente, emitir mais carbono que o maior poluidor do mundo emite em um ano.

O uso excessivo de fertilizantes sintéticos, que será discutido com mais detalhes no capítulo sobre as terras emersas, também contribui para a liberação de gases de efeito estufa na atmosfera. Nesse caso, o principal composto é também o óxido nitroso (N_2O – o mesmo liberado pelo estrume), que é produzido quando parte do nitrogênio utilizado nas lavouras não é absorvido pelas plantas. Na verdade, em média, nem a metade do nitrogênio aplicado nas lavouras é absorvida. O que não é absorvido se incorpora às águas superficiais e às águas subterrâneas, causando um processo conhecido como eutrofização (falarei mais sobre isso adiante), mas parte é liberada para o ar na forma de óxido nitroso, que, como vimos, também é liberado pelas fezes. Como eu já mencionei, o óxido nitroso é cerca de 256 vezes mais potente como gás de efeito estufa do que o CO_2. Segundo o IPCC, o óxido nitroso responde por 7,5% do efeito estufa mundial, e sua concentração na atmosfera está aumentando a uma taxa de cerca de 0,2% ao ano.

Uma conclusão óbvia sobre o que relatei é que precisamos reduzir o consumo de carne, laticínios e outros produtos relacionados à criação animal. Mas não só isso, considerando os problemas que estamos tendo com a degradação dos solos (mais sobre isso adiante) e a necessidade de alimentarmos uma população crescente e (esperamos) com melhor nível de vida – será necessária uma mudança drástica na maneira como produzimos e consumimos alimentos. Dificilmente todas as pessoas se tornarão vegetarianas. Mas muitas mudanças serão necessárias, como veremos adiante.

TRANSPORTE

Agora, sim, vou falar do transporte. Em termos globais, a queima de combustíveis fósseis para movimentar carros, caminhões, aviões e navios é a quarta maior causa de emissão de gases de efeito estufa, contribuindo com 16% das emissões[7]. Este valor surpreende talvez porque os Estados Unidos ficam em primeiro, com 28% (afinal, por lá quase ninguém usa transporte urbano), e como muitas notícias e documentários são originados naquele país, acabamos com uma impressão equivocada. Outra razão de falarmos tanto no transporte talvez seja porque, nessa atividade, todos nós estamos diretamente envolvidos. Não é muito agradável saber que, cada vez que usamos nosso carro ou pegamos um Uber, ou mesmo um ônibus, estamos contribuindo para o aquecimento global.

De qualquer forma, 16% é alto. Embora haja boas chances de se aumentar bastante a frota de veículos elétricos (não esqueçamos de perguntar como é gerada a eletricidade que será usada neles), a coisa fica mais complicada quando se fala em veículos mais pesados. E muitos produtos que consumimos são transportados por caminhões (o principal meio de transporte de carga no Brasil, assim como nos Estados Unidos), ou de navio, quando falamos de produtos importados. Quando comecei a escrever este livro, no início de 2022, durante a guerra na Ucrânia, todo o mundo reclamou do aumento no preço da gasolina, que chegou a 8 reais (um absurdo!). No entanto, mesmo esse valor alto é equivalente (se descontarmos os impostos de ambos) ao preço da Coca-Cola, e de boa parte dos refrigerantes. E é assim em todo o mundo. Nos Estados Unidos, por exemplo, onde o poder aquisitivo do cidadão médio é bem maior do que o do brasileiro, ambos custam a metade do preço praticado no Brasil. Por isso os americanos tomam refrigerante e usam gasolina como se fosse água (não de garrafa, que é mais cara que a gasolina!). Nós por aqui reclamamos, mas dificilmente deixamos de andar de carro.

E quem não tem, sonha em comprar. Em 2023, o governo brasileiro lançou um programa envolvendo quase 1 bilhão de reais em benefícios fiscais para mais pessoas comprarem carros "populares". Tenho dúvidas se investir 60 mil reais num carro novo é viável para as camadas menos favorecidas da nossa população. E se esse dinheiro fosse investido em transporte público? Movido a eletricidade? Não seria melhor para o Brasil e para o planeta?

Além do preço baixo, outros motivos para se usar gasolina (e óleo diesel): facilidade de manipulação, afinal é líquido (muito mais fácil de transportar do que o gás natural, por exemplo); segurança (não explode com facilidade); e a quantidade de energia obtida por volume queimado, ou seja, sua eficiência energética. Não pensamos muito nisso, mas com os carros de hoje viajamos quase 600 quilômetros com um tanque de gasolina. Eu consigo sair da minha casa em Petrópolis, no Rio de Janeiro, e chegar à casa da minha filha, em São Paulo, sem precisar parar para reabastecer. E ainda rodo uma semana em São Paulo antes de ter que encher o tanque novamente para voltar para o Rio. É algo notável. No Brasil também utilizamos o álcool, e os biocombustíveis são uma das soluções para se reduzir a emissão de gases de efeito estufa, embora a maneira como atualmente produzimos álcool seja pouco eficiente e altamente poluidora.

De todas as emissões do setor de transportes, os carros e as motocicletas correspondem a 47%, os caminhões e ônibus a 30%, os navios e aviões, a 10%, e outros (tratores etc.) a 3%.

A eletrificação é uma excelente opção para os automóveis e outros veículos leves. Os veículos elétricos estão ficando cada vez mais potentes, de modo que o usuário não percebe grande diferença ao trocar seu carro a gasolina. Nos países desenvolvidos, já há grande disponibilidade de carros elétricos e, embora ainda sejam mais caros que os carros a gasolina, estão ficando mais baratos a cada dia. Os elétricos poluem menos que os carros a gasolina (ou diesel) e têm outra vantagem que raramente é mencionada, pelo menos no Brasil: sua manutenção é mais simples, o que permite aos compradores recuperar parte do preço pago a mais. Além de tornar os carros mais confiáveis.

Mas há desvantagens. A eletricidade custa mais caro do que a gasolina, se considerarmos o preço do quilômetro rodado. No caso do Brasil, bem mais caro. Enquanto nos Estados Unidos a diferença é, em média, de 6 centavos de dólar, no Brasil é pelo menos o dobro. Outra desvantagem é que leva uma hora ou mais para carregar completamente um carro elétrico. Com uma autonomia que atualmente está entre 300 e 400 km (nos modelos mais baratos), significa que numa viagem entre Rio e São Paulo (cerca de 450 km) o carro precisaria ficar parado por pelo menos uma hora. Mas o mais complicado disso é dispor de estações de recarga (já que não dá para ligar um carro desses em qualquer tomada – ou até dá, mas o tempo de recarga se multiplica por dez) para todos os carros abastecerem por uma hora. São limitações que tendem a ser resolvidas com a evolução da tecnologia, mas não em poucos anos.

Mesmo que estejamos dispostos a trocar nossos veículos, não será fácil. Há cerca de 1 bilhão de carros rodando no mundo. E todos os anos são acrescentados a essa frota mais de 20 milhões de carros. Como a maioria queima gasolina, precisamos de alternativas. O álcool, mais especificamente o etanol usado no Brasil, é uma alternativa, pois embora a queima do álcool produza CO_2, o carbono do etanol foi extraído do ar quando a cana cresceu nos campos, portanto a equação final é bem mais favorável do que a da gasolina. Ainda assim o etanol tem seus problemas. Para começar, a produção de cana para biocombustíveis usa terras férteis que poderiam ser utilizadas para produzir alimentos. Num mundo em que será necessário produzir cada vez mais alimentos, em condições climáticas cada vez mais desfavoráveis, essa opção torna-se menos interessante. Além disso, a produção de etanol não é exatamente carbono zero, por conta do uso de óleo combustível nas usinas, diesel nos veículos pesados que transportam a cana e o próprio álcool, e o carbono resultante da parte não aproveitada das plantas. Além disso, como já mencionei, a forma como produzimos o etanol, principalmente no Brasil, ainda gera muitos resíduos poluentes. Ainda assim, são dificuldades que, com o uso racional dos recursos e o desenvolvimento de novas tecnologias, podem ser superadas.

De qualquer modo, levará um tempo para tirar das ruas todos os carros a gasolina (como a questão não envolve só o Brasil, temos que considerar o mundo todo nessa análise). Um automóvel se mantém em circulação por pelo menos 15 anos. Os dados dos Estados Unidos indicam que para que todos os carros de passeio americanos sejam elétricos até 2050, teriam que representar até lá praticamente todas as vendas. Em 2021 foram 2%, e em 2023, 6%. Estão subindo, mas muito lentamente. A União Europeia tem planos mais ousados, com vários países prometendo banir a fabricação de carros a gasolina antes de 2030. Resta ver se vão conseguir. Mas, mesmo que a União Europeia consiga realizar seus planos, o resto do mundo vai ser muito mais lento. Assim, é possível estimar que a transição total para veículos elétricos movidos a energia limpa vai ocorrer bem depois de 2050.

Obviamente, como já mencionado, os carros elétricos só serão vantajosos se a energia elétrica que os abastece for limpa. Nesse ponto o Brasil também leva vantagem, por termos a maior parte da nossa geração proveniente de usinas hidrelétricas. Vários países, como a França, geram a maior parte de sua energia em usinas nucleares. No entanto, na maior parte do mundo, a energia elétrica é gerada a partir de usinas que queimam combustíveis fósseis, principalmente o carvão. Nesse caso não há impacto na troca de carros a gasolina por carros elétricos (somente um ganho ambiental pela redução da poluição nas grandes cidades).

Por outro lado, as baterias não são uma opção muito viável para ônibus e caminhões que perfazem longas distâncias. Quanto maior o veículo, e quanto maior a distância que deve percorrer sem recarga, mais difícil será usar a eletricidade. Isso porque baterias pesam muito e armazenam quantidade limitada de energia.

Veículos de carga médios, como caminhões de lixo e ônibus urbanos, são leves a ponto de a eletricidade ser uma opção interessante. Também circulam em rotas relativamente curtas e ficam estacionados no mesmo local todas as noites, facilitando a recarga. Mas se quisermos mais distância e potência, por exemplo, uma carreta carregada percorrendo longas rotas, será preciso usar muito mais baterias. E, à medida que acrescentamos baterias, também adicionamos muito peso. A melhor bateria disponível hoje produz 35 vezes menos energia do que a gasolina, em peso equivalente. Assim, para obter a mesma quantidade de energia de um litro de gasolina, serão necessárias baterias que pesam 35 vezes mais. Para termos uma ideia do que isso significa, um caminhão elétrico capaz de rodar cerca de mil quilômetros com uma única carga, por exemplo (caminhões a diesel fazem muito mais que isso), precisaria de tantas baterias que teria de transportar 25% menos peso. E um caminhão com autonomia de 1.500 a 2.000 km (comum em caminhões a diesel) precisaria de tantas baterias que nem conseguiria transportar mercadorias.

Os biocombustíveis poderiam ser uma solução para os veículos pesados. O biodiesel, por exemplo, obtido principalmente a partir de óleo de palma, é um bom substituto para o diesel produzido a partir do petróleo. No entanto, para movermos a frota mundial com biodiesel, precisaríamos utilizar uma grande parte das áreas férteis do mundo, ou derrubar florestas. Ambas as opções não são viáveis. A única saída seria aumentar a produtividade agrícola de tal forma que pudéssemos aumentar a produção de alimentos e produzir uma grande quantidade de biocombustíveis ao mesmo tempo. Não há no momento cenário em que tal aumento de produtividade seja possível. Pelo contrário, como veremos adiante, nosso desafio hoje é manter a produtividade atual!

Uma alternativa para substituir os combustíveis fósseis em veículos mais pesados é o uso de hidrogênio em células de combustível. Nesse caso, a quebra de moléculas de hidrogênio produz energia elétrica e, combinando-se com o oxigênio, água. A vantagem desse processo é que os veículos seriam equipados com tanques de hidrogênio, e teriam mais autonomia. Como o subproduto do processo é a água, os veículos também seriam não poluentes. As células de hidrogênio têm um potencial maior para serem utilizadas numa gama mais ampla de veículos, incluindo caminhões pesados, barcos e aviões. Um problema com relação ao hidrogênio é que a maior parte da sua produção é, atualmente, realizada a partir do gás natural, num processo que gera CO_2. Esse tipo de hidrogênio tem sido chamado de "hidrogênio cinza". Por outro lado, o "hidrogênio verde", que seria produzido utilizando-se energia elétrica limpa, é muito caro. Atualmente representa menos de 1% do hidrogênio utilizado comercialmente. Há um longo caminho, mas é uma solução tecnicamente viável.

Finalmente, devemos considerar que todos os veículos podem ser híbridos, que usam a energia cinética do motor para gerar eletricidade e assim reduzir o consumo de combustível líquido. É uma solução que não resolve totalmente o problema das emissões, mas pelo menos minimiza.

E os navios e aviões? Afinal, juntos produzem 20% dos gases de efeito estufa do setor de transporte. Quando um avião decola, o combustível que carrega representa 20% a 40% do peso total. Se quiséssemos eletrificar os aviões, precisaríamos de 35 vezes esse peso em baterias. Ou seja, só seria possível para um avião elétrico voar pequenas distâncias, isso se conseguisse decolar. Existem, de fato, alguns elétricos no mundo. Mas são praticamente planadores, que usam a eletricidade apenas para ajudar um pouco mais a sustentação. E geralmente levam só uma pessoa. E quase nada de carga.

Veja o estágio atual. O melhor avião elétrico já construído consegue transportar dois passageiros, não ultrapassa 340 quilômetros horários e voa por três horas antes de uma recarga. Um Boeing de capacidade média, enquanto isso, consegue transportar cerca de 300 passageiros e viajar a mais de mil quilômetros por hora, e pode voar por vinte horas até precisar reabastecer[8]. Em outras palavras, um avião comercial à base de combustíveis fósseis é três vezes mais rápido, tem autonomia seis vezes maior e transporta quase 150 vezes mais pessoas do que o melhor avião elétrico do mundo. Portanto, vai demorar muito tempo para que os aviões que cruzam os nossos céus transportando pessoas e mercadorias sejam movidos a energia limpa.

O mesmo vale para os cargueiros. Os melhores navios convencionais transportam duzentas vezes mais carga e percorrem rotas quatrocentas vezes mais longas do que os poucos navios elétricos em operação hoje. São enormes vantagens para embarcações que precisam atravessar oceanos. Considerando como os navios cargueiros se tornaram importantes para o mercado global, será difícil tentar fazê-los operar com alguma outra coisa que não seja combustível líquido. Poderíamos usar combustíveis limpos, como o biodiesel (mas voltaríamos ao problema já mencionado para os caminhões). Ou então, se não usarmos combustível líquido, poderíamos utilizar navios movidos a energia nuclear. Há muitos riscos envolvidos (como, por exemplo, um navio afundar e o combustível vazar). Mas navios e submarinos militares já usam energia nuclear, e nenhum grande acidente foi até agora registrado. Mas uma coisa é usar esse combustível em navios de guerra, onde os protocolos de segurança são muito rígidos. Outra é ver os oceanos cheios de navios comerciais movidos a energia nuclear, sem o mesmo tipo de controle. Além disso, a energia nuclear é uma alternativa muito cara, só utilizada para fins militares porque os navios de guerra e os submarinos precisam permanecer muito tempo no mar sem reabastecer.

Os navios cargueiros, que constituem a principal parte da frota comercial, utilizam um combustível extremamente barato. Trata-se de um óleo combustível que consiste em uma mistura de óleo diesel com óleos pesados residuais da destilação do petróleo bruto. Esse combustível, além do dióxido de carbono, emite óxido de enxofre, que é um gás de efeito estufa 24 mil vezes mais potente que o CO_2. Se não houver substituição do óleo combustível por combustíveis limpos, é preciso, no mínimo, aperfeiçoar a qualidade desse produto e os filtros dos navios, para que se tornem menos poluidores. Uma alternativa interessante são os navios que usam a força dos ventos para mover turbinas que alimentam motores elétricos. É uma tecnologia em desenvolvimento, e os navios seriam híbridos, ou seja, continuariam a utilizar óleo combustível, ainda que em quantidades menores.

Assim, podemos constatar que o setor de transportes pode ter sua contribuição para o efeito estufa reduzido se eletrificarmos a frota de veículos leves, desde que a geração de energia elétrica seja por fontes limpas. Essa tarefa não será fácil (as montadoras brasileiras têm feito pressão para o governo aumentar a taxação dos veículos elétricos – entre outros motivos, pelo temor da concorrência dos veículos elétricos baratos fabricados pelos chineses). É tecnicamente viável, mas vamos demorar para executá-la. No entanto, é o melhor que podemos fazer no momento. O setor de transportes continuará emitindo gases de efeito estufa ainda por muitos anos, mas a substituição dos veículos leves, a utilização de biocombustível e soluções híbridas nos veículos mais pesados, e a melhoria na qualidade dos produtos e sistemas de filtragem podem reduzir substancialmente seu impacto.

AQUECIMENTO E REFRIGERAÇÃO

Em muitos lugares, a vida humana não é possível sem aquecimento. E a refrigeração, inegavelmente, representa uma grande melhoria na qualidade de vida nos lugares mais quentes. Costumamos falar bastante sobre o aquecimento, que nos países mais desenvolvidos consome grandes quantidades de gás natural (no início da guerra da Ucrânia, foi usado como elemento de pressão da Rússia sobre a Europa). Mas a refrigeração, que é cada vez mais utilizada no mundo, e o será ainda mais com o aquecimento global, é outra grande fonte de emissão de gases de efeito estufa. O primeiro aparelho de ar-condicionado foi instalado em 1902, nos Estados Unidos. Pouco mais de um século depois que a primeira unidade foi instalada em uma residência, a maior parte das casas americanas hoje tem algum tipo de sistema de refrigeração. O ar-condicionado não é apenas mais um luxo supérfluo que torna os verões suportáveis; a economia moderna depende dele. Para citar novamente um exemplo: as fazendas de servidores, com milhares de computadores que possibilitam os atuais avanços na informática, geram uma imensa quantidade de calor. Sem resfriamento, os servidores derreteriam.

Se no Brasil você mora em um lugar quente e tem aparelhos de ar-condicionado, eles são o maior consumidor de eletricidade da sua casa – mais do que a iluminação, a geladeira e o computador juntos. No mundo todo, há 1,6 bilhão de aparelhos de ar-condicionado em uso, mas não são distribuídos de forma equilibrada. Em países ricos, como os Estados Unidos, 90% ou mais das casas têm sistemas de refrigeração, enquanto nos países mais quentes do mundo esse número é de menos de 10%. Isso significa que instalaremos ainda mais aparelhos conforme a população cresce e enriquece, e as ondas de calor se tornam mais severas e frequentes. A China consome cerca de 60 milhões de unidades de ar-condicionado por ano, e já possui 22% das unidades instaladas no mundo. É hoje o maior mercado mundial da indústria de ar-condicionado. No mundo todo, as vendas sobem entre 5% e 10% ao ano, com a maior parte do crescimento em países onde as temperaturas são particularmente elevadas: Brasil, Índia, Indonésia e México. Em 2050, haverá mais de 5 bilhões de aparelhos de ar-condicionado funcionando no planeta. Num mundo mais quente, o ar-condicionado não é uma questão de conforto. É uma questão de sobrevivência.

Por outro lado, o que fazemos para sobreviver em um mundo mais quente – ligar o ar-condicionado – agrava o aquecimento global, pois os aparelhos são elétricos, e à medida que instalamos mais sistemas de refrigeração, mais eletricidade será necessária para fazê-los funcionar. A IEA (sigla em inglês da Agência Internacional de Energia) prevê que a demanda energética mundial para resfriamento triplicará até 2050[9]. Nesse ponto, os aparelhos de ar-condicionado utilizarão uma quantidade de eletricidade equivalente ao consumo atual da China e Índia juntas! Será bom para quem sofre com ondas de calor, mas ruim para o clima, pois na maior parte do mundo, como vimos, a geração de energia elétrica continua sendo um processo dependente demais de carbono.

E o aquecimento? Mesmo num mundo mais quente haverá épocas e lugares frios. Juntos, os sistemas de calefação e os aquecedores de água representam um terço de todas as emissões mundiais vindas de casas, apartamentos e escritórios. E, ao contrário da iluminação e dos aparelhos de ar-condicionado, a maioria não funciona a eletricidade, e sim queimando combustíveis fósseis, principalmente o gás natural. Isso quer dizer que não podemos descarbonizar a água e o ar quentes apenas limpando a rede elétrica. Precisamos obter calor de outras coisas que não sejam os combustíveis fósseis. Até o momento, soluções como usar energia solar para aquecer a água, ou mesmo aquecedores elétricos, não dão conta das necessidades, especialmente em países frios, em que não se pode contar com a luz solar no inverno. A demanda por eletricidade para aquecer prédios quando a temperatura externa está negativa seria simplesmente astronômica.

CAPTURA DE CARBONO

Como vimos, será muito difícil reduzir as emissões de gases de efeito estufa em todos os processos e atividades humanas. Para se chegar a uma redução, ou o que é mais desejável, um balanço zero de emissões (ou seja, nenhum aumento de gases de efeito estufa na atmosfera) será preciso retirar, ou para usar o termo mais em voga, "capturar" (há ainda quem use o termo "sequestrar") carbono da atmosfera. Há diferentes maneiras de se fazer isso, algumas com técnicas simples e já dominadas, outras exigindo ainda muito desenvolvimento científico e tecnológico para serem viáveis. Embora a discussão aprofundada das soluções para os problemas não seja o foco deste livro, na minha visão a captura de carbono é essencial para manter o planeta em condições suportáveis para a vida humana e, como as alternativas já são razoavelmente bem conhecidas, vou me alongar um pouco mais em sua descrição.

A maneira mais simples e óbvia para se retirar carbono da atmosfera é por meio das plantas. As plantas extraem o carbono do ar para compor seus tecidos, e ele ficará aí retido até a morte da planta, o que, no caso das árvores, pode levar dezenas a centenas de anos (os tecidos se renovam, obviamente, como pela perda das folhas, mas o carbono total retido na planta permanece o mesmo). É importante notar que não são as florestas existentes que absorvem carbono (até absorvem, mas também o liberam, de modo que o balanço final é zero). São as novas. O potencial da recomposição de florestas em áreas degradadas ou mesmo novas florestas em áreas novas é muito grande. O WRI (sigla em inglês do Instituto de Recursos Globais) estima que o potencial de remoção de carbono apenas das árvores das florestas dos Estados Unidos é de mais de meio bilhão de toneladas por ano, equivalente a todas as emissões anuais do setor de agricultura do país. As estimativas do potencial global das florestas são bastante variadas, mas é razoável supor que, se feitas de maneira agressiva e abrangente, a ampliação das florestas pode capturar em torno de 10 bilhões de toneladas por ano, equivalente a um quinto das emissões globais atuais.

Um grande desafio é garantir que a expansão da floresta em uma área não aconteça à custa da destruição de florestas em outros locais. Por exemplo, o reflorestamento das terras agrícolas reduziria a oferta de alimentos. Isso pode exigir a conversão de outras florestas em terras agrícolas, a menos que melhorias na produtividade agrícola possam preencher essa lacuna. E, finalmente, devemos lembrar que essa solução será viável por, no máximo, algumas dezenas de anos, pois não podemos expandir as florestas indefinidamente. Mas essa é a melhor opção que temos para aplicação imediata. É uma tecnologia dominada, é barata e pode prover muitos benefícios econômicos, pois as florestas replantadas ou expandidas podem ser exploradas comercialmente para a produção de frutas ou biocombustível, entre outras possibilidades.

Outra opção interessante para a captura de carbono envolve a água do mar. Vários conceitos de remoção de carbono baseados no oceano foram propostos para alavancar a capacidade do oceano armazenar CO_2. Cada abordagem visa acelerar os ciclos naturais de carbono no oceano. Poderiam incluir o aproveitamento da fotossíntese em plantas costeiras, algas ou fitoplâncton; adição de certos minerais para aumentar o armazenamento de bicarbonato dissolvido; ou aplicar uma corrente elétrica na água do mar para ajudar a extrair CO_2. Algumas opções de remoção de carbono baseadas no oceano também podem oferecer outros benefícios. Por exemplo, o cultivo costeiro de carbono azul (carbono armazenado em manguezais e outros sistemas costeiros) e algas marinhas poderia remover carbono, além de apoiar a restauração do ecossistema, e adicionar minerais para ajudar o oceano a armazenar carbono também poderia reduzir a acidificação. Essa última opção é muito interessante, já que a acidificação das águas dos oceanos é, como veremos adiante, uma das mais problemáticas transformações do planeta. No entanto, ainda não se sabe muito sobre os impactos ecológicos mais amplos dessas abordagens e mais pesquisas são necessárias para entender melhor os riscos potenciais antes que elas sejam aplicadas em qualquer escala.

Finalmente, pode-se capturar carbono diretamente do ar. Existem várias técnicas para isso. A princípio, não é algo difícil de fazer. As pessoas vêm filtrando CO_2 do ar no decorrer dos últimos cinquenta anos, mas para outros fins. Em submarinos e naves espaciais, por exemplo, o dióxido de carbono que a tripulação expira tem que ser retirado do ar, caso contrário atinge níveis perigosos. Porém, uma coisa é conseguir extrair dióxido de carbono do ar em pequenos ambientes, e outra bem diferente é ser capaz de conseguir isso em grande escala. É um processo que requer um grande uso de energia, que não poderia provir da queima de combustíveis fósseis, obviamente. Outro grande desafio é o armazenamento. Uma vez captado, o CO_2 tem de ir para algum lugar, e esse lugar tem que ser seguro. Basicamente, as melhores soluções envolvem injetar o CO_2 capturado em rochas a grandes profundidades.

A melhor rocha para se fazer isso é o basalto, pois tem muitos componentes minerais que facilitam a incorporação do CO_2 à própria rocha. O basalto é uma rocha vulcânica bastante comum. No Brasil, por exemplo, há basaltos soterrados abaixo de boa parte das regiões Sudeste e Sul, e também, ainda que em menor proporção, nas demais regiões. Não seria difícil encontrar basaltos em praticamente todas as regiões do mundo para servirem de receptores do CO_2. No entanto, extrair CO_2 do ar custa caro. No momento, em torno de mil dólares por tonelada. Mas se as unidades de captação forem multiplicadas por milhares, ou milhões, os preços podem cair bastante, e ficar abaixo de 100 dólares por tonelada. Poderíamos taxar as emissões e usar esse dinheiro para a captura. Mas capturar 1 bilhão de toneladas de carbono a esse preço representaria um custo de 100 bilhões de dólares, e essa quantidade não seria relevante. Capturar 10 bilhões de toneladas? Um trilhão de dólares! Vai ser complicado se não conseguirmos baixar esses custos. A captura de carbono vem sendo propagada, principalmente pela indústria do petróleo, para a solução dos nossos problemas (os deles, na verdade). Mas não é. Por razões tecnológicas e econômicas, essa solução não poderá ser aplicada na escala que precisamos. Pior ainda se os governos subsidiarem essa tecnologia (como os Estados Unidos estão fazendo) com dinheiro que poderia ser muito mais bem usado em investimentos na geração de energia limpa.

GEOENGENHARIA

Parte das alternativas de captura de carbono pode ser enquadrada dentro do termo geoengenharia (engenharia da Terra ou engenharia planetária). Mas aqui, acompanhando a tendência atual, vou me referir à geoengenharia ao descrever os processos que alterariam o clima do planeta através da intervenção direta na atmosfera[10]. Assim como as técnicas de captura de carbono, considero que a geoengenharia será necessária para manter o planeta em condições habitáveis. Existem várias maneiras de se intervir na atmosfera para reduzir a radiação solar e, consequentemente, o aquecimento. Uma delas envolve espalhar partículas extremamente finas – com milionésimos de centímetro de diâmetro – nas camadas mais altas da atmosfera. Os cientistas sabem que essas partículas dispersariam a luz solar e causariam resfriamento porque já viram isso acontecer: quando vulcões muito poderosos entram em erupção, expelem partículas similares e diminuem perceptivelmente a temperatura mundial. Outra iniciativa de geoengenharia é tornar as nuvens mais brilhantes. Como a luz do Sol se esparrama pelo topo delas, poderíamos tornar a luz mais difusa e resfriar o planeta borrifando sal nas nuvens, para dispersarem mais a luz. E não seria preciso uma mudança dramática. Para atingir uma redução de 1%, precisaríamos apenas aumentar em 10% o brilho das nuvens que cobrem 10% da área terrestre. É difícil calcular com exatidão quanto de redução de temperatura seria obtida, mas seria significativa.

A geoengenharia é relativamente barata, em comparação com a escala do problema, exigindo um capital inicial de menos de 10 bilhões de dólares e gastos operacionais mínimos. Além disso, o efeito nas nuvens dura cerca de uma semana, assim poderiam ser usadas pelo tempo que fosse necessário e depois interrompidas sem impactos de longo prazo, pelo menos em teoria. Alguns críticos atacam a geoengenharia por ser uma intervenção gigantesca no meio ambiente, mas, como lembrou Bill Gates no livro aqui referido, é bom não esquecer que já estamos fazendo algo similar, com a emissão de quantidades gigantescas de gases de efeito estufa.

No entanto, é preciso compreender melhor o impacto potencial da geoengenharia em cada lugar. E estamos muito longe disso. Será necessário fazer muita pesquisa para termos mais segurança na sua utilização. Além disso, como a atmosfera é literalmente um assunto global, nenhuma nação isolada pode decidir tentar essa iniciativa por conta própria. Será preciso haver consenso. No momento, é difícil imaginar os países concordando em mudar artificialmente a temperatura do planeta.

Ainda assim, a geoengenharia deve ser considerada como uma ferramenta emergencial, que devemos ter pronta para o caso de as coisas ficarem completamente fora de controle. A julgar pelo atual andamento dos esforços de redução das emissões de gases de efeito estufa, considero que será difícil atravessarmos o século XXI sem utilizar algum tipo de tecnologia de bloqueio da radiação solar na atmosfera. Mas, como eu disse, será preciso muita pesquisa para torná-la uma alternativa viável e, principalmente, compreender os seus efeitos. Talvez você tenha visto a série de *streaming O expresso do amanhã*, em que um trem roda sem parar num mundo permanentemente congelado por uma experiência de geoengenharia que não deu certo. Trata-se de uma fantasia. No mundo real as coisas não devem ficar tão fora de controle. E talvez não tenhamos saída, se a opção for entre reduzir a temperatura atmosférica e, por exemplo, morrer! No entanto, como os investimentos em pesquisa e desenvolvimento dessas técnicas ainda são muito baixos, estima-se que a intervenção direta na atmosfera deverá ser uma possibilidade concreta somente na segunda metade do século XXI. O que não quer dizer que os humanos não possam fazer uma grande besteira se movidos pelo desespero.

UM DESAFIO COMO NUNCA ENFRENTAMOS

A descrição dos principais processos emissores de gases de efeito estufa e das alternativas para reduzi-los ou minimizar seus efeitos deixa muito clara a dificuldade que teremos em chegar a uma economia de zero carbono. Desconfio que dizer que vai ser difícil é até excesso de otimismo. Os processos que emitem gases de efeito estufa estão profundamente ligados a tudo que consideramos necessário para a vida moderna. É impensável voltarmos para a vida que tínhamos antes da era industrial. Mas, por outro lado, precisamos reduzir grandemente as emissões desses gases. E desenvolver intensamente as alternativas de captura de carbono. Será difícil, mas de uma forma ou de outra teremos que fazê-lo. No capítulo anterior apresentei alguns caminhos que devemos tomar imediatamente, como a eletrificação da frota de carros leves, a adoção de eletricidade como principal fonte de calor industrial (não falei explicitamente antes, mas vimos exemplos de como a indústria usa combustíveis fósseis para gerar o calor necessário para seus processos), a mudança no padrão alimentar, reduzindo o consumo de produtos animais (mais sobre isso adiante), entre outras opções que, apesar de viáveis tecnicamente, ainda são caras.

Além disso, devemos considerar que o mundo continua faminto por energia. Estima-se que a demanda energética global vai triplicar até

2070. É por isso que boa parte dos donos do petróleo não participa das campanhas negacionistas. E as empresas de petróleo, boa parte delas, fingem despudoradamente que estão se transformando em empresas de energia limpa. Eles sabem que sem energia as economias param, e os governos e a sociedade se desesperam. E a demanda pelo petróleo que produzem volta a aumentar. Todos fingem que se preocupam. De Dubai a Moscou, de Houston a Lagos, os barões do petróleo dormem tranquilos, certos de que sua fonte de lucros não vai secar.

É preciso, portanto, desenvolvimentos científicos e tecnológicos revolucionários que permitam a abrangente eletrificação da economia, e um grande aumento da geração de energia limpa, com custos mais baixos. E isso significa um grande investimento governamental e empresarial em pesquisa e desenvolvimento. O desafio é enorme, mas não está fora do nosso alcance. Evidentemente, todo esse esforço visa reduzir, não eliminar, os impactos do aquecimento, que certamente virá, produzindo enormes estragos no planeta e em nossas vidas, como veremos nos próximos capítulos. Mas devemos fazer tudo que for possível – e até o que hoje parece impossível – para tornar a vida humana pelo menos suportável, nesse que é o maior desafio já enfrentado pela humanidade.

As técnicas de captura de carbono serão essenciais para atingirmos a meta de carbono zero, ou até mesmo reduzir a sua quantidade na atmosfera, pois isso poderá ser uma questão de sobrevivência para nossa espécie. Mas todas as tecnologias relativas a isso estão, como vimos, em fase inicial. Com exceção da recuperação e expansão das florestas, e da captura que a regeneração de solos pode propiciar (veremos mais sobre isso adiante), as demais alternativas estão num estágio praticamente embrionário. Serão necessários muitos investimentos em ciência e tecnologia, e incentivos governamentais, para que, se formos eficientes, atinjam uma fase de implementação mais plena até 2050. Dessa forma, provavelmente, só produzirão impactos significativos na segunda metade do século XXI.

A conclusão acerca de tudo isso é que a quantidade de gases de efeito estufa na atmosfera vai continuar a subir, pelo menos até 2050. Depois, se fizermos direito a nossa lição de casa, vai se estabilizar num patamar alto por algumas décadas, para então começar a diminuir.

Tudo isso deve causar o aquecimento da atmosfera entre 3°C e 5°C, promovendo consequências nefastas para o meio ambiente e para a vida humana. É possível que o desenvolvimento tecnológico e a mobilização da sociedade sejam mais rápidos do que isso, talvez impulsionados pela ocorrência de grandes tragédias. De todas as partes do mundo, a União Europeia é a que parece estar mais comprometida, de fato, com as metas de redução de carbono. Seu objetivo é atingir o "carbono zero" até 2050 (objetivo traçado por muitos outros governos e organizações). Eles talvez consigam. Talvez. Mas certamente serão os únicos no mundo. E somente no continente europeu, já que boa parte das indústrias europeias mais poluidoras foi transferida para os países em desenvolvimento – sem esquecer que países como a Noruega continuam a exportar petróleo, que vai gerar gases de efeito estufa em outros lugares. Carbono zero em nível mundial, mesmo num cenário otimista, só deve ser alcançado por volta de 2100. Essa visão é consistente com a que eu apresentei nas linhas anteriores para a quantidade de gases de efeito estufa na atmosfera.

Esses fatos não devem nos levar ao desânimo. Mesmo que efeitos nefastos sejam inevitáveis, precisamos agir para evitar a ocorrência de tragédias de proporção inimaginável. A substituição da geração de energia elétrica de combustíveis fósseis para fontes renováveis, principalmente solar e eólica, é tecnicamente viável, e podemos ampliar muito sua escala. Podemos aumentar a geração hidrelétrica, que produz menos impactos ambientais. Biocombustíveis também. Podemos substituir o concreto e o aço em muitas aplicações. Podemos reduzir o consumo de produtos animais, e criá-los de forma que produzam menos gases de efeito estufa. Podemos eletrificar a maior parte da nossa frota de veículos. Tudo isso já pode ser feito com tecnologias dominadas, e aperfeiçoado com novas tecnologias. Mas nossas ações precisam ser imediatas e amplas. Estamos muito lentos. Incrivelmente lentos. Espero que o mundo logo se dê conta de que essa complacência terá um custo muito alto, e que comecemos a reagir de forma mais ampla e agressiva. Precisamos fazer isso. Mesmo que algumas consequências do aquecimento já sejam inevitáveis, temos que nos mobilizar para evitar o pior.

3.

O sertão vai virar mar: degelo e subida do nível dos oceanos

Um urso polar desesperado e faminto flutuando num pequeno pedaço de gelo. Gigantescos blocos se desprendendo das geleiras, fazendo um ruído assustador. Fotos do antes e depois, mostrando que não só nas regiões polares, mas em muitas montanhas do mundo, as geleiras encolheram de forma notável. Sem dúvida, as primeiras evidências de que algo muito errado estava acontecendo com o clima do planeta vieram das geleiras. E isso é tão relevante para o entendimento das transformações do planeta que vou falar primeiro sobre as geleiras e a elevação do nível do mar, antes de começar a descrever as mudanças climáticas.

O degelo está sendo cada vez mais rápido nas regiões ártica e antártica e nas montanhas. O degelo da calota polar do Ártico, que está sobre o oceano, tem pouco efeito sobre o nível do mar, porque é uma camada delgada, e porque o peso do gelo que flutua já desloca um volume equivalente de água. Mas, para a vida selvagem no Ártico, o derretimento do gelo está sendo algo trágico. Talvez todos os ecossistemas que hoje vemos no Ártico, dos quais os grandes animais, como os ursos polares, são o aspecto mais visível e acabem desaparecendo junto com o gelo.

Por outro lado, o gelo sobre as terras, ao derreter, vai todo para os oceanos, aumentando seu volume e, consequentemente, causando a elevação do nível do mar. Globalmente. É o caso dos grandes volumes representados principalmente pelas geleiras da Antártica, da Groenlândia e da parte continental do Canadá. No caso do derretimento das geleiras das montanhas, o mais grave é que ele compromete o abastecimento de água de muitas regiões, inclusive alguns dos maiores celeiros agrícolas do mundo, como veremos adiante.

Embora haja um retardo entre o derretimento das camadas de gelo e a subida do nível do mar, não há dúvida de que ele vai subir. Não há outro modo de acomodar a massa de água que está sendo perdida pelas geleiras. Como diz a música de Sá e Guarabyra, o sertão (ou pelo menos parte dele) vai virar mar. Não um mar de água doce criado pelo represamento das águas dos rios (que inspirou a canção), mas um braço do oceano levado para lá pela subida do nível do mar. E eu posso lhe garantir: o mar não vai virar sertão. Pelo menos não no tempo que interessa à civilização humana. Se existe incerteza de quanto e quando o nível do mar vai subir, há uma grande probabilidade de que não vai demorar muito para acontecer, e que poderá representar uma catástrofe para muitos países. Na verdade, tanto o derretimento das geleiras como a elevação do nível do mar já começaram. E mesmo que consigamos manter o aquecimento abaixo de 2 graus Celsius, o que, como já vimos, será difícil, o nível do mar deve subir pelo menos dois metros até o final do século. Até agora subiu pouco, menos de trinta centímetros. Mas o nível do mar não responde de maneira linear. Os oceanos são muito grandes e complexos. Existem vários mecanismos envolvidos, entre os quais o fato de que o aquecimento de diferentes camadas e áreas dos oceanos se dá de modo heterogêneo. A elevação do nível do mar, no entanto, pode se dar de maneira súbita, se vários mecanismos que a retardam repentinamente deixarem de atuar.

O gelo no alto das montanhas, por outro lado, tem se reduzido mais a cada ano. Esse gelo é importante. Não tanto por seu volume, mas porque alimenta rios e aquíferos que sustentam a vida e a economia em muitas regiões. As geleiras de montanha são fontes essenciais de água para quase um quarto da população global. Ou seja, quase 2 bilhões de pessoas[1]. Por isso são chamadas por alguns estudiosos de "as caixas d'água do mundo". E a água do degelo serve não apenas como fonte de água potável, mas também para a geração de energia e para a agricultura. Grande parte do Meio-Oeste americano, o principal celeiro agrícola do país, utiliza água subterrânea que se infiltra em aquíferos a partir das Montanhas Rochosas. O mesmo vale para boa parte das áreas agrícolas da Europa. Águas de degelo alimentam muitos rios da Índia e também da América do Sul, lembrando que o rio Amazonas (ou melhor, o seu precursor, denominado rio Marañon em espanhol) nasce nos Andes.

Um problema que os cientistas têm enfrentado, à medida que as geleiras encolhem por causa do aquecimento global, é descobrir quanto gelo existe nas montanhas, para assim poder estimar por quanto tempo contaremos com ele, e em que volume. Estudos recentes têm demonstrado que há menos gelo do que se pensava, e isso é uma má notícia para muitas regiões do mundo. Voltarei a esse assunto adiante, ao descrever a crise hídrica global.

Mas, ainda que o derretimento das geleiras das montanhas preocupe por causa do fornecimento de água doce, a maior preocupação é com o derretimento das grandes massas polares, que se deve em parte ao aumento da temperatura da atmosfera, mas principalmente à elevação da temperatura da água do mar. A maneira como o calor da atmosfera é transferido para as águas dos oceanos e como será a nova distribuição de temperatura são alvo de muitas investigações científicas. Porém são processos ainda pouco conhecidos. Por isso é tão difícil prever o ritmo de subida do nível do mar. É possível que suba lentamente nos próximos séculos, e até milênios. Mas também é possível, como eu já disse, se mecanismos de retroalimentação ainda desconhecidos atuarem, que suba repentinamente e muito rápido. E como já vimos anteriormente, e voltarei a salientar mais à frente, o que diferencia a "experiência antropogênica" com o planeta dos fenômenos naturais é justamente a rapidez com que tudo acontece.

Em nenhum lugar do mundo o derretimento do gelo tem se mostrado tão intenso quanto no Ártico[2]. A capa de gelo do Ártico está diminuindo rapidamente. E as temperaturas da região estão subindo mais rápido do que em qualquer outro lugar do planeta. Entre 2011 e

2020, a capa de gelo do Ártico atingiu seu menor nível desde pelo menos 1850, quando dados mais confiáveis começaram a ser coletados, e muito provavelmente desde os últimos 1.000 anos. Todos os cenários futuros do IPCC apresentam como resultado que a capa de gelo se reduzirá para menos de 1 milhão de quilômetros quadrados pelo menos uma vez antes de 2050 – o que fará a área ficar completamente sem gelo no mar (restará o gelo sobre as terras emersas). Para se ter uma ideia do que isso representa, tal área corresponde a 15% da área de gelo observada em setembro (final do verão) entre 1979 e 1988.

No entanto, o gelo do Ártico, como já mencionei, na sua maior parte constitui uma extensa, mas delgada camada de gelo, que se desenvolve sobre o mar. Seu derretimento provoca uma série de consequências para os ecossistemas e, eventualmente, para o clima da região (além da alegria dos navegadores, que agora vão ter a tão sonhada passagem pelo Ártico), mas tem pouco impacto no nível do mar. As geleiras que terão maior impacto no nível do mar são as situadas sobre os continentes, pois todo o gelo aí derretido vai implicar em aumento do volume dos oceanos. Nesse contexto, as preocupações iniciais foram com o que ocorria na Groenlândia.

Um estudo recente[3] sugeriu que a capa de gelo da Groenlândia já teria atingido seu ponto de desequilíbrio (também chamado ponto de não retorno), ou seja, o ponto em que o degelo não poderá ser revertido – e se encaminhará para o desaparecimento. Embora mais estudos sejam necessários, os fatos têm corroborado essa afirmação, como veremos adiante. O derretimento completo da capa de gelo da Groenlândia vai produzir, ao longo dos próximos séculos, um aumento do nível do mar de cerca de 7 metros, sendo que o aumento da temperatura global registrada até agora (1,5 grau Celsius) foi, há 400 mil anos, responsável por um volume de degelo suficiente para elevar o nível do mar em 1,5 metro, o que deve causar o alagamento de cidades como Miami, Veneza, Xangai e Bangcoc. E de boa parte das praias e cidades costeiras do Brasil. Isso considerando somente o degelo de parte da Groenlândia. Em todo o mundo, mais de 600 milhões de pessoas vivem em elevações de menos de 10 metros acima do nível do mar. Parece pouco, mas o fato é que isso representa milhões de quilômetros quadrados, hoje habitados, que ficarão sob o mar. Como eu disse, não há mais dúvida de que o nível do mar vai subir. A única incerteza é se vai levar dezenas ou centenas de anos, principalmente porque há outras capas de gelo derretendo. Se isso ocorrer até o final do século, propriedades e instalações valendo trilhões de dólares passarão a valer zero!

Compreender o que está acontecendo na Groenlândia é importante, não apenas porque as previsões mais pessimistas estão se confirmando, mas também porque o que acontece lá pode estar se repetindo na Antártica, numa escala ainda maior[4]. Quando ficou claro que a Groenlândia estava se instabilizando, o IPCC apresentou o seu Quarto Relatório de Avaliação, o AR4[5]. O documento foi divulgado em fevereiro de 2007, em Paris, e trazia o alerta mais contundente já feito sobre o clima da Terra. O AR4 afirmava que o aquecimento do sistema climático era "inequívoco" e que a maior parte dele era "muito provavelmente" devido a atividades humanas[6]. Na linguagem do painel do clima "muito provavelmente" significa uma chance de mais de 90%. Considerando que estamos injetando gases de efeito estufa na atmosfera desde meados do século XIX, não deixa de ser surpreendente que só em 2007 tenha ficado claro o papel dos humanos no aquecimento do planeta.

As estimativas do AR4 para o aquecimento do planeta no fim do século XXI pareciam, em 2007, excessivamente pessimistas: as temperaturas em 2100 poderiam ser de 1,8 grau a 4 graus mais altas do que a média de 1980 a 1999 (para se ter uma ideia do que isso representa, um aquecimento global de 4 a 5 graus no final do Pleistoceno foi o que retirou uma camada de 2 quilômetros de gelo que havia sobre Nova York). Já os modelos computacionais que simulavam o aumento do nível do mar estimavam uma elevação menos preocupante – no máximo de 59 centímetros até o fim do século.

Na época, o relatório foi recebido com críticas de diversos lados. Alguns cientistas o criticaram por ser muito conservador. Outros, junto principalmente com empresas e países emissores de gases de efeito estufa, afirmavam que as previsões eram alarmistas (isso tem acontecido muitas vezes desde então). Embora muitos críticos acusem o painel de ser composto por cientistas climáticos alarmistas, a verdade é que, talvez até por receio desses mesmos críticos, as previsões do IPCC têm se revelado bastante conservadoras. Frequentemente a realidade se mostrou bem mais dramática do que as previsões. Uma das razões da cautela do IPCC era a incapacidade de incorporar aos modelos computacionais que simulavam o clima do futuro as recentes mudanças de comportamento das geleiras da Groenlândia e da Antártica. O sumário executivo do AR4 afirma: "Processos dinâmicos relacionados ao escoamento do gelo não incluídos em modelos atuais, mas sugeridos por observações recentes, poderiam aumentar a vulnerabilidade dos mantos de gelo ao aquecimento, aumentando o nível do mar no futuro".

A frase, da perspectiva de hoje, se revelou muito cautelosa. É compreensível que o IPCC, tendo em vista as críticas dos conservadores, tente não ser alarmista. Mas as observações vêm demonstrando que a cautela pode levar à complacência, quando a situação exige ações cada vez mais rápidas e abrangentes. Novamente, é irônico, para não dizer muito grave, que o IPCC, tantas vezes acusado pelos negacionistas do clima de ser alarmista, esteja sendo considerado agora por muitos como excessivamente conservador. Não tanto por causa de uma mudança na visão dessas pessoas, mas simplesmente pela dura e implacável realidade imposta pelos fatos.

Voltando ao relatório do IPCC, o que afinal significam "processos dinâmicos"? O termo dinâmico é utilizado na ciência para descrever sistemas que evoluem com o tempo. Esses sistemas podem ser lineares, como o pêndulo de um relógio, ou não lineares, quando vários mecanismos interagem simultaneamente, resultando numa evolução complexa. Sistemas que evoluem dessa forma, ou seja, de uma maneira não linear, são atualmente denominados, apropriadamente, de "sistemas complexos". Anteriormente eram chamados de "sistemas caóticos". Um exemplo disso é o sistema atmosférico. Há uma frase clássica que ilustra o comportamento desses sistemas: "Um simples bater de asas de uma borboleta no Brasil pode provocar um tornado no Texas". Foi como Edward Lorenz, em 1969, ilustrou a imprevisibilidade do sistema atmosférico, definindo pela primeira vez o comportamento de sistemas que ele denominou de caóticos (hoje chamados de complexos, ou não lineares). No caso das geleiras, isso significa que elas começam a se comportar de modos inesperados. Por exemplo, algo fez com que a perda de gelo da Groenlândia sextuplicasse:

de 34 bilhões de toneladas por ano entre 1992 e 2001 para 215 bilhões de toneladas entre 2002 e 2011, e chegasse a 574 bilhões em 2012. De 2012 para cá, esse volume (de perda) tem ficado estável, mas num patamar muito alto. A "culpa" desse excesso de degelo, aparentemente, é o oceano mais quente. Ele esquenta as geleiras por baixo. A água mais quente penetra no ponto de contato entre o gelo e o leito rochoso, de modo a acelerar o deslizamento da massa de gelo e sua desintegração. Para confirmar esse efeito, os cientistas usaram detalhados registros de temperatura das águas no mar da Groenlândia feitos pelos pescadores de camarão.

O mar mais quente é hoje a hipótese mais forte para explicar a rápida redução das geleiras. Ele atuaria de modo combinado com a elevação da temperatura do ar, uma medida que na Groenlândia, sozinha, não é capaz de explicar a magnitude do degelo[7]. Não se sabe o que está causando a mudança da temperatura da água da Groenlândia, mas isso é, provavelmente, causado pelo aquecimento das águas dos trópicos. No mundo todo, o oceano esquentou meio grau. O oceano e sua temperatura são controlados por ventos e correntes. E esses elementos são, por sua vez, uma função direta da temperatura. À medida que o Atlântico tropical aquece demais, o excesso de calor é dissipado para os polos, pelas correntes marinhas, causando o degelo. Se há uma perturbação no Atlântico tropical, em duas semanas ela chega à Groenlândia e à Antártica.

A maior preocupação em relação ao degelo da Groenlândia é com a Geleira 79N ou, se você conseguir pronunciar – Nioghalvfjerdsfjorden, uma massa de gelo gigante que ocupa o Nordeste da ilha. Essa geleira, que tem mais de 30 quilômetros de largura, é parte de um sistema que representa 16% de todo o gelo da Groenlândia, abrangendo mais de 100 mil quilômetros quadrados. Se aquela região começasse a derreter, seria preciso rever as previsões de elevação do nível do mar. Mas ninguém esperava que ela fosse derreter, pelo menos por ora: aquela geleira é tão próxima do Polo Norte que está cercada permanentemente por uma barreira de gelo marinho, que represa seu escoamento mesmo no verão. Essas barreiras de gelo marinho são fundamentais para impedir a penetração das águas quentes por baixo das geleiras continentais, além de evitar seu deslocamento no sentido do oceano (onde se parte, gerando icebergs, e perdendo parte de sua massa. Mas algo está acontecendo ali.

Está havendo perda de gelo marinho. De 1978 a 2003, não houve sinal de instabilidade da geleira. A partir de 2003, no entanto, elevações da temperatura atmosférica derreteram a barreira de gelo marinho que segurava as geleiras do nordeste da Groenlândia, causando a súbita aceleração de todo o sistema. Assim a água do mar, também aquecida, pode penetrar por baixo das geleiras, acelerando seu colapso dinâmico. A perda de gelo total quintuplicou em uma década. Essa é uma perfeita descrição de um sistema dinâmico não linear em ação. Um efeito inicial – no caso a elevação da temperatura do ar (que causou a perda do gelo marinho) – tem consequências muito maiores, e muitas vezes inesperadas do que apenas a ação isolada do efeito poderia causar. Já vimos alguns desses fenômenos anteriormente, e veremos muitos mais adiante, pois praticamente todos os sistemas naturais podem ser classificados como dinâmicos não lineares. É por isso que os cientistas, assim como eu aqui neste livro, falam tanto de probabilidade. Para desgosto dos que querem previsões exatas. Não há outro jeito quando estamos falando de sistemas em que muitos mecanismos estão envolvidos, muitos deles pouco conhecidos. O máximo que podemos fazer é tentar determinar os cenários mais prováveis e nos prepararmos para eles.

Se considerarmos a situação da Groenlândia e da Antártica juntas, as perspectivas ficam bastante sombrias (novamente, o Ártico em si não é tão relevante – pelo menos para o nível do mar). Desde 2014 sabe-se que as capas de gelo da Groenlândia e do oeste da Antártica eram mais vulneráveis ao derretimento do que os cientistas pensavam até então. De fato, a situação atual é que não é só a Groenlândia que já atingiu seu ponto de equilíbrio. A capa de gelo do oeste da Antártica mais que dobrou sua taxa de derretimento nos últimos anos, e esta vem acelerando.

Quando falamos de Antártica no Brasil, geralmente pensamos na Península Antártica, onde fica a base da marinha brasileira – Comandante Ferraz, e é também a região mais próxima da América do Sul. Mas essa é uma região pequena, se considerarmos a Antártica como um todo. Tem apenas 522 mil quilômetros quadrados. É a região de temperaturas mais amenas para os padrões antárticos, pois podem chegar a 2 ou 3 graus positivos no verão. Como lá é muito seco, dá até para andar de camiseta com essas temperaturas num dia de sol sem vento. Só que dias assim são raros.

Na Antártica venta muito, e basta um pouco de vento para que a sensação de conforto desapareça, e a sensação térmica desça para vários graus negativos em alguns instantes.

Mas a Antártica é muito mais do que isso. Tem no total um pouco mais de 13 milhões de quilômetros quadrados (o Brasil tem 8 milhões), e o resto do continente pode ser dividido em Antártica Ocidental – a oeste – e Antártica Oriental – a leste. A Antártica Oriental é um lugar muito frio e inóspito. A maior parte dela é constituída por um planalto alto e seco, com temperaturas que podem chegar a -80°C. É onde fica o Polo Sul. A Antártica Ocidental apresenta elevações mais baixas e temperaturas um pouco mais amenas. Em termos. Temperaturas de dezenas de graus negativos também são comuns. A capa de gelo da Antártica Ocidental tem cerca de 2,3 milhões de quilômetros quadrados, e nela estão as geleiras que mais preocupam, como a Geleira Ilha Pine e, principalmente, a geleira Thwaites, ambas gigantescas[8]. A região do continente em que estão essas geleiras contém quase 10% de toda a água doce do planeta, armazenada na forma de gelo.

Em 2022, os cientistas observaram que a geleira Thwaites tem fraturas em largas extensões, o que facilita a penetração de águas mais quentes, aumentando a intensidade do derretimento. Em 2023, a cobertura de gelo da Antártica atingiu os níveis mais baixos já registrados, e a situação da geleira Thwaites voltou a preocupar. Para se ter uma ideia, o derretimento de apenas essa geleira (também conhecida como "Geleira do Fim do Mundo") pode causar uma elevação de 3 metros no nível do mar.

Por isso e por outras coisas mais, ainda que a Groenlândia preocupe os cientistas (e com razão), é a Antártica que pode transformar a subida do nível do mar numa grande catástrofe. Há cerca de 120 mil anos, no último período interglacial (antes do atual), chamado de Eemiano, o oeste Antártico perdeu quase todo seu gelo. Isso ocorreu devido a um aquecimento de 5 a 7 graus, iniciado por uma oscilação natural da órbita da Terra. O nível do mar teria subido pelo menos 5 metros em consequência dessa desintegração. Uma elevação de temperatura dessa magnitude no futuro causaria também o rompimento das plataformas de gelo marinho Ross e Ronne, fazendo os 2,3 milhões de quilômetros quadrados de gelo do oeste antártico, em sua maior parte freados por essas plataformas, escorregarem para dentro do oceano (o mesmo efeito que vimos na Groenlândia – o derretimento de plataformas de gelo marinho, que "seguram" as geleiras continentais, causando a aceleração do degelo nestas últimas).

É importante lembrar que o aquecimento da atmosfera tende a ser maior nas altas latitudes, de modo que um aquecimento global médio de 5 graus, por exemplo, pode significar um aquecimento de até 10 graus nas regiões polares. No caso da Antártica, essa elevação seria mais do que suficiente para disparar o colapso das plataformas gigantes e do manto de gelo, e uma elevação do nível do mar quase instantânea, que alagaria cidades litorâneas de todo o mundo. Esse cenário é incerto, naturalmente, mas é possível. Mesmo que a probabilidade fosse pequena, já deveria causar muito mais preocupação do que estamos vendo mesmo hoje em dia, vinte anos depois dos primeiros alertas feitos pelos cientistas da Nasa.

A perda de gelo na Antártica se acelerou muito desde o início do século XXI: 147 bilhões de toneladas entre 2002 e 2011, em comparação com os 30 bilhões da década anterior. O aumento do nível do mar atualmente é de cerca de 3 mm por ano, sendo um terço disso relativo ao degelo na Antártica e na Groenlândia, um terço de outras geleiras (como as do Alasca e dos Himalaias) e um terço devido à expansão da água do mar na medida em que aquece. A Groenlândia ainda contribui para isso mais do que a Antártica, porque o mar ali está mais quente. Mas o degelo na Antártica está acelerando rapidamente. Até onde as geleiras da Antártica podem derreter depende de muitos fatores, como o aumento ou redução das nossas emissões de gases de efeito estufa, do padrão de aquecimento dos oceanos, das variações de topografia em diferentes regiões e de outros fatores que os cientistas ainda não conseguiram identificar.

Segundo avaliações recentes, as geleiras da Groenlândia e da Antártica estão a 0,5°C de um colapso total, o que produziria uma elevação do nível do mar de mais de 10 metros. É importante frisar isso: não deveremos conseguir evitar que o planeta aqueça mais 0,5°C. Ou seja, estamos de fato caminhando para o colapso das geleiras.

E, agora, o mais preocupante. Em 2017, foi observado que duas geleiras da capa de gelo da Antártica Oriental também estão perdendo massa.

Dezoito bilhões de toneladas a cada ano. A espessura da capa de gelo na Antártica Oriental é de mais de 2 quilômetros. Se essas duas geleiras se forem, teremos uma elevação adicional de 5 a 6 metros no nível do mar. No total, o derretimento das duas capas de gelo da Antártica pode causar uma elevação de mais de 70 metros no nível do mar. Difícil imaginar as consequências. Na última vez que o clima da Terra foi 4 graus mais quente, há cerca de 100 mil anos, não havia gelo nos polos e o nível do mar estava mais de 80 metros acima do nível atual. Havia palmeiras na Antártica. Melhor não imaginar como era nos trópicos.

Como eu já disse, é difícil prever quando e quanto o nível do mar vai subir, e, principalmente, a taxa em que isso vai ocorrer, porque há muitos mecanismos de retroalimentação, principalmente nas partes mais profundas dos oceanos, que desconhecemos totalmente. Mas o fato é que o nível dos oceanos já está subindo mais rapidamente do que jamais havíamos registrado. Desde 1900, o nível dos mares subiu mais rápido do que em qualquer século anterior, em pelo menos 3 mil anos, e esse ritmo deve continuar assim por um tempo muito longo. Porque os oceanos levam muito tempo para aquecer de forma uniforme, muito do potencial de elevação já está incorporado aos oceanos, ainda que não tenha acontecido. Se o aquecimento se limitar a 1,5°C nos próximos 2 mil anos, o nível médio global dos mares deve subir entre 2 e 3 metros acima do nível atual. Se o aquecimento chegar a 2°C, o nível deverá subir 13 metros ou mais. Se isso vai ocorrer de forma mais lenta, ou seja, em milhares de anos, ou mais rápido, em algumas centenas de anos ou até antes, é uma grande incógnita. Mas as indicações sobre a rapidez do derretimento das geleiras sugerem que devemos nos preparar para uma subida mais rápida. E isso deveria nos preocupar muito mais. Como já vimos, centenas de milhões de pessoas e propriedades, instalações industriais e de infraestrutura valendo trilhões de dólares poderiam ser afetadas.

Ainda quanto ao degelo, há outro fenômeno que tem preocupado os cientistas: o derretimento do *permafrost*. E para falar sobre isso temos que voltar ao Ártico. Eu disse antes que o derretimento do gelo no Ártico não é tão preocupante, por ser uma camada fina que se desenvolve sobre o oceano. Mas, como em tudo quando se trata de clima, existem outras conexões. Ocorre que no *permafrost*, como se chamam os solos congelados acima do Círculo Polar Ártico, principalmente no Canadá, Alasca e Sibéria, existem trilhões de toneladas de carbono aprisionados no gelo. O termo *permafrost* pode ser traduzido para o português como "pergelissolo" que, convenhamos, é um termo meio esquisito. Por isso continuamos falando *permafrost* mesmo, pois ele é autoexplicativo (perma – permanente, *frost* – congelado, em inglês). O derretimento do *permafrost* pode causar a liberação de CO_2 – por conta do aumento da atividade microbiana consumindo a matéria orgânica hoje inerte nos solos congelados, e metano – pelo derretimento de hidratos de metano.

Basicamente, os hidratos são constituídos por metano aprisionado em cristais de gelo. Se o gelo derrete, libera-se o gás metano na atmosfera. Estima-se que existe mais metano preso no *permafrost* do que o total que há hoje na atmosfera. O metano, como já vimos, é um poderoso gás de efeito estufa. Dezenas de vezes mais poderoso que o dióxido de carbono. Sua liberação geraria um aquecimento rápido e brutal da atmosfera. Como no caso das geleiras, até poucos anos atrás, pensava-se que o metano do *permafrost* permaneceria estável por muitos anos. Hoje, todos concordam que o *permafrost* está derretendo, e já está havendo liberação de metano. Pudera, o Ártico está aquecendo mais rápido do que o resto do planeta. Se o aquecimento global for de 4 graus centígrados, por exemplo, o Ártico vai aquecer cerca de 13 graus. O último relatório do IPCC projeta uma perda entre 37% e 81% do *permafrost* até 2100. Ainda que a liberação de metano seja o mais preocupante, não se pode desprezar o potencial de liberação de grandes quantidades de CO_2, devido, como já mencionei, ao aumento da atividade bacteriana.

Ainda que muitos cientistas acreditem que essa liberação será lenta, a quantidade de metano é muito grande. Se considerarmos também a liberação de dióxido de carbono, estudos recentes estimam que até 2100 haverá liberação de cerca de 100 bilhões de toneladas de carbono pelo derretimento do *permafrost*. Isso equivale à metade de todo o carbono produzido pela humanidade desde o início da revolução industrial, o que representaria um potencial de aquecimento adicional, algo entre 0,5°C e 1°C, somente por esse processo. Mas é apenas uma estimativa. Há vários mecanismos atuando simultaneamente, por exemplo, o aumento da vegetação no Ártico, que absorve parte do carbono liberado (o que já está considerado nessas estimativas), e o desconhecimento de como os microbiomas (comunidades de micróbios) do Ártico vão evoluir. Por isso, ninguém sabe quanto carbono será liberado. Pode ser menos ou pode ser muito mais do que 100 bilhões de toneladas.

Outro motivo de preocupação, que envolve o gelo do mundo todo, é o chamado "efeito albedo". O albedo é a razão entre a quantidade de radiação refletida por um material e a quantidade de radiação que incide sobre ele. O gelo, naturalmente, é branco. Portanto, reflete a maior parte da radiação solar que o atinge de volta para o espaço. Quando o gelo derrete, a maior parte da radiação solar passa a ser absorvida, pois tanto o mar quanto os solos e rochas são mais escuros, gerando mais aquecimento, que vai gerar mais derretimento, e assim por diante. Pouco se fala do efeito albedo, mas ele pode ser um poderoso processo de retroalimentação. Ou seja, esse fenômeno, uma vez iniciado, resulta em fatores que contribuem para sua aceleração.

Devemos lembrar que nos últimos 25 anos a humanidade emitiu cerca de metade do carbono produzido desde o início da era industrial. Esse fato, mais a atuação dos diversos mecanismos de retroalimentação aqui mencionados, tem levado o planeta de uma quase total estabilidade climática a uma situação que beira o caos. Se fizemos isso nos últimos 25 anos, e continuamos a levar uma vida praticamente igual, e a demanda do mundo por energia e outros produtos que geram gases de efeito estufa não para de crescer, alguém imagina que os próximos 25 anos serão diferentes?

A lista de lugares que serão afetados por uma subida de alguns metros é impressionante. Na literatura internacional, encontramos exemplos, como toda a cidade de Miami Beach, a maior parte do sul da Flórida, países inteiros, como as Maldivas, a maior parte de Bangladesh, onde vivem nada menos do que 167 milhões de pessoas, a maior parte de Manhattan e, pasmem, até mesmo a Casa Branca. Estima-se que, em torno de 2100, a subida do nível do mar vai desalojar, nos Estados Unidos, cerca de 13 milhões de pessoas. Os estados mais afetados serão a Flórida, onde cerca de 2,5 milhões de pessoas devem perder suas casas na região da Grande Miami, e a Lousiana, onde meio milhão perderá suas casas contando somente a região de Nova Orleans.

Adaptar-se a uma elevação de 3,3 metros no oceano neste século (que corresponde ao degelo previsto somente para a Antártica – sem contar a Groenlândia – que poderia adicionar mais 5 metros) exigiria deslocar toda a população das ilhas do Pacífico e abandonar ou transformar radicalmente as partes baixas de metrópoles como Rio, Nova York, Recife, Santos, Bangcoc e Xangai. Quando você ouvir o nome "baixada" – Baixada Fluminense, Baixada Santista – pode já imaginar todas essas áreas debaixo d'água. Também entram nessa conta regiões como a planície litorânea do Rio Grande do Sul, e a maior parte das praias do litoral brasileiro, que simplesmente deixarão de existir. Somente no Brasil, 25% da população, ou seja, mais de 50 milhões de pessoas, habita o litoral, e 18% (cerca de 40 milhões) está em regiões metropolitanas que, devido à densidade da população, são mais vulneráveis à elevação do nível do mar.

A maior parte das cidades costeiras do mundo vai perder áreas significativas, lembrando que no Brasil muitas capitais, incluindo Rio de Janeiro, Salvador, Recife e várias outras, têm extensas áreas com elevações de poucos metros. Em suma, centenas de milhões de pessoas perderão suas casas e terão que ser deslocadas. Vai acontecer. Mas a incerteza sobre quando e quanto o mar vai subir vai levar à inércia. As pessoas vão viver seu dia a dia como sempre. Haverá uma ou outra ressaca mais forte que o normal. Alguns trechos de praia vão estreitar ou mesmo desaparecer. Mas parecerá que nada grave vai acontecer. Então, um dia, o mar poderá subir rapidamente, e é difícil prever as consequências de uma subida rápida. Quem se lembra do *tsunami* de dezembro de 2004, que atingiu a Tailândia e boa parte da costa do Oceano Índico, sabe do que estou falando. A subida devido ao degelo não será tão rápida, naturalmente, mas pode ser o bastante para que não haja tempo de realocar as pessoas, construir casas para elas e refazer a infraestrutura das áreas afetadas. Portanto, não se trata apenas da casa das pessoas. Empreendimentos comerciais, shopping centers, escolas, escritórios, supermercados, ruas, avenidas, praças. Tudo terá que ser realocado.

Outro estudo recente previu que em poucas décadas a maioria dos atóis, esses verdadeiros santuários de vida marinha, serão inabitáveis. Isso inclui nações inteiras, como as Maldivas e as Ilhas Marshall. As Maldivas, inclusive, já estão projetando cidades flutuantes, para que seus habitantes possam continuar no local onde fica o país depois que não houver mais território. Fica a pergunta de como o direito internacional vai tratar esses países que só existirão em razão de construções artificiais. Além disso, como veremos no próximo capítulo, os mares tropicais serão duramente atingidos pelo colapso dos recifes de coral, que são o sustentáculo da vida nas águas mais quentes. Não apenas deveremos ver muitas ilhas desaparecerem, mas também a exuberância de vida marinha que vemos hoje nessas regiões.

E as praias? De novo falando do Rio de Janeiro, não pense que Copacabana e Ipanema serão apenas deslocadas de lugar. E mais uma coisa: não se faz uma praia da noite para o dia. A natureza leva milhares de anos para recompor uma praia. Além disso, como imaginar uma praia em meio a esqueletos de prédios? Mesmo em locais em que não há construções à beira-mar, uma faixa de areia vai demorar a aparecer. Sabe aquela diversão tão brasileira de ir à praia com cadeiras e guarda-sol, jogar frescobol, cavar buraco na areia com as crianças? Esqueça. Se o mar subir, não haverá mais praia! Você poderá ainda tomar banho de mar – onde este não estiver sujo, mas vai ter que caminhar entre prédios destruídos, restos de florestas ou amontoados de pedras para chegar até ele.

Voltando ao mundo, e lembrando que o século XXI parece ser caracterizado pela ascensão da Ásia, os dados mostram que as vinte cidades mais populosas que serão mais afetadas pela subida do nível do mar estão na Ásia, incluindo Xangai, Hong Kong, Mumbai e Calcutá. Cerca de dois terços das maiores cidades do mundo estão na costa, sem mencionar uma grande quantidade de usinas de geração de energia (incluindo Angra 1 e 2 no Brasil), bases da Marinha, grandes portos comerciais, áreas de agricultura, incluindo boa parte do cultivo de arroz, criação de peixes, manguezais e muitas outras áreas e atividades econômicas e/ou importantes para a biodiversidade.

No que se refere aos efeitos da subida do nível do mar, o alagamento permanente conta apenas parte da história. Como qualquer veranista sabe, o nível do mar varia todos os dias no mundo inteiro a cada seis horas, com os ciclos de cheia e vazante da maré. E, como os surfistas também sabem, há um período no mês no qual a maré cheia – a chamada máxima preamar – é duas vezes mais alta que a maré normal. Assim, em muitos lugares, com apenas 30 centímetros de elevação do nível do mar, a maré alta subiria 1,90 metro a mais. Durante as ressacas esse efeito se potencializa, pois os ventos fortes e as ondas já são naturalmente mais destrutivos. Ressacas no pico da maré cheia podem atingir locais a grandes distâncias da costa. Como esse tipo de evento tende a ficar mais intenso e mais frequente à medida que o efeito estufa aumenta a quantidade de vapor de água e de energia na atmosfera – está criada a tempestade perfeita – literalmente. Locais atingidos frequentemente pelas marés altas podem ficar inviáveis para a ocupação permanente.

Veja o que aconteceu durante a supertempestade Sandy, que alagou as partes baixas de Nova York e Nova Jersey em 2012, causando prejuízo de 67 bilhões de dólares. Sandy deu no que deu, com apenas 20 centímetros de elevação média do nível do mar no globo. A projeção do IPCC para Nova York, no cenário otimista de emissões e sem contar com um degelo antártico fora de controle, é de 70 cm de elevação local – acima dos 62 cm previstos nesse mesmo cenário para o mundo todo. Uma tempestade bem menos intensa provocou, no inverno de 2023, uma nova inundação em Nova York. Ou seja, tempestades de categoria muito mais baixas que a Sandy poderão causar prejuízos semelhantes. E supertempestades, catástrofes difíceis de imaginar.

Uma outra consequência da subida do nível do mar é o aumento das inundações, como foi o caso de Nova York, em todas as cidades costeiras. Quem mora no Rio de Janeiro conhece bem esse efeito. Quando ocorre uma chuva torrencial no Rio, muito comum no verão, se a maré está baixa, geralmente a água escoa sem maiores problemas. Mas se a maré está alta, grandes áreas da cidade costumam ficar inundadas. E a amplitude da maré no Rio nem é tão grande assim, tipicamente é de cerca de 1 metro. Uma subida ainda que discreta do nível do mar faria com que todas as inundações do Rio se parecessem com as que ocorrem quando a maré está alta. Ou mesmo piores. Veja que esse efeito pode ocorrer mesmo que não haja mudanças perceptíveis na costa. Mesmo que a elevação não seja grande a ponto de destruir as praias, mesmo com ressacas mais violentas, ninguém terá perdido sua casa. Mas as inundações da cidade, que já são um incômodo, ficarão muito piores. Se hoje em dia os cariocas que precisam voltar para casa no final da tarde já costumam esquadrinhar nervosamente o céu no verão em busca de nuvens de chuva, vão ficar ainda mais nervosos. Agora, multiplique isso por todas as áreas costeiras do mundo.

O efeito da subida do nível do mar nas inundações, mostrado pelo exemplo corriqueiro do Rio de Janeiro, não pode ser desprezado. Entre 1985 e 2015, as inundações afetaram 2,3 bilhões de pessoas e mataram 157 mil pessoas em todo o mundo. Mesmo que se consiga uma redução significativa na emissão de gases de efeito estufa, o dióxido de carbono já injetado na atmosfera vai aumentar a precipitação global de tal forma que o número de pessoas afetadas pelas inundações aqui na América do Sul vai dobrar dos atuais 6 milhões para 12 milhões (anualmente); na África, de 24 para 50 milhões; e na Ásia, de 70 para 155 milhões. E a subida do nível do mar acentua a gravidade das inundações, mesmo as fluviais, sobre as quais vou falar mais no próximo capítulo, pois aumenta o represamento da água dos rios.

Até que ponto vamos conseguir nos adaptar à subida do nível do mar depende, basicamente, da rapidez com que isso vai acontecer. Os estudos atuais apontam que a taxa vem crescendo de maneira muito preocupante. E estimativas para este século estão, tentativamente, sendo feitas. Quando o Acordo de Paris foi assinado, em 2015, os signatários estavam certos de que as capas de gelo da Antártica permaneceriam estáveis mesmo que o planeta esquentasse alguns graus. A expectativa então era de que os oceanos iriam se elevar no máximo em torno de 1 metro até o final do século. Como vimos no exemplo da cidade do Rio de Janeiro, essa elevação já poderia gerar problemas, ainda que não causando grandes mudanças na cidade. Mas, naquele mesmo ano de 2015, a Nasa demonstrou que essa expectativa era totalmente irreal, sugerindo que 1 metro não era o máximo, mas o mínimo. Mais recentemente, a NOAA (sigla em inglês da Administração Nacional Oceânica e Atmosférica, dos Estados Unidos) sugeriu que quase 3 metros serão possíveis, ainda neste século[9]. Na costa leste dos Estados Unidos, já se aplica o termo "inundação em dia de sol", quando a maré alta, sem qualquer chuva adicional, já invade cidades costeiras. Isso ficará cada vez mais frequente. No mundo todo. E já acontece no Brasil, pelo menos do Rio de Janeiro para o norte, durante a chamada "maré de março" (maré de sizígia do mês de março, que são maiores por causa da passagem do Sol pelo plano do equador terrestre).

Toda mudança em sistemas naturais é caracterizada por incertezas. Mas a subida do nível do mar é um caso à parte, porque o desconhecimento científico a respeito da relação entre aquecimento, degelo e subida do nível do mar é enorme. Não porque não tenha sido estudado intensamente, mas porque é extremamente complexo. Sabemos, é claro, que quando a água aquece, ela expande. Ou seja, além da água incorporada pelo derretimento do gelo, o volume dos oceanos aumenta por causa da temperatura mais elevada. Mas, como eu disse, esse aquecimento se dá de forma muito heterogênea, o que torna mais difícil a previsão de seus efeitos. Em suma, o derretimento das capas de gelo representa uma física inteiramente nova, nunca observada nessas proporções em toda a história humana.

Embora tenhamos muitos registros geológicos de derretimento de capas de gelo no passado, até onde sabemos isso nunca se deu na velocidade em que está acontecendo hoje. Pelo menos nos últimos 66 milhões de anos. Todos os anos, um americano médio, por exemplo, emite carbono suficiente para derreter 10 mil toneladas das capas de gelo da Antártica – o suficiente para adicionar 10 mil metros cúbicos de água aos oceanos. Para efeito de comparação, o brasileiro médio emite 2,04 toneladas de carbono por ano. O americano, cerca de 15,24. A média mundial é de 4,48 por pessoa. Eis uma boa visão da desigualdade do mundo. Mas o fato é que todos estão dando sua contribuição para que o gelo continue a derreter.

No cenário mais provável, o nível do mar deve subir pelo menos alguns metros neste século, inundando vastas regiões costeiras, destruindo construções e instalações portuárias, industriais e outras obras de infraestrutura, deslocando centenas de bilhões de pessoas de suas casas, causando prejuízo de trilhões de dólares. Portanto, não apenas parte do sertão vai virar mar, mas também uma boa parte das terras emersas do mundo. Não sabemos quando isso vai acontecer. Mas a rapidez com que estamos aumentando a quantidade de gases de efeito estufa na atmosfera e a taxa crescente de derretimento das geleiras nos levam a suspeitar que pode ser mais rápido do que estamos imaginando. Uma subida rápida, em que estivéssemos totalmente despreparados, seria uma catástrofe de grandes proporções. Os impactos sociais e econômicos causados pelo deslocamento de moradias, prédios comerciais, instalações industriais e infraestruturas são difíceis de prever, mas serão colossais. O fato de termos dificuldade de prever quando e quanto o mar vai subir não faz a ameaça desaparecer.

Esse, como eu disse, é o cenário mais provável. No pior cenário, aquele para o qual eu tenho frisado, devemos estar preparados – o nível do mar pode subir mais de 5 metros, e isso pode nos pegar desprevenidos. É difícil imaginar um cenário em que uma rápida subida do nível do mar possa gerar destruição e desespero ao mesmo tempo em todo o mundo. Como um *tsunami* permanente atingindo todas as costas do planeta. Imagine que, de uma hora para outra, centenas de milhões de pessoas, empresas, instalações militares e portuárias tenham que ser deslocadas e refeitas. Quem dispõe de recursos talvez consiga se remanejar, mas e quem não tem? Seguradoras não vão cobrir esse tipo de prejuízo. Governos terão uma enorme dificuldade para levantar recursos em pouco tempo, de forma mais abrangente. E sabe o que vai acontecer? Esse cenário é tão assustador que nós preferimos ignorá-lo. Provavelmente vamos viver próximos da costa como se o mar fosse ficar sempre ali. Ou que subisse devagar. Até que, talvez num belo dia de sol, você acorde com as ondas batendo na sua janela.

4.

Quente e violento: as principais mudanças climáticas e suas consequências

No verão de 2022, em Petrópolis, onde moro, caiu uma tempestade típica de verão. Foi um enorme cúmulo-nimbo, aquelas nuvens grandes de tempestade que são comuns nessa época. Essas nuvens costumam se mover lentamente, em função das variações laterais de pressão e temperatura da atmosfera. Mas essa, que se posicionou sobre o bairro do Alto da Serra, ficou ali parada por cerca de seis horas. O resultado foi uma precipitação de 535 mm, a maior num único dia já registrada desde que as estações meteorológicas foram instaladas na cidade, em 1946. Ou seja, uma daquelas tempestades que devem acontecer a cada 100 anos. Eu e minha esposa não estávamos na cidade na época. Estávamos voltando para nossa casa no litoral norte da Bahia, quando ela começou a me mostrar vídeos no celular. Eram assustadores. O centro da cidade todo inundado. As lojas invadidas pela água. Torrentes turbulentas descendo ruas, arrastando carros e tudo que encontravam pela frente, e cascatas como nunca havíamos visto se precipitando sobre muros de contenção. Depois ficamos sabendo dos deslizamentos de terra, e o Brasil todo viu as horríveis cenas dos ônibus e vários passageiros sendo tragados pelas águas do rio furioso. Mais tarde ficamos sabendo das pessoas que haviam morrido, ficado feridas ou perdido suas casas. Não houve na cidade quem não conhecesse uma vítima da tragédia. Um instrutor da minha academia que morreu, o rapaz que coleta nosso sangue que perdeu a casa. Todos conheciam alguém em situações assim.

Foi uma catástrofe. Duas semanas depois, já estávamos na cidade. Já era quase abril, quando as tempestades costumam parar. Fiquei sabendo que viria outra frente fria. E fiquei preocupado. Os solos estavam muito encharcados. Mesmo uma chuva de pouca intensidade poderia causar danos. A frente fria chegaria no domingo. Então, sábado à noite, a temperatura começou a subir muito. Chegou a mais de 30 graus, o que é muito quente para a região. E eu fiquei ainda mais preocupado. A combinação de frentes frias entrando em áreas muito quentes é uma combinação mortal para a região Sudeste. O terreno ao lado do nosso prédio tinha sofrido um deslizamento de terra no evento anterior, que havia interditado um prédio e invadido o estacionamento, várias lojas e o cinema de um shopping vizinho. Mais uma razão para preocupação.

Domingo à tarde a chuva começou. Foi contínua, mas não parecia muito forte. Então ficamos sabendo que a principal avenida da cidade, conhecida como Rua do Imperador, havia sido inundada, e assim novamente as mesmas lojas do evento anterior. A chuva dessa vez se concentrou na região oeste da cidade, em torno do bairro do Bingen, e foi mais espalhada. E os danos foram mais materiais. Mas o solo encharcado não absorveu a água e as inundações ocorreram de forma intensa em todos os rios da cidade. Como a chuva no Centro, onde moramos, não foi forte, o terreno ao lado do nosso prédio foi pouco afetado. O mais triste foi ver os lojistas que haviam perdido quase todo seu estoque e os equipamentos das lojas, e que estavam apenas começando a se recuperar, perderem tudo de novo. Muitos jamais reabriram. Foi o segundo pior evento na história da cidade. Num intervalo de apenas duas semanas!

Apenas coincidência? Ou o que aconteceu ali, onde eu moro, nas ruas onde ando, nas montanhas e vales que vejo todos os dias, foi mais uma consequência do aquecimento global? Nos dias de hoje, tendemos a relacionar ao aquecimento global todos os eventos extremos. Mas não é bem assim. Afinal, eventos extremos sempre aconteceram. Levaremos algum tempo para saber se os eventos de Petrópolis foram de fato relacionados com as mudanças climáticas. A resposta virá na forma de uma probabilidade. Tipo: há 30%, 50% ou 60% de chance, por exemplo, de os eventos terem sido associados às mudanças climáticas. Na realidade, é a combinação entre a intensidade e a frequência dos eventos que indica que o clima está mudando, e não eventos específicos. Mas essa resposta é importante. Porque as cidades da Serra Fluminense geralmente levam mais de 10-20 anos para se recuperar de eventos como o de 2022 (essa regra se aplica a todo o Brasil e a boa parte do mundo). Se esses eventos começarem a ocorrer com mais frequência, as cidades vão ter que acelerar seus planos de prevenção e recuperação, que, de um modo geral, têm sido feitos de forma lenta e ineficiente.

De um ponto de vista conservador, o limiar de uma catástrofe global seria o aumento da temperatura média da atmosfera em 2°C. Praticamente todas as nações concordaram com esse número durante a Conferência das Nações Unidas sobre as mudanças climáticas realizada em Cancún, em 2010. Em 2015, nas negociações em Paris, os líderes mundiais mudaram de ideia. Decidiram corretamente, aliás, que o limite de 2°C era alto demais. E é. Os signatários do Acordo de Paris comprometeram-se a "manter o aumento da temperatura global bem abaixo dos 2°C, e envidar esforços para limitar o aumento da temperatura a 1,5°C. O relatório de 2018 do IPCC clama por redução de emissões em 45% dos níveis de 2010 até 2030, alcançando zero até 2050, para que o aquecimento global fique limitado a 1,5°C. E nós, muito provavelmente, não vamos conseguir isso. Depois de alguns anos difíceis, especialmente pela ascensão ao poder de líderes da extrema direita, como Donald Trump – que simplesmente retirou os Estados Unidos do Acordo de Paris, o que foi revertido depois por Joe Biden –, as coisas melhoraram, e a COP26, realizada no Egito em 2022, reafirmou os termos do Acordo de Paris e até mesmo incluiu a promessa (sem números) de que os países ricos irão recompensar os mais pobres pelos danos causados pelas mudanças climáticas.

Ainda assim, em termos realmente práticos, grande parte dessas promessas parece vazia. A temperatura da Terra em 2023 já estava 1,2°C acima da temperatura pré-industrial. Ou seja, deve atingir, 5°C antes de 2030. Atingir emissão zero em 2050, que ainda é a promessa atual de muitos governos, é, como vimos no capítulo 2, muito difícil. Portanto, o planeta vai aquecer e precisamos saber o que isso significa em termos de mudanças climáticas.

O termo "mudanças climáticas" é muito amplo e, num certo sentido, abrange todos os efeitos do aquecimento global. Mas serei mais restritivo neste capítulo. Quando me referir às mudanças climáticas, serão principalmente as tempestades, deslizamentos e inundações, que em si são um tópico imenso. Já no próximo capítulo, vou falar sobre as ondas de calor, as secas e a crise hídrica, que são, basicamente, fruto do aquecimento global, mas que têm como componentes importantes outras ações humanas, como a urbanização e a exaustão dos solos pelas atividades agrícolas. O aquecimento global ainda influencia os ecossistemas nos oceanos (não apenas o clima) e nos continentes. Esses temas serão tratados em capítulos posteriores.

O QUE CONTROLA O CLIMA DA TERRA?

O controle primário do clima da Terra é a busca do equilíbrio energético, em razão das variações na intensidade da radiação solar que atinge as zonas tropicais e as regiões mais frias. O movimento básico envolve o ar quente ascendendo nos trópicos para a alta atmosfera, onde migra no sentido dos polos e, ao descer, empurra o ar frio no sentido dos trópicos (formando frentes frias). Nos oceanos, a circulação básica é a mesma: a água mais quente dos trópicos se deslocando pela superfície no sentido dos polos, e águas geladas das regiões polares escoando pelo fundo no sentido das regiões tropicais. Mas essas são apenas as tendências de grande escala. A realidade é bem mais complexa. O clima específico das diferentes regiões da Terra é controlado por uma série de fatores que interagem de forma complicada, resultando numa enorme variedade climática, que pode abranger desde grandes áreas – climas regionais –, até áreas bastante pequenas – climas locais ou microclimas. Tais fatores incluem grandes e pequenas células de circulação atmosférica, correntes oceânicas e até mesmo o relevo. Por exemplo, na sede do município de

Petrópolis (onde fica o Museu Imperial) chove mais do que na cidade do Rio de Janeiro, por causa do relevo. Durante o dia, os ventos sopram a umidade do mar no sentido da Serra dos Órgãos, que, ao resfriar por causa da altitude, se precipita na forma de chuva. Esse efeito independe de frentes frias ou outros fatores regionais. Pode formar tempestades severas localmente, mas nunca da proporção daquelas que causam as grandes tragédias. Outros fatores locais como a presença de grandes corpos de água, e se esta é doce ou salgada, também exercem controles mais locais sobre o clima.

Para explicar todo o clima da Terra, evidentemente precisaríamos de vários compêndios, e essa não é minha intenção aqui. O que farei a seguir é uma descrição mais geral dos principais elementos que controlam o clima da Terra, com ênfase no que ocorre no hemisfério sul, e mais especificamente naqueles que afetam o clima no Brasil. Ainda assim, algumas coisas podem não ficar bem claras nesta seção. Vão parecer "soltas" no texto. Mas isso é porque vou utilizar novamente esses conceitos nas próximas seções, ou mesmo em outros capítulos. Assim, não se preocupe se tudo não ficar logo esclarecido.

Primeiramente, é importante diferenciar "clima" de "tempo" (*climate* e *weather* em inglês). O tempo é o que vemos na previsão diária nos noticiários. O clima são as tendências de longo prazo. Há uma interessante metáfora para isso na última série *Cosmos* (estrelada pelo astrofísico Neil deGrasse Tyson – a primeira foi pelo Carl Sagan). Um homem (me parece o próprio Tyson) anda pela praia levando um cachorro preso a uma guia comprida. Ao longo da caminhada, o cachorro vai e volta em direção ao mar ou à praia repetidas vezes, mas o homem caminha lentamente em linha quase reta, afastando-se aos poucos do mar. Se traçarmos linhas com as trajetórias, respectivamente, do cão e do homem, veremos uma linha extremamente errática, a do cão, e outra que apenas se desloca aos poucos num mesmo sentido. A trajetória do cão, naturalmente, representa o tempo. A do homem, o clima. Portanto, não há nenhuma graça nas piadas dos negacionistas (proferida até por certo presidente) do tipo: "Como está frio hoje, onde está o tal aquecimento global?". São apenas uma celebração da ignorância. Ou enganação mesmo.

O que nos interessa, e nos preocupa, são as tendências globais de mudanças no clima, que já estão sendo claramente documentadas.

Nós vivemos falando sobre o tempo, e com razão, pois ele define as roupas que vamos vestir, se vamos levar o guarda-chuva, se poderemos planejar alguma atividade ao ar livre e, cada vez mais importante, se há previsão de tempestades e chuvas fortes que poderão ser perigosas. Mas são as variações do clima que de fato vão definir nosso futuro. Desde se vamos poder ficar morando no mesmo lugar, como vai se comportar a economia do nosso país e do mundo, e até mesmo nossa sobrevivência como espécie.

Como eu já mencionei, a causa primordial para as variações climáticas nas diferentes regiões da Terra são as diferenças na radiação solar entre as regiões de mais baixa latitude – mais próximas da linha do equador – e as regiões de latitudes mais altas – mais próximas dos polos. Muito mais calor é absorvido nas latitudes baixas (regiões tropicais) do que nas altas latitudes (regiões temperadas e polares). Os termos baixas e altas aqui são no sentido numérico: 0 grau no equador e 90 graus nos polos. Isso ocorre porque a superfície da Terra se torna progressivamente mais inclinada com relação ao Sol (o Sol fica mais baixo no horizonte) ao nos movermos para o norte ou para o sul a partir do equador. Essa inclinação espalha a radiação solar por áreas cada vez maiores da superfície do planeta, diminuindo a energia absorvida por metro quadrado, reduzindo o aquecimento. Nas baixas latitudes, a superfície da Terra absorve mais energia do que a alta atmosfera emite para o espaço, enquanto nas altas latitudes ocorre o oposto. O planeta então cria um sistema para restaurar ou minimizar esse desequilíbrio energético. O clima da Terra é controlado por esse sistema. Ou seja, pela busca de equilíbrio térmico.

Se a atmosfera e os oceanos não se movessem, as diferenças de temperatura entre os trópicos e as regiões polares seriam brutais (muito maiores do que são). Mas, como todo sistema físico, o planeta busca o equilíbrio. E nessa busca, o ar e as águas se movem. Assim, para que o excesso de calor dos trópicos seja transferido para as regiões mais frias, desenvolvem-se movimentações de grande escala na atmosfera e nos oceanos. Essas movimentações (ventos e correntes marinhas) ocorrem porque o aquecimento solar e o calor perdido para o espaço criam gradientes de pressão que fazem com que os ventos e as correntes oceânicas se movam de zonas de alta pressão (baixas temperaturas) para zonas de baixa pressão (temperaturas mais altas).

O aquecimento da base da atmosfera, especialmente nos trópicos, faz com que o ar fique mais leve e suba para grandes altitudes. Esse ar quente que sobe nos trópicos forma o maior movimento de circulação da atmosfera, a célula de Hadley. O ar quente se espalha, a partir dos trópicos, pela alta atmosfera no sentido dos polos e perde calor para o espaço devido à radiação. O resfriamento causa aumento da densidade e o ar começa a afundar, o que ocorre com mais intensidade próximo à latitude 30 graus (é a latitude de Porto Alegre), tanto acima como abaixo do equador. Esse ramo descendente da célula de Hadley cria uma região de alta pressão na superfície da Terra, que compensa a região de baixa pressão do equador. O ar que desce na latitude em torno dos 30 graus escoa então de volta para as regiões equatoriais na parte inferior da célula de Hadley, com os ventos soprando das latitudes mais altas (alta pressão) para as mais baixas (baixa pressão). Esses ventos são denominados de ventos alísios, e são um dos principais controladores do clima e do tempo das regiões tropicais, inclusive no Brasil.

Um fator que complica o comportamento dos ventos é que o ar se move sobre uma superfície que gira. A Terra gira para leste e a velocidade de rotação na superfície é maior no equador, e cai para zero nos polos (como disse Ferreira Gullar em seu poema "Dentro da noite veloz": "a noite é mais veloz nos trópicos"). Na verdade, tanto o dia como a noite. A velocidade rotacional varia de mais de 1.600 km/h no equador para 0 km/h nos polos (que giram sem sair do lugar). Mover-se sobre uma superfície que está em movimento cria efeitos curiosos. Quando os ventos se movem na direção do equador, eles o fazem sobre uma superfície que está girando a velocidades cada vez maiores. É como se você saltasse para dentro de um carrossel em movimento. Você é empurrado para trás. É atropelado pelo cavalinho que está preso na superfície que gira. Os ventos, então, sofrem uma deflexão.

Assim, o ar que se move no sentido do equador sofre uma deflexão para trás. Lembre-se de que se a Terra gira para leste, para trás significa para o oeste. Em outras palavras, os ventos que sopram para as baixas latitudes são deixados para trás pela Terra que vai para leste, ou seja, se deslocam para o oeste. Este fenômeno se chama efeito Coriolis, e ele faz com que os ventos que sopram na direção do equador se desviem para o oeste. Esses ventos das regiões equatoriais chamados, como mencionei, de ventos alísios, são os que criam, por exemplo, a Zona de Convergência Tropical, conhecida por formar tempestades na região do Equador, e também adentram a região amazônica levando umidade do mar. Ao atingir os Andes, os ventos sofrem uma reflexão e passam a soprar para leste, formando os também conhecidos "rios voadores", que absorvem a umidade da Amazônia e levam chuvas para as regiões Centro-Oeste, Sudeste, e parte das regiões Sul e Nordeste. Tal efeito circular dos ventos, que é fundamental para o clima do Brasil e dos países vizinhos, se chama "monção sul-americana".

Outro gradiente de pressão se desenvolve ao sul (e a norte) das células de Hadley, se estendendo de 30 a 60 graus – as chamadas células de Ferrel. O movimento associado às células de Ferrel é responsável pela maior parte das frentes frias que chegam ao Brasil, por exemplo. Finalmente, há outras células, chamadas células polares, em que os ventos se deslocam dos polos para latitudes mais baixas. No sentido dos polos, em latitudes acima dos 30 graus, nos dois hemisférios, ocorre um efeito inverso, pois os ventos soprando no sentido dos polos fluem sobre uma superfície que rotaciona a velocidades cada vez menores. Nesse caso é como se você estivesse sobre um carrossel gigante e se movesse na direção do seu centro (agora é você que vai atropelar o cavalinho). Os ventos se desviam para o leste, e um fluxo de vento muito estável se forma nas latitudes em torno de 45 graus. Esses ventos são chamados de "ventos do oeste" – porque vêm do oeste (o termo mais popular é *westerlies*, em inglês). As células de Hadley, os ventos alísios e os ventos de oeste nas regiões frias constituem as movimentações básicas da atmosfera. São as correntes de ar que permitem que o excesso de calor da atmosfera tropical seja transferido para as regiões mais frias. É uma parte do sistema global de balanço energético.

Um elemento importante que é conectado às células atmosféricas são os *jet streams* (correntes de jato) – os poderosos ventos estratosféricos –, que envolvem o planeta. Eles ocorrem no limite entre as células de Ferrel e as células polares. Não sentimos as correntes de jato diretamente, mas são elas que controlam o deslocamento das frentes frias, como veremos adiante. Mas não é só isso. Os oceanos também participam da distribuição da temperatura na Terra. Os ventos sopram sobre a superfície do mar e movem a água. Evidentemente, a temperatura da água do mar vai influenciar a temperatura do ar nas regiões para onde se desloca.

Correntes superficiais são geradas tanto pelos ventos alísios como pelos *westerlies*, em resposta à fricção dos ventos na superfície do mar. Assim que a água começa a se mover, o efeito Coriolis aparece, e as correntes se desviam para o oeste – se rumam para o equador; e para leste – se rumam para os polos. As correntes superficiais dos oceanos, na medida em que vão sendo defletidas, acabam formando grandes círculos chamados em inglês de *gyres*. O termo em português é "giro oceânico", ou simplesmente "giro". O maior desses giros, o giro subtropical, ocupa metade dos oceanos, e rota de tal forma que o fluxo em direção ao polo ocorre no lado oeste das bacias oceânicas. A transferência de calor, tanto das águas quanto da atmosfera, das latitudes baixas para as latitudes altas, se dá, portanto, pelas correntes das margens oeste (é o caso do Brasil, na bacia do Atlântico – onde a Corrente do Brasil desce a nossa costa em direção ao sul –, e da famosa Corrente do Golfo, no Atlântico Norte – que, por levar águas mais quentes até a costa da Europa, é responsável pelo clima mais ameno de lugares como Irlanda, Escócia e Inglaterra). Esta é mais uma parte do sistema de equilíbrio energético do planeta.

As correntes oceânicas superficiais operam numa camada relativamente delgada, que é aquecida pelo Sol. Esse aquecimento é mantido próximo à superfície porque a água aquecida é mais leve que a água fria. O resultado disso é que há uma barreira, um limite denominado superfície termoclina, que é mais definida nas latitudes baixas e médias (muda um pouco com as estações do ano) que separa as águas superficiais das águas profundas. Esse limite, que é caracterizado por uma brusca queda na temperatura da água, geralmente ocorre a uma profundidade de algumas centenas de metros. Abaixo dela, a maior parte da massa de água dos oceanos é fria e isolada dos ventos. A relação entre essas massas de água é complexa e pouco compreendida. Por isso é difícil entender como os oceanos estão absorvendo o excesso de calor da atmosfera, e como esse equilíbrio irá evoluir. De qualquer forma, de maneira semelhante à atmosfera, as correntes oceânicas superficiais transportam o calor dos trópicos para os polos, e as correntes profundas levam a água fria dos polos no sentido do Equador. Essa água fria emerge, por exemplo, na costa do Rio de Janeiro, por causa da barreira topográfica criada pela costa que desvia ali na direção leste-oeste, o que faz com que as águas frias que vêm escoando pelo fundo "batam" no talude e subam. Essa é a razão para as águas dessa região serem tão frias. Cabo Frio, de fato, merece seu nome! Esse fenômeno, de ascensão das águas frias das profundezas, se chama ressurgência. O caso do Rio de Janeiro é peculiar, por se tratar de um efeito topográfico. A maior parte das ressurgências ocorre na margem leste dos oceanos, como na costa do Peru e da Namíbia. Nesse caso é o efeito Coriolis que "joga" as águas no sentido da costa, provocando sua ascensão.

As interações entre as diferentes regiões climáticas são muito complexas, e são influenciadas por elementos climáticos regionais, como o relevo e a temperatura da água do oceano em cada região, como vimos no caso da Serra do Mar, na costa do Rio de Janeiro. Talvez o mais conhecido elemento climático da Terra associado à temperatura da água do oceano Pacífico equatorial seja o fenômeno El Niño, caracterizado pelo aquecimento das águas superficiais do Pacífico, e bem conhecido dos brasileiros. O El Niño é formalmente conhecido como a Circulação Austral El Niño, que ocorre nas águas do oceano Pacífico tropical. Essa circulação controla a distribuição das temperaturas das águas oceânicas superficiais ao longo dos trópicos, a distribuição e abundância de vida marinha e a distribuição das chuvas em toda a bacia do Pacífico, e também em muitas outras regiões, incluindo todo o Brasil. O El Niño e, de sua contraparte, La Niña não apenas influenciam padrões climáticos do Brasil e da América do Sul, mas também afetam até o clima do Alasca e do oeste do Canadá.

A oscilação do El Niño – águas superficiais mais quentes – e La Niña – águas superficiais mais frias – tem uma periodicidade de dois a sete anos. Sua mudança de fase (de El Niño para La Niña) e periodicidade ainda são objeto de muitos estudos, mas são, basicamente, resultantes da atuação dos ventos alísios sobre a bacia do Pacífico equatorial leste. Quando os ventos alísios enfraquecem, a intensidade da ressurgência (que é, como vimos, a ascensão de águas profundas mais frias) diminui, tornando as águas superficiais mais quentes. No caso do La Niña é o contrário, ventos alísios mais fortes intensificam a ressurgência, esfriando as águas superficiais. Em termos de controle climático no Brasil, um El Niño ativo significa períodos de seca mais intensos. Uma La Niña mais intensa, maior volume de chuvas. Tanto o El Niño como a La Niña certamente serão modificados pelo aquecimento da atmosfera e das águas dos oceanos, mas ainda não sabemos como (embora haja algumas tendências já documentadas, como veremos adiante).

A região antártica, por outro lado, não é um lugar isolado, como se pensou por muito tempo. Ela controla boa parte dos padrões da atmosfera e do clima do planeta, e também os padrões de circulação dos oceanos, que, em mais um mecanismo de retroalimentação, também afetam o clima[1]. Para nós, na América do Sul, o oceano Austral, que circunda a Antártica, é a principal "fábrica" das frentes frias que chegam ao sul do Brasil, e às vezes atingem até a Amazônia. O oceano Austral atua afetando não apenas o hemisfério sul. Ele tem efeitos ainda mais abrangentes, já que é ali que se conecta toda a circulação oceânica do planeta. Ele recebe a água quente originada no Atlântico Norte, como parte do mecanismo da esteira global de circulação. Também é responsável por equilibrar a temperatura dos oceanos ao mandar para o Atlântico, o Pacífico e o Índico correntes submarinas geladas, a chamada água antártica de fundo. Ela se produz de dois jeitos: o primeiro é pela formação do gelo marinho no inverno. A maior parte do sal da água do mar é expulsa durante o congelamento, formando uma salmoura densa que afunda e é "exportada" pelo fundo do mar para o resto do planeta.

Esse movimento de águas frias da região polar no sentido dos trópicos é denominado "circulação termoalina". Os cientistas acreditam que essas águas de fundo ajudam a controlar a variabilidade do clima na Terra na escala de décadas[2]. Há estudos sugerindo que essa circulação pode colapsar ainda neste século, o que traria consequências imprevisíveis, mas certamente nefastas, para o clima do planeta. Ramificações da Corrente Circumpolar Antártica também trafegam pela superfície do oceano, penetrando na costa do Pacífico sul-americano e no Atlântico africano. Sua água gelada evapora pouco, impedindo que o ar fique úmido e criando os desertos e zonas áridas no Atacama e no Kalahari.

Vamos ver agora mais especificamente os controles sobre o tempo no Brasil e sua variação de intensidade. Já mencionei os fenômenos El Niño e La Niña, que afetam não apenas a distribuição da umidade (chuvas e secas) e da temperatura (ondas de calor) no Brasil e em boa parte do mundo. Vou falar mais sobre eles adiante. Vamos ver primeiro algo sobre o qual sabemos menos, o efeito da região antártica sobre o nosso clima e nosso tempo. Vimos anteriormente os padrões de circulação de ventos da alta atmosfera que levam o ar mais quente dos trópicos para as regiões de mais alta latitude. Mas esse movimento tem que ser compensado, de modo que os ventos tragam uma parte do ar frio de volta para as regiões temperadas e os trópicos. Tal fenômeno dá origem aos ciclones extratropicais, que formam boa parte das frentes frias que chegam ao Brasil.

A região antártica, que engloba o continente antártico (a Antártica), o oceano Austral e os mares associados, controla a meteorologia regional e nosso cotidiano, não apenas nas escalas globais e de longo prazo. Se você mora no Sudeste ou no Sul do Brasil, por exemplo, deve agradecer à região antártica e suas vizinhanças por boa parte das chuvas. A precipitação nessas regiões é em parte controlada pelo ar frio que vem principalmente da região antártica e se encontra com a umidade da Amazônia e do Atlântico Sul tropical, organizando um cinturão sazonal de chuvas no Centro-Sul do Brasil. É um padrão esperado. E dependemos dessas chuvas. Mas há uma complicação surgindo.

O transporte de ar polar para as regiões subtropical e tropical é feito, como mencionei, por imensos ciclones extratropicais, tempestades formadas de preferência em torno da Antártica. Girando no sentido horário, esses sistemas exportam ar frio para as latitudes menores, em seu flanco oeste, e importam ar quente para a região polar em seu flanco leste. As frentes frias que se sucedem com frequência semanal no outono e no inverno brasileiro, e às vezes sobem até a Amazônia, se originam no Mar de Bellingshausen e no sudoeste do Pacífico. De certa forma, é errado falar em massas de ar polar, porque elas não se formam na região polar, mas no oceano Antártico, que, em sua maior parte, fica fora do Círculo Polar Antártico, já que a Antártica, o continente, ocupa quase toda a região polar austral (é de fato um continente, portanto).

Esses padrões de circulação do sul para o norte e do norte para o sul são regidos por um fenômeno um tanto complexo, que é, basicamente, fruto da circulação dos *westerlies*, denominado Modo Anular do Hemisfério Sul[3], conhecido pela sigl a em inglês SAM (Southern Annular Mode – que tem seu equivalente no hemisfério norte, o NAM, sigla em inglês para Northern Annular Mode). A atividade do SAM, ou Modo Anular do Hemisfério Sul, define a posição do cinturão de ventos no oceano Antártico, em resposta à diferença de pressão atmosférica entre o subtrópico e a região antártica, e que molda o tipo e o tamanho dos ciclones extratropicais que ligam o ar antártico com o ar tropical. O SAM também causa ressurgência (ascensão de águas profundas) na região antártica, fenômeno que está associado ao derretimento das geleiras, pois o aquecimento das águas, como vimos no capítulo 3, intensifica esse efeito.

O SAM apresenta variações de intensidade. Em condições normais, com o SAM pouco intenso, as frentes frias que atingem o sul do Brasil são geradas no mar de Bellingshausen, e viajam antes sobre a Argentina, onde começam a aquecer. No entanto, quando o SAM se torna mais intenso, ficam mais frequentes a formação e a entrada no Brasil dos ciclones muito gelados do mar de Weddel, que se deslocam diretamente sobre o mar para atingir o Uruguai e o Rio Grande do Sul, praticamente sem aumentar a temperatura.

Nas últimas quatro décadas, as frentes frias vindas do mar de Weddell têm ficado mais frequentes, o que ocasiona períodos de muito frio no Sul e no Sudeste do Brasil (às vezes até mais ao norte). Um fenômeno parecido ocorre na América do Norte, onde a maior parte das frentes frias se origina no Golfo do Alasca. No entanto, quando o NAM está muito positivo, massas de ar realmente polar (ou seja, originadas acima do Círculo Polar Ártico) descem diretamente viajando sobre o continente, gerando ondas de frio intenso. Vivi isso quando morava com minha família nos Estados Unidos, em 1989, e as temperaturas na nossa cidade despencaram para cerca de 34 graus negativos! Esse fenômeno ocorreu novamente no inverno de 2022-2023. Se essas tendências são fruto do aquecimento global, e se vão se perpetuar, é algo que ainda terá que ser comprovado. Mas há uma probabilidade bem razoável de que os invernos do futuro no Brasil sejam mais amenos como um todo, mas com frentes frias mais intensas, trazendo mais geadas e neve (para alegria dos turistas e do setor hoteleiro – mas não tanto para os agricultores) e tempestades de inverno para o Sul e Sudeste do Brasil. Não se sabe se essa mudança de padrão está causando o aumento de secas no Rio Grande do Sul, onde elas têm persistido mesmo em períodos de La Niña mais ativa.

Vimos, portanto, que o clima no Brasil é controlado basicamente pela ação dos ventos alísios e a circulação deles derivada, que é denominada "monção sul-americana"[4], e pela atividade das frentes frias provindas das regiões circumpolares. Ambas afetadas pela atividade dos fenômenos El Niño e La Niña. Fatores regionais, como o relevo, exercem controles mais locais sobre a temperatura e a precipitação. Esses controles são semelhantes aos do resto do mundo, variando em função das massas de água e do relevo. Na América do Norte, conforme mencionei, há uma diferença entre as frentes frias mais amenas, geradas no Golfo do Alasca (que seriam equivalentes às geradas no mar de Bellingshausen, na América do Sul) e as geradas no Mar Ártico (equivalentes aqui às geradas no Mar de Weddell), que são muito mais frias. Também lá tem havido um aumento das frentes mais frias, como ocorreu no inverno de 2022-2023, originando grandes nevascas nos Estados Unidos e no Canadá.

Naturalmente, o que apresentei aqui é uma descrição simplificada de algo muito complexo. Procurei ressaltar os aspectos mais relevantes, com foco no Brasil. Talvez o mais importante disso tudo seja compreender que o clima é controlado por circulações atmosféricas e oceânicas que estão sendo modificadas pelo aquecimento global. Como exatamente essas modificações vão afetar o clima e o tempo é algo que gera muitos debates. Mas não há dúvida de que elas serão modificadas. De modo geral, o que se tem observado (e os modelos computacionais preveem) é que os climas ficarão mais extremos, com episódios de calor forte mais frequentes e prolongados, intercalados com épocas de chuva e frio que, se por um lado deverão ser mais curtas, por outro serão muito mais intensas. Certamente, mesmo que algumas tendências já tenham sido documentadas, teremos muitas surpresas, a maior parte delas ruins. Veremos mais sobre a atuação desses controles nas próximas seções e capítulos.

TEMPESTADES

A principal força motriz da circulação atmosférica, como vimos, é o aquecimento pelo Sol. Isso vale tanto para as grandes circulações globais como para a escala mais local. Por exemplo, no verão, é o aquecimento do solo durante o dia que provoca circulações verticais (zonas de convecção – semelhantes às que aparecem numa panela quando se ferve água), que dão origem às grandes nuvens de tempestade, os cúmulos-nimbos, que já mencionei ao relatar o evento de Petrópolis. Essas nuvens podem ter vários quilômetros de altura e contêm células de convecção internas tão fortes que provocam a formação de gelo. Em meteorologia, os cúmulos-nimbos são chamados de "CB". Na minha juventude, fiz um curso de piloto privado no Aeroclube do Rio Grande do Sul, e uma das máximas entre os pilotos era: "nunca entre num CB". Isso valia (e ainda vale) tanto para nossos pequenos aviões como para os grandes jatos. Parece que os pilotos do trágico voo 447 da Air France, que caiu em 2009 na zona de convergência tropical, esqueceram essa regra básica (além de cometerem outros erros assustadoramente primários – assunto que deixo para os documentários sobre aviação). A formação dos "CBs", que muitas vezes ocorre durante as tardes de verão por causa da elevada evaporação, é intensificada quando há frentes frias. Por isso, as grandes tragédias que vemos no Sudeste quase sempre acontecem quando uma frente fria mais intensa encontra o ar muito aquecido no verão. São eventos previsíveis, até certo ponto, pois o avanço das frentes frias pode ser acompanhado pelos satélites e radares. O mais difícil é prever a exata quantidade de precipitação que vai ocorrer em cada lugar. Isso vale tanto para as tempestades no Brasil quanto para os tornados nos Estados Unidos, por exemplo. Pode-se alertar para a probabilidade de fenômenos intensos ocorrerem, mas é difícil prever onde serão piores.

As tempestades, basicamente, ocorrem quando massas de ar frio e quente se encontram, porque o ar mais frio provoca a condensação do vapor de água, causando a precipitação. Isso vale para as grandes tempestades associadas às frentes frias polares, aos ciclones e furacões (associados às frentes quentes), e até mesmo às chuvas de verão, que se formam quando o ar aquecido próximo ao solo sobe para partes mais altas – e frias – da atmosfera. A frequência e a intensidade das tempestades aumentam com o aquecimento global devido ao incremento dos contrastes de temperatura, ao aumento na intensidade da evaporação e à maior capacidade de a atmosfera mais quente sustentar o vapor de água. Para cada grau centígrado adicional de aquecimento, a quantidade de vapor de água na atmosfera aumenta 7%. Nos últimos 25 anos, os satélites mediram um aumento de 4% na quantidade de vapor de água na atmosfera, que é a quantidade esperada para o aquecimento observado nesse mesmo período. De todas as mudanças climáticas, as grandes tempestades tendem a ser as mais dramáticas, porque, além de violentas, costumam vir acompanhadas de deslizamentos de terra (o termo técnico correto é "deslocamento de massa", mas aqui vou usar o termo mais popular – deslizamento de terra ou do solo).

Há, naturalmente, muitos tipos de tempestade. Temos as tempestades propriamente ditas, geralmente associadas a frentes frias, e caracterizadas por faixas de supercélulas, e as tempestades formadas pelo desenvolvimento de grandes vórtices: os ciclones, os furacões e os tufões. Cada um com suas características de dimensões, formas e padrões de circulação um pouco diferentes. Mas as que geram mais comoção e representam bem o agravamento do clima são os furacões. Então, vale a pena falar um pouco mais sobre como eles surgem e por que estão ficando mais severos.

Os furacões geralmente começam nas áreas tropicais, na forma de uma zona de baixa pressão atmosférica denominada pelos cientistas de "onda tropical". Quando essa zona de baixa pressão se move sobre os trópicos úmidos, aumenta a atividade de chuvas e tempestades. Funciona assim: na medida em que esse sistema se desloca, o ar quente que está sobre os oceanos sobe para a tempestade, aumentando a área de baixa pressão abaixo dela (o ar quente é mais leve, então sua maior concentração baixa a pressão). Isso faz com que mais ar quente seja sugado para a tempestade. O ar então sobe e resfria, formando nuvens e tempestades cada vez maiores. Nas nuvens, a água condensa e forma gotículas, num processo que libera mais calor para alimentar a tempestade.

Quando os ventos atingem cerca de 120 quilômetros por hora, a tempestade é classificada como furacão. Os termos "furacão", "tufão" e "ciclone" se referem ao mesmo tipo de tempestade: um sistema organizado de nuvens e tempestades que se origina em águas tropicais e subtropicais e tem uma circulação fechada de baixa latitude. Os meteorologistas usam os diferentes nomes em função da região onde ocorrem. Furacões são assim denominados no Atlântico Norte e no Caribe porque este é o nome do deus do mal (na verdade *hurucane*, que inspirou o termo em inglês *hurricane*) das tribos do Caribe. No Pacífico Norte são chamados de tufões, e no Pacífico Sul e no Índico, de ciclones tropicais. Além disso, para que uma tempestade tropical receba esse nome, deve, como eu já disse, ter ventos de mais de 120 quilômetros por hora.

No Atlântico Sul, os ciclones são raros por causa de seu padrão de ventos, que é diferente das demais regiões tropicais do mundo. Mas ciclones extratropicais são comuns. Essas tempestades, que ocorrem em todas as regiões temperadas e subtropicais do mundo, são um pouco diferentes das tempestades tropicais, obtendo sua energia de diferenças de temperatura e pressão em águas temperadas. São chamadas de ciclones porque têm, basicamente, a mesma estrutura das demais. Por isso são também chamadas de ciclones de "núcleo frio". São importantes para a circulação atmosférica global, e tendem a não ser tão intensos e destrutivos quanto os furacões e os ciclones tropicais, o que não significa que não produzam estragos, principalmente agora que estão ficando mais fortes. No Brasil, os ciclones extratropicais de alta intensidade têm se tornado mais frequentes, com vários ocorrendo mais próximo da costa (o que não era comum), causando fortes chuvas e inundações, estas muitas vezes associadas a "marés de tempestade" e ondas altas e violentas.

No Brasil, não temos que nos preocupar com os furacões e ciclones – embora os ciclones extratropicais e as frentes com supercélulas já sejam preocupação suficiente. Mas, para boa parte do mundo, essas são as tempestades mais assustadoras. De fato, sua energia é assombrosa. Durante apenas uma delas, os ventos podem produzir uma energia equivalente a cerca de metade da capacidade de geração de energia elétrica do mundo inteiro, enquanto a formação de nuvens e chuvas nessa mesma tempestade pode gerar inacreditáveis 400 vezes mais energia. A frequência e a intensidade dos furacões e tufões, para ficar só neles, vêm aumentando ano a ano, ainda que os números variem em diferentes regiões, pois a principal força motriz dos furacões e ciclones é a temperatura da água do mar. Frequência e intensidade são consolidadas no denominado Índice de Dissipação de Energia (*Power Dissipation Index*)[5]. De 1980 para cá esse índice aumentou bastante no Atlântico Norte (de 0,1 para 0,4) – o que reflete o aumento na intensidade e frequência dos furacões mais fortes, de intensidade 4 e 5. Nesse mesmo período, no nordeste do Pacífico, após um pico em 1990 (quando chegou a 0,6), o valor estabilizou em torno de 0,2. Isso é esperado porque diferentes regiões respondem de modo diferente ao aquecimento. De qualquer maneira, os dados globais indicam um aumento na intensidade dos furacões e outros tipos de tempestade.

Não são apenas os furacões que estão aumentando em frequência e intensidade. Segundo dados do IPCC, chuvas de grande volume que 150 anos atrás ocorriam uma vez a cada dez anos, agora acontecem treze vezes a cada dez anos. Num mundo aquecido em 1,5°C, essa frequência vai aumentar em pelo menos 1,5 vez. E, assim como a frequência, aumenta também sua intensidade. O número de enchentes e chuvas intensas quadriplicou desde 1980 e dobrou desde 2004. Um estudo publicado em 2021 demonstrou que a intensidade das chuvas e das ondas de calor registradas no início da década de 2020 só pode ser explicada pelo aquecimento global provocado pela ação humana[6]. Portanto, não devemos nos perguntar quando as mudanças climáticas vão chegar. Elas já estão aqui.

O aumento da intensidade das tempestades é um fenômeno fácil de entender. Uma atmosfera mais quente suporta e, subsequentemente, despeja mais água. À medida que o planeta aqueceu cerca de 1,2 grau centígrado desde 1900, a atmosfera se tornou 4% mais úmida. No Brasil, espera-se um aumento de chuvas no Sudeste e no litoral do Nordeste (e, ainda que no somatório possa até chover mais, períodos de seca mais longos na região Sul). Inundações no litoral do Nordeste e no Sudeste em 2021, 2022 e 2023 (três anos seguidos! – em parte pela atuação do La Niña, como veremos adiante) já antecipam essa tendência. De modo geral, as tempestades mais extremas carregam hoje 30% mais umidade que há um século. Em termos simples: por causa do aquecimento, quando chove, chove mais forte. Mas, exatamente por serem muito intensas, as chuvas passam a ser muito irregulares. Como já mencionei, o clima está ficando mais extremo em todos os aspectos: chuvas mais intensas, secas mais prolongadas, e até mesmo ondas de frio mais intensas. Quanto mais as águas dos oceanos e a atmosfera aquecerem, mais extremos ficarão esses fenômenos. Não há limite para onde podem chegar, o que deveria nos deixar muito mais alarmados do que estamos.

Aqui no Brasil, era comum que num determinado verão, ainda que não em todos, chuvas intensas e deslizamentos catastróficos atingissem algum lugar do país. Foi assim em Santos em 1928 e 1956, em Petrópolis em 1988 e 2011, na cidade do Rio de Janeiro em 1988, 2018 e 2019, numa grande área da região serrana do Rio de Janeiro em 2011, em Santa Catarina, no Vale do Itajaí, em 1984 e 2008, em Petrópolis em 2022, e no litoral de São Paulo em 2023. Em Petrópolis, o temporal de fevereiro de 2022 bateu o recorde histórico de chuvas registradas no Brasil num único dia, 535 mm. Em fevereiro de 2023, foi a vez de São Sebastião, no litoral de São Paulo, 635 mm. Em dois anos seguidos, o recorde foi batido. Esses fenômenos de 2021-2022, que se repetiram no verão 2022-2023, são uma mostra do novo normal. Eventos que antes eram espaçados agora estão muito mais frequentes. O que ocorre é que estamos reagindo de forma muito lenta a esse "novo normal". Simplesmente, a sociedade não se deu conta do perigo que corre.

Todos os dados e observações coletados nos últimos anos, assim como as projeções dos modelos climáticos, apontam no mesmo sentido: um enorme incremento na frequência e intensidade das tempestades. O que temos visto em anos recentes é apenas o início dessa tendência, que ninguém sabe até onde vai. Mas a ocorrência de megatempestades varrendo cidades inteiras não é um cenário de filme apocalíptico. É um cenário que deveria ser considerado com seriedade por cidadãos e autoridades da maior parte do mundo. Porque há boa possibilidade de que venham a ocorrer. Agora, não apenas no verão, mas em boa parte do outono e da primavera, os cidadãos de Petrópolis e do litoral de São Paulo olham para o céu com preocupação cada vez que veem nuvens escuras se formando. E não confiam, por vários motivos, que as autoridades e os serviços de emergência lhes darão o devido suporte. Em muitas outras cidades do Brasil e do mundo, o mesmo está acontecendo. E eu posso dizer, infelizmente com pouca probabilidade de estar errado, que ficará muito pior.

INUNDAÇÕES

Chuvas intensas no Brasil, como bem sabemos, geralmente causam transbordamento de rios e inundações. Entre 1985 e 2015, as inundações afetaram 2,3 bilhões de pessoas e mataram 157 mil pessoas em todo o mundo. Mais recentemente, em 2021, inundações na Europa, em países como a Alemanha e a Bélgica, mataram pelo menos 243 pessoas e deixaram milhares de desabrigados. Milhões de pessoas foram afetadas por seus efeitos, seja por falta de água ou energia, perda de bens materiais ou simplesmente pela ansiedade de se verem envolvidas em algo que nunca tinham visto antes em seus países. Mesmo que se consiga uma redução significativa na emissão de gases de efeito estufa, o dióxido de carbono já injetado na atmosfera vai aumentar a precipitação global de tal forma que o número de pessoas afetadas pelas inundações vai pelo menos dobrar. Estudos recentes preveem que na América do Sul a quantidade de pessoas afetadas anualmente pelas inundações vai dobrar dos atuais 6 milhões para 12 milhões; na África, de 24 para 25 milhões; e na Ásia, de 70 para 155 milhões.

As inundações são o mais comum e estão entre os mais mortais desastres naturais em todo o mundo. E estão ficando piores. À medida que o aquecimento global continua a provocar a subida do nível do mar e o aumento da intensidade das chuvas, estima-se que as áreas inundadas vão crescer em pelo menos 50% até o final do século (você já viu até onde chegou a água na última inundação de sua cidade – adicione 50% a isso e veja se não vai chegar à sua casa). Veremos a seguir como as mudanças climáticas influenciam as inundações, e o que podemos fazer para sobreviver a elas. Uma inundação é causada pelo transbordamento de águas continentais (como rios e córregos) ou águas de maré, ou por uma acumulação não usual de água provinda de chuvas fortes ou rompimento de barragens naturais. De acordo com diversos estudos, cerca de 1,8 bilhão de pessoas no mundo estão expostas ao risco de inundações.

As inundações podem ser classificadas em: (1) Fluviais; (2) Costeiras; (3) Repentinas; e (4) Urbanas. As inundações fluviais ocorrem quando um rio ou um córrego extravasa seus bancos naturais e inunda o que normalmente é terra seca. São mais comuns no final do inverno e no começo da primavera. Inundações fluviais podem ser resultantes de chuvas intensas, rápido derretimento de neve ou rompimento de barragens de gelo. Por outro lado, cerca de 170 milhões de pessoas em todo o mundo estão expostas a inundações costeiras. E esse número tende a aumentar. As inundações costeiras ocorrem quando os ventos de uma tempestade que atinge a costa, como um furacão, um ciclone, ou mesmo uma tempestade de inverno, empurram a água do mar em direção ao continente, formando um verdadeiro muro de água. Esse efeito gera o represamento dos rios, que, combinado com as chuvas no continente, forma extensas e, muitas vezes, catastróficas inundações. As inundações costeiras podem produzir enormes devastações. Existe também um número cada vez maior de inundações mais rasas, que não ameaçam vidas, mas produzem danos. Essas "inundações de maré" (também conhecidas como "inundações de dias de sol"), como já vimos, ocorrem quando as águas do mar avançam sobre as ruas, calçadas e dutos de esgoto pluvial durante a maré alta, especialmente em períodos de ressaca.

As inundações repentinas são rápidas e geralmente causadas por chuvas intensas que duram poucas horas (seis horas ou menos). Inundações repentinas podem ocorrer em qualquer lugar, embora vales em montanhas (ou terrenos acidentados) sejam os locais mais comuns. É o caso das inundações de Petrópolis e de outras cidades serranas. Podem também ser causadas pelo rompimento de barragens naturais formadas por detritos ou por gelo. As inundações repentinas combinam os males das inundações com a rapidez e a imprevisibilidade, sendo responsáveis por um grande número de mortes em todo o mundo.

Inundações repentinas, costeiras e fluviais podem ocorrer em áreas urbanas, como as que mencionei anteriormente, mas o termo "inundação urbana" se refere especificamente a uma inundação na qual a chuva intensa – e não o transbordamento de um corpo d'água – supera a capacidade de drenagem de uma área com alta densidade populacional. Isso acontece quando a água da chuva é canalizada de ruas, estacionamentos, prédios e outras superfícies impermeáveis para bueiros e condutos que não conseguem dar vazão, muitas vezes por estarem entupidos por detritos, naturais ou não, carregados pelas águas. Essas inundações são cada vez mais frequentes e destrutivas nas cidades brasileiras.

Muitos fatores podem contribuir para uma inundação. Existem os eventos climáticos e existem os elementos causados pelos humanos, incluindo como gerenciamos a drenagem (via represas, diques e reservatórios) e as alterações que fazemos no terreno. O aumento da urbanização, por exemplo, adiciona pavimentos e outras superfícies impermeáveis, altera os sistemas naturais de drenagem e frequentemente implica em mais casas construídas em áreas inundáveis. Nas cidades, infraestrutura malconservada pode levar à inundação urbana. Mais e mais, a frequência e a intensidade das inundações estão ligadas às mudanças climáticas.

Conectar as mudanças climáticas às inundações pode ser meio complicado. Não apenas fatores ligados ao tempo e às ações humanas podem determinar se uma inundação ocorre ou não, mas também as limitações de dados sobre as inundações do passado tornam difícil a comparação com as inundações induzidas pelas mudanças climáticas. No entanto, como o IPCC observou em seu relatório sobre eventos extremos[7], está cada vez mais claro que as mudanças climáticas estão tendo uma influência detectável em diversas variáveis relacionadas com as águas que contribuem para as inundações, como a chuva e o derretimento da neve.

Como vimos na seção sobre tempestades, estima-se que eventos de precipitação intensa devem aumentar (assim como as temperaturas) ao longo do século XXI, a um nível 50% maior que a média histórica. Mas alguns estudos admitem que esse aumento pode chegar a ser três vezes maior que a média histórica. Nas regiões temperadas de todo o mundo, a combinação de chuva e degelo mais rápido pode agravar as inundações da primavera, principalmente porque os solos do inverno e da primavera costumam estar muito encharcados, e muitas vezes ainda congelados, de modo que são menos capazes de absorver as águas da inundação. Isso pode acontecer em várias regiões do mundo, com destaque para o oeste e nordeste americano, o centro europeu e o norte da Índia. Se olharmos o mundo como um todo (incluindo, naturalmente, o Brasil), com suas cidades de concreto impermeável e galerias que não irão dar vazão às águas das supercheias, vastas áreas sem cobertura vegetal e outras tantas modificações que aceleram o fluxo das águas e a instabilidade das encostas, veremos que estamos fazendo muito pouco para evitar futuros desastres.

EFEITOS ADICIONAIS

Eventos catastróficos não apenas têm um custo imediato em termos de vidas e propriedades perdidas, mas podem causar vazamentos tóxicos em instalações industriais. Uma boa ilustração desse efeito foi o *tsunami* que atingiu a usina nuclear de Fukushima, no Japão, em março de 2011, causando um grave acidente nuclear. Embora *tsunamis* sejam, na maioria das vezes, causados por terremotos, e esse foi o caso de Fukushima, o que aconteceu ali poderia ser causado por uma grande tempestade, por isso serve de exemplo. A usina, situada a 10 metros acima do nível do mar, estava protegida por muros de 5 metros, projetados para eventos seculares, tanto para *tsunamis* relacionados a abalos sísmicos quanto para eventos climáticos. Mas o *tsunami* de 2011 foi um evento fora da curva, ou seja, algo que nunca havia sido visto. As ondas ultrapassaram 15 metros e inundaram a usina, danificando os geradores que alimentavam as bombas de resfriamento. O núcleo dos reatores derreteu, e um vazamento radiativo obrigou a evacuação de 160 mil pessoas. Situações como essa, em que eventos com intensidades nunca registradas causam danos a instalações industriais, ficarão cada vez mais frequentes quando relacionados aos fenômenos climáticos. Há outros casos que ilustram essa tendência. Em agosto de 2017, quando o furacão Harley, que já mencionei, atingiu a costa do Texas, nos Estados Unidos, e rumou para a cidade de Houston, os funcionários responsáveis pelas estações de medição da qualidade do ar na cidade as fecharam, temendo que fossem danificadas pelo furacão. Assim que a tempestade passou, uma nuvem com um cheiro insuportável começou a se expandir a partir das petroquímicas da cidade, sem que isso fosse detectado pelas estações de medição (já que estavam desligadas!). Além da contaminação do ar, cerca de 2 bilhões de litros de efluentes industriais vazaram de uma única petroquímica para a baía de Galveston. Ao todo, uma única tempestade produziu mais de cem tipos de vazamentos tóxicos, incluindo cerca de 2 milhões de litros de gasolina, 25 toneladas de petróleo cru, uma nuvem com mais de 400 metros de largura de cloro hidrogenado, que, quando misturado com a umidade, se torna o ácido hidroclorídrico, que pode provocar queimaduras, sufocamento e morte.

Assim como seus efeitos em indústrias, provocando vazamentos tóxicos, tempestades deixam um rastro de emergências de saúde, ligadas à acumulação de lixo, matéria orgânica e até corpos de animais e, mais tragicamente, seres humanos. Por isso, não é raro que esses eventos sejam seguidos de surtos de doenças infecciosas, como as hepatites A e E, infecções bacterianas, leptospirose e até cólera. Além disso, como já mencionei, podem surgir traumas psicológicos diversos na população afetada, direta ou indiretamente, o mais comum sendo o estresse pós-traumático. Mas desenvolvimento de doença do pânico e distúrbios de ansiedade são também comuns, e podem se prolongar pelo resto da vida.

Talvez a principal vítima dos efeitos das mudanças climáticas e, como vamos ver, das outras transformações do planeta, pode não ser a economia, mas os nossos corpos. Historicamente, nos Estados Unidos, mais de dois terços das epidemias de doenças associadas à qualidade da água – ou seja, doenças levadas aos humanos por algas ou bactérias que produzem problemas gastrointestinais – foram precedidas de chuvas intensas, que danificaram os sistemas de suprimento de água potável. A concentração de salmonela em córregos e rios, por exemplo, aumenta significativamente depois de chuvas intensas, e a mais dramática ocorrência de doença advinda das águas veio em 1993, quando mais de 400 mil pessoas em Milwaukee, no estado de Wisconsin, ficaram doentes por causa de um germe chamado *Criptosporidium* – um protozoário – imediatamente depois de uma tempestade. No Brasil, não há muitos dados disponíveis, mas o Ministério da Saúde reconhece que há aumento de casos de hepatite, leptospirose, diarreia e até de febre tifoide depois de chuvas intensas.

NÃO ESTAMOS PREPARADOS

Não apenas não estamos preparados para as mudanças climáticas, como sequer imaginamos o que pode ocorrer. Vejamos mais dados sobre como o aquecimento global está causando o aumento da frequência e da intensidade das tempestades mais fortes, uma tendência que deve permanecer em todo o século XXI. Na costa Atlântica dos Estados Unidos, um aumento de 80% na frequência de furacões das categorias 4 e 5 (as mais destrutivas) é esperado nos próximos 80 anos. E tempestades mais fortes trazem maiores chuvas. De fato, em 2017, o furacão Harvey, que atingiu a terra como uma tempestade de categoria 4 e inundou mais de 200 mil casas e prédios comerciais na região de Houston com cheias catastróficas, foi a tempestade mais úmida dos Estados Unidos em 70 anos. Ele também foi lento, e por isso "molhou" mais, o que foi um resultado de correntes atmosféricas enfraquecidas. A estimativa dos especialistas é de que as mudanças climáticas fizeram a precipitação do Harvey três vezes mais provável e 15 vezes mais intensa. Em 2018, o Harvey foi seguido pelo furacão Florence (o segundo mais úmido em 70 anos), que estabeleceu pelo menos vinte recordes de inundação nas Carolinas. E ainda teve o furacão Maria, que atingiu Porto Rico, a República Dominicana e as Ilhas Virgens americanas em 2017, que produziu mais chuva e inundações nessas áreas desde 1956.

Tempestades com ainda mais chuva são previstas para o futuro, com os furacões de amanhã, segundo estimativas, 40% mais úmidos perto dos seus centros e cerca de 20% mais úmidos num raio de até 100 quilômetros. Tempestades mais fortes produzem também ventos mais fortes, que podem tornar as marés de tempestade na costa até 50 cm mais altas do que há um século. A maré de tempestade do furacão Katrina, que foi de cerca de 2 metros, rompeu os diques protetores em torno de Nova Orleans, que foi o que causou a maioria das mortes. Os diques simplesmente não haviam sido projetados para um evento dessa magnitude, isso em uma região sujeita a furacões. Em outro caso exemplar, foi uma combinação de maré de tempestade e maré alta durante o furacão Sandy, em 2012, que levou à inundação da costa de Nova York e Nova Jersey, nos Estados Unidos – uma inundação que pode se tornar 17 vezes mais frequente nessa área em torno de 2100. As marés de tempestade e os ventos podem também tornar as ondas mais destrutivas, fazendo com que fiquem maiores e avancem mais terra adentro. Devemos ter em conta que a maior parte das construções costeiras do mundo foi feita levando como base as informações sobre a história das tempestades e outros fenômenos litorâneos, como ressacas. Se tanto, consideram o que houve de mais grave no passado. Mas, nesse caso, diferentemente da música do Cazuza, o futuro pode não repetir o passado. Um pequeno aumento na amplitude e na força das ondas além do registro histórico, já poderá causar uma enorme destruição nas regiões costeiras.

Ainda que com muitas incertezas, alguns cenários para o Brasil estão se descortinando. A monção sul-americana não deve ser estabilizada, e pode até trazer mais chuvas para a região costeira do norte do Brasil por causa da maior evaporação do Oceano Atlântico, mas a estabilidade dos rios voadores, no sentido de sua contribuição para as chuvas no Sudeste e no Sul, depende da persistência da Floresta Amazônica. Se a área da floresta for significativamente reduzida, ocorrerá uma grande diminuição das chuvas, com a savanização da Amazônia e a possibilidade de grandes áreas das regiões Centro-Oeste, Sudeste e Sul passarem a ter um clima semiárido em boa parte do ano (pois passariam a depender somente das frentes frias vindas do Sul), o que inviabilizaria sua continuidade como celeiro agrícola do Brasil e do mundo, como ambicionamos ser. Além do aumento na intensidade das chuvas e na gravidade das inundações, em razão do maior volume de precipitação em cada episódio, há outro fenômeno que tem causado grande preocupação: maior ocorrência de ciclones extratropicais próximos da costa ou mesmo no continente. Os ciclones tropicais, como vimos, são equivalentes aos furacões. Os ciclones extratropicais não são tão intensos, mas podem causar grandes estragos. Sempre foram comuns em alto-mar, sendo os principais responsáveis por trazer as frentes frias da região circumpolar para o sul do Brasil. No entanto, era incomum que se aproximassem da costa. Mas o que era incomum está ficando normal. Em quase todos os invernos, estamos vendo duas ou mais dessas tempestades intensas, com ventos que podem ultrapassar os 120 quilômetros por hora atingir o sul do país, e com efeitos que muitas vezes chegam até as regiões Sudeste e Centro-Oeste. Com as tempestades em geral ficando cada vez mais fortes, uma pergunta se faz óbvia: será o sul do Brasil, daqui para a frente, atingido todos os anos por ciclones extratropicais, cuja intensidade futura pode se aproximar à dos atuais furacões? É difícil prever os prejuízos materiais e humanos que isso pode causar.

Outra das grandes preocupações dos cientistas com relação aos eventos climáticos extremos é o que se chama de "crises sistêmicas". Numa ilustração simples, uma chuva intensa não produz apenas os danos das chuvas em si, ao alagar e, eventualmente, causar destruição nas áreas onde caem. Elas vêm acompanhadas de ventos, que podem ser altamente destrutivos; o acúmulo de água nos solos pode causar deslizamentos; o excesso de água que vai para córregos e rios pode causar inundações; os estragos na infraestrutura (rede elétrica, rede de água, estradas, pontes) podem causar vários problemas adicionais, e assim por diante. Há uma multiplicação de ameaças que, ao se somarem, tornam os efeitos finais dos eventos extremos muito mais catastróficos e abrangentes. E eu só mencionei os efeitos imediatos. Há ainda os danos à economia, à saúde física e, algo ainda mais duradouro, à saúde mental das pessoas (uma coisa é você se recuperar de tragédias que ocorrem a cada dez, vinte anos, outra bem diferente é lidar com elas a cada dois, três anos).

Os efeitos das mudanças climáticas serão distribuídos de forma muito desigual. Os países mais atingidos serão os mais pobres, cuja capacidade de se adaptar é muito menor. Paradoxalmente, um dos países que serão menos afetados foi o primeiro a lançar grandes quantidades de gases de efeito estufa na atmosfera, o Reino Unido. Os países mais atrasados, que produzem a menor quantidade de emissões, serão os mais duramente afetados. O sistema climático da República do Congo, por exemplo, um dos países mais pobres do mundo, será profundamente perturbado. As inundações e deslizamentos de terra que ocorreram por lá em 2023 foram apenas uma amostra do que está por vir nessa região tão pobre e desamparada, que inclui toda a África Central. Ainda que os países desenvolvidos do hemisfério norte já estejam sofrendo com tempestades, inundações e outros eventos climáticos extremos, sua capacidade de lidar com esses fenômenos é maior (pelo menos por enquanto) do que a dos países mais pobres. Especificamente no que diz respeito a tempestades e inundações, a África, a Índia, o sudeste da Ásia e a maior parte da América Latina devem ser as regiões em que mais pessoas sofrerão com suas consequências. E estamos falando de números que nunca vimos antes. Estamos falando de bilhões de pessoas. Tudo o que já vimos até aqui parecerá pequeno diante do que está por vir.

Num certo sentido, na maior parte do mundo, não estamos fazendo nada que de fato fará diferença em termos de impactos dos eventos extremos. Apenas esforços paliativos com base no que ocorreu num passado que, muito rapidamente, não será mais representativo do futuro. Como cigarras humanas, estamos apenas cantando as delícias do Holoceno, enquanto o Antropoceno, com todo seu festival de horrores, como se fosse o ator principal substituindo o coadjuvante, já assumiu seu papel, deixando o Holoceno para trás. Não podemos mais agir assim. A ameaça é real e, se de fato quisermos, podemos fazer muito para nos preparar melhor para o que está por vir. O Antropoceno já está aqui, é nossa criação, e é nossa responsabilidade torná-lo suportável para o planeta, suas criaturas e para nós mesmos.

5.

Com calor e com sede: ondas de calor, secas, queimadas e a crise hídrica

No Pantanal, uma onça com as patas queimadas é resgatada por uma equipe de bombeiros. Na França, em 2003, corpos de idosos mortos pelo calor excessivo são encontrados em suas casas confortáveis por seus filhos ao voltar das férias (é quase inacreditável, mas 15 mil idosos morreram de calor na França naquele ano). Na Califórnia, um homem sofre uma morte horrível na piscina do seu quintal, quando um incêndio florestal atinge a mansão onde vivia. Em diversas cidades do mundo, incluindo a Cidade do Cabo e até São Paulo, a ameaça do "Dia Zero", aquele no qual as torneiras simplesmente deixarão de fornecer água, está cada vez mais próxima. Por mais terríveis que as tempestades e inundações possam parecer, a verdade é que o calor não apenas tem o potencial, mas, de fato, já está fazendo muito mais vítimas do que as chuvas e as inundações[1]. Muitas vezes de forma mais silenciosa.

ONDAS DE CALOR

Temperaturas extremas (ondas de calor), secas e, em consequência destas, incêndios florestais dobraram nos últimos quarenta anos. Ainda que não se possa afirmar com 100% de precisão que um evento climático extremo específico tenha sido resultante do aquecimento global, os cientistas climáticos estão continuamente explorando as marcas do aquecimento antropogênico e de eventos extremos, principalmente sobre as tempestades e inundações. Mas não devemos desprezar os efeitos do calor. A Carbon Brief, website britânico que cobre assuntos do clima, coletou dados de 230 estudos que chamaram de "atribuição de eventos extremos" e encontrou que 68% de todos os eventos extremos estudados nos últimos vinte anos tornaram-se possíveis ou mais violentos por causa do aquecimento da atmosfera causado pela ação humana[2]. Ondas de calor representam 43% de tais eventos, secas, 17%, e chuvas catastróficas ou enchentes, 16%.

Mesmo em países tropicais, onde as pessoas estão mais habituadas ao tempo quente, não podemos desprezar as ondas de calor intenso. Segundo um relatório da ONU de 2022, em conjunto com a Cruz Vermelha[3], regiões inteiras do mundo ficarão completamente inabitáveis nas próximas décadas devido às ondas de calor. Episódios com temperaturas extremas serão mais frequentes e intensos. As nações devem se preparar para as ondas de calor futuras, para evitar um grande número de mortes. Em razão da atual evolução do clima, as ondas de calor podem atingir e ultrapassar os limites fisiológicos e sociais dos humanos nas próximas décadas, especialmente em regiões como o norte da África, o sul e sudoeste da Ásia, e as regiões Norte e Nordeste do Brasil. De acordo com o documento, existem limites a partir dos quais humanos expostos ao calor e à umidade extremos não conseguem sobreviver, e a partir dos quais as sociedades não conseguem se adaptar. Essas condições acarretarão sofrimento em grande escala e perda de vidas humanas, movimentos populacionais e agravamento das desigualdades. De acordo com o documento, em quase todos os territórios em que há estatísticas disponíveis, as ondas de calor constituem o perigo climático mais mortal.

Todos os anos, milhares de pessoas morrem pelas ondas de calor, um fenômeno que se tornará cada vez mais dramático à medida que as mudanças climáticas se acentuem. As ondas de calor causaram algumas das catástrofes mais mortais já registradas. O relatório lembra que a onda de calor que atingiu a Europa em 2003 (aquela dos idosos franceses) deixou mais de 70 mil mortos e que a onda de calor que a Rússia viveu em 2010 matou mais de 50 mil pessoas. De acordo com o documento, os especialistas acreditam que as taxas de mortalidade ligadas ao calor extremo sejam muito altas, comparáveis em magnitude com todos os cânceres até o final do século. E 2022 foi também um ano muito quente. Regiões e países inteiros do norte da África, Austrália, Europa, sul da Ásia e Oriente Médio, bem como China e oeste dos Estados Unidos sofreram temperaturas recordes. Segundo um estudo publicado em 2023 na revista *Nature Medicine*[4], mais de 60 mil pessoas morreram na Europa no verão de 2022 devido ao excesso de calor.

No Brasil, assim como em outros países quentes, costumamos desprezar os efeitos do calor. Afinal, por aqui o calor é comum! No entanto, há muitos aspectos menos visíveis do calor na saúde. Por exemplo, o Brasil enfrenta atualmente uma epidemia de doenças renais. A melhor explicação para isso é o fato de que muitas pessoas estão sendo submetidas ao calor excessivo, tanto aquelas que trabalham expostas ao sol como as que, principalmente as mais idosas, sofrem com desidratação crônica. Em todo o hemisfério sul, observa-se que as ondas de calor, nas últimas duas décadas, são mais frequentes e duram mais tempo. No verão de 2021 houve recordes de temperatura no Paraguai, na Argentina, no Uruguai e no Rio Grande do Sul. O ano de 2022 foi o sexto mais quente deste século, numa sequência de anos com temperaturas em ascensão que permite mais ondas de calor. Temperaturas extremas voltaram a se repetir no verão de 2023. O calor torna mais graves os episódios de desidratação – que afetam principalmente crianças e idosos –, distúrbios gastrointestinais, ataques cardíacos e AVCs e, como vimos, as doenças renais. Outro estudo publicado recentemente mostra que as mortes relacionadas ao calor excessivo podem aumentar 770% de 2030 a 2080. Não é algo para ser desprezado.

Voltando ao relatório da ONU, ele ressalta que o calor extremo é um assassino silencioso cujos efeitos se amplificarão, criando imensos desafios para o desenvolvimento sustentável do planeta e causando novas necessidades humanitárias. O sistema humanitário atual não tem recursos para resolver sozinho uma crise de tamanha magnitude. Já carecemos de fundos e recursos para responder a algumas das piores crises humanitárias que acontecem atualmente. De acordo com o relatório, o número de pessoas vivendo em calor extremo nas áreas urbanas aumentará 700%, especialmente na África Ocidental e no Sudeste Asiático. As Nações Unidas e a Cruz Vermelha insistiram na importância de reconhecer os limites da adaptação ao calor extremo. Algumas medidas, como o aumento dos sistemas de ar-condicionado, são caras, consomem muita energia e não são viáveis no longo prazo porque elas próprias contribuem para o aquecimento global – embora possamos afirmar que o uso de aparelhos de ar-condicionado vai aumentar. Se as emissões de gases de efeito estufa não forem reduzidas massivamente (e não serão, pelo menos na próxima década), o planeta enfrentará níveis de calor extremo muito perigosos.

Inicialmente, as ondas de calor têm causado mais danos – e mortes – nos países de clima mais frio, porque as pessoas e as casas desses lugares estão mais preparadas para suportar o frio, e não o calor. Então, quando ondas de calor extremo atingem esses lugares, com casas com pouca ventilação e paredes revestidas de lã de vidro, as pessoas simplesmente não sabem o que fazer. O caso dos idosos mortos na França em 2003 foi de fato chocante por sua abrangência e pela banalidade. A maioria dos mortos fazia parte das famílias mais abastadas. O que ocorreu é que os casais mais jovens e seus filhos foram se refrescar junto ao mar ou nas montanhas, como fazem todos os anos, e deixaram os parentes idosos em suas mansões. Afinal, ali eles tinham tudo que necessitavam. Menos proteção contra o calor extremo. Muitas famílias voltaram das férias e encontraram seus pais e avós mortos por hipertermia.

E, de fato, isso é muito sério. Nós, como todos os mamíferos, temos mecanismos de resfriamento (suor, circulação superficial) que nos permitem manter a temperatura constante mesmo em dias quentes. Mas há um limite para isso. Se faz muito calor por muito tempo, nosso corpo começa a aquecer além do nível suportável. E a vida se torna impossível. Por exemplo, se o planeta aquecesse 7 graus, a vida seria impossível nas regiões equatoriais, o que significa quase a metade do território brasileiro. Com uma elevação de 11 ou 12 graus, mais da metade da população mundial, do modo como está distribuída hoje, morreria de calor. Não se espera, a princípio, que o planeta aqueça 11 ou 12 graus. Pelo menos neste século. Isso até poderia ocorrer se continuarmos a emitir gases de efeito estufa por muitos séculos, ou se mecanismos de retroalimentação ainda desconhecidos começassem a atuar. Mas se atingirmos 2 graus de aquecimento, o que é bastante provável, em cidades onde hoje moram milhões de pessoas, principalmente na Índia, no Oriente Médio e na América Latina, andar ao sol durante o verão pode vir a representar um risco letal. E se considerarmos as atuais projeções (que, ao levar em conta a atual condição da sociedade humana, eu classifico como realistas), de 3 graus de aquecimento em 2050 e 4 graus em 2100, os lugares onde vivem bilhões de pessoas se tornarão inviáveis para a vida humana.

Portanto, há um risco real de o calor e a umidade ultrapassarem os limites da tolerância humana em boa parte do mundo antes de 2050 se as emissões não forem reduzidas, ou mesmo com uma redução que seja aquém do necessário. Se não acontecer até 2050, o que eu considero muito provável, certamente esses limites serão ultrapassados até o final do século se não houver uma redução drástica das emissões. O Brasil está entre os países que, nesse cenário, vivenciariam condições cada vez mais perigosas. Assim como boa parte dos países tropicais, sendo a Índia, por causa de sua superpopulação, também fortemente atingida.

Para estimar o perigo do calor para os seres humanos, os cientistas consideram uma combinação de temperatura e umidade (tecnicamente se chama temperatura de bulbo úmido – a temperatura do termômetro é a temperatura de bulbo seco). Se as emissões forem reduzidas apenas no ritmo atualmente prometido pelos governos no Acordo de Paris (que nem mesmo está sendo cumprido), grande parte da região amazônica experimentará de um a doze dias por ano com temperatura acima do tolerável para a vida humana, de acordo com um estudo citado pelo sexto relatório do IPCC (AR6). Ainda segundo o mesmo estudo, num cenário com pouca redução das emissões, a maior parte do Brasil experimentará temperaturas acima do tolerável por pelo menos um dia por ano. Algumas partes do Norte e do Centro-Oeste do Brasil estariam sujeitas a essas condições perigosas por até trinta dias por ano. Isso não significa que todas as pessoas vão, subitamente, morrer de calor, mas que muitas ficarão sujeitas a hipertermia que pode, sim, causar a morte. Além de todos os problemas de saúde que vimos anteriormente.

O aumento da frequência e intensidade das ondas de calor já é uma realidade. Desde 1980, o planeta já experimentou um aumento de cinquenta vezes no número de ondas de calor perigosas (o que já é assustador) e um aumento maior é esperado. Os cinco verões mais quentes na Europa desde 1500, todos eles ocorreram desde 2002. Em julho de 2023, o mundo bateu o recorde de dia mais quente da história por três dias seguidos. As ondas de calor são mais bem registradas (e lembradas) quando duram vários meses. Mas períodos mais curtos de calor extremo podem estar fazendo mais vítimas. Por exemplo, em 2018, na Holanda, duas ondas de calor que duraram apenas três semanas causaram um aumento de 300% no número de mortes, considerado normal para a época. Tal número foi considerado "pequeno" pelas autoridades. Mas, como lembra uma reportagem da revista *The Economist*, se 300 pessoas tivessem morrido em inundações naquelas semanas, isso estaria em todos os jornais como uma grande tragédia. Esse exemplo ilustra bem o caráter silencioso, mas mortal, do excesso de calor.

SECAS

Períodos de seca sempre foram comuns em todas as partes do mundo. No Brasil, a seca é um flagelo centenário no Nordeste, com o sofrimento das populações rendendo boa música e literatura, e muito dinheiro para políticos aproveitadores. Mas não é só ali. A "monção sul-americana", sobre a qual falei no capítulo anterior, provoca a alternância de períodos secos e úmidos ao longo do ano em toda a região central do Brasil, incluindo as regiões Norte, Centro-Oeste e Sudeste. Ainda que não sejam tão extremas quanto as famosas monções da Índia, com longos períodos secos em que quase não cai uma gota de água se alternando com períodos de chuvas intensas, a alternância no Brasil Central é bem marcada. Mas é o aumento da intensidade do El Niño que provoca os períodos de seca mais prolongados em quase todo o Brasil. A grande seca (acompanhada de tempestades de areia resultantes da exaustão dos solos no sudoeste americano) que se seguiu ao *crash* da Bolsa, de 1929, contribuiu para a grande depressão dos anos 1930 nos Estados Unidos. Suspeita-se que a recente guerra na Síria teve como um dos componentes a escassez de alimentos causada por uma seca prolongada. No meu estado natal, Rio Grande do Sul, sempre houve um período seco nos meses de fevereiro e março, para a alegria dos veranistas, mas preocupação dos agricultores. O que está acontecendo, porém, e os gaúchos são testemunhas disso nos últimos anos, é que os períodos secos estão ficando mais longos e mais severos.

O aquecimento global vai aumentar o risco de secas em muitas regiões do mundo que já estão em situação bastante crítica, particularmente aquelas com elevado crescimento populacional, populações vulneráveis e problemas de segurança alimentar. Segundo outro relatório da ONU de 2022[5], na próxima década, 129 países vão experimentar um aumento nas secas – 23 primariamente em razão do crescimento populacional e 38 pela interação entre as mudanças climáticas e o crescimento populacional. Nos demais 68, por outro lado, apenas as mudanças climáticas já serão suficientes para causar o aumento das secas. Estima-se, por exemplo, que ainda nos anos 2020, 250 milhões de pessoas serão afetadas na África, e em 2050 cerca de 1 bilhão na Ásia, por causa das secas mais prolongadas. Tal cenário tem como base que a maior parte dos acordos de Paris será cumprida e que, obviamente, nenhum mecanismo desconhecido de retroalimentação negativa venha a ocorrer. Mas os acordos de Paris não estão sendo cumpridos, de forma que todas essas estimativas devem ser consideradas conservadoras. A realidade poderá ser bem pior.

As secas severas estão também ameaçando a navegabilidade dos maiores rios do mundo. Os níveis das hidrovias estão em patamares historicamente baixos. É o caso do Mississippi, nos Estados Unidos, que lembra os problemas vistos no rio Reno, na Europa, e no Yangtze, na Ásia, à medida que anos de seca severa produzem efeitos prejudiciais em todo o mundo. O rio Mississippi é uma rota de transporte crítica, especialmente para agricultores e comerciantes de *commodities*, e os níveis mais baixos de água estão impactando o transporte – estima-se que o rio normalmente transporta cerca de 60% das exportações de milho e soja dos Estados Unidos.

A seca já é uma ameaça crescente em algumas partes do Brasil. As áreas do Nordeste sujeitas a seca, por exemplo, aumentaram 65% no período 2010-2019 em comparação com 1950-1959. Para o futuro, espera-se que os impactos das mudanças climáticas impulsionem mais aumento das áreas secas: prevê-se que as chuvas diminuam 22% no Nordeste ao longo deste século se as emissões continuarem elevadas. Boa parte do semiárido pode tornar-se árido, ou seja, deserto. As secas se tornarão mais frequentes e afetarão também áreas maiores no sul da Amazônia. Até 2100, o aquecimento pode reduzir 27% da vazão na bacia do Tapajós e 53% na bacia do Araguaia-Tocantins. Como resultado dessas mudanças, e acrescidos o desmatamento e os impactos diretos do maior calor, metade da floresta tropical amazônica poderia se transformar em savana se as emissões (ou o desmatamento) continuarem como estão. A transformação da floresta tropical amazônica em savana poderia causar reduções de precipitação de 40% no Norte e no Centro-Oeste. Ou seja, estamos com risco de perder boa parte da Floresta Amazônica e ver o Pantanal e o resto da região Centro-Oeste, o principal celeiro agrícola do Brasil, literalmente secarem. Isso porque, como vimos, a chamada monção sul-americana, a grande célula de circulação que carrega o ar do Oceano Atlântico para o interior do Amazonas (movida pelos ventos alísios), que se desvia na barreira dos Andes e desce para o Centro-Oeste e Sudeste na forma dos rios voadores, pode colapsar. Não tanto pela redução na intensidade de circulação atmosférica, mas pela falta de umidade.

Devemos notar que a Floresta Amazônica é uma anomalia em termos climáticos. De modo geral, as áreas situadas a leste das grandes cadeias de montanhas tendem a ser desertos. São exemplos disso o grande deserto da região oeste dos Estados Unidos – abrangendo regiões como o leste da Califórnia e os estados de Nevada e Utah, que ficam a leste da Sierra Nevada, e o deserto do Saara, localizado a leste das Montanhas Atlas, que ficam no Marrocos. A região amazônica, que, segundo estimativas, contém 20% da água doce do planeta, só é úmida por causa da monção sul-americana e das árvores.

Uma floresta tropical é um sistema complexo, que envolve as árvores, os solos, os cursos d'água e a água trazida de outras regiões (do mar e dos Andes, no caso da Amazônia). Mas as árvores são fundamentais para o equilíbrio desse ecossistema. Uma rede de monitoramento instalada por várias instituições de pesquisa está indicando que a floresta está secando. Normalmente, a estação seca durava cerca de três meses na Amazônia. Mas com o aquecimento global e, principalmente, com a degradação florestal, essa estação está seis dias mais longa a cada ano. Com isso, a floresta perde sua capacidade de reter água e manter as chuvas (e as árvores) na estação seca. Se a estação seca passar de quatro meses, há o risco de que 50% a 60% da área da floresta se transforme em savana. Já estamos muito próximos desse ponto crítico. É preciso que ações rápidas e abrangentes sejam tomadas. Mas, apesar dos atuais esforços do governo, estamos sendo muito lentos. Isso se a ação humana puder ainda remediar os efeitos das ações passadas e do aquecimento da atmosfera.

Há, na Amazônia, uma tragédia prestes a acontecer. Além de liberar cerca de 200 bilhões de toneladas de CO_2 durante os próximos anos (equivalente a todo o carbono liberado no mundo nos últimos trinta anos), uma Amazônia mais seca significa menos chuva, não só na própria região, mas também no Sudeste e no Centro-Oeste. Não deixa de ser irônico pensar que os próprios fazendeiros que incentivam o desmatamento serão suas maiores vítimas. O Brasil terá dificuldade de lidar com a falta de água generalizada e a drástica redução na produtividade agrícola que certamente vai ocorrer se esse cenário se confirmar. E mais ironia: a pressão internacional para se reduzir o consumo de produtos advindos de áreas desmatadas vai ajudar a salvar os fazendeiros "nacionalistas" que estão destruindo as nossas florestas.

QUEIMADAS

O tempo mais seco também causa o aumento dos incêndios na vegetação, sejam naturais, sejam causados pelos humanos. Os termos incêndios florestais e queimadas têm sido usados de maneira intercambiável, embora queimadas tenha abrangência mais geral, e inclua, por exemplo, a utilização do fogo para "limpar" as áreas de plantio. Nesta seção, vou usar, de modo geral, o termo queimadas para eventos mais genéricos, tanto de florestas como de cerrados, incluindo os que envolvem ação humana, e incêndios mais especificamente para incêndios florestais.

Nossa espécie usa o fogo para queimar a vegetação desde seus primórdios. Os humanos primitivos usavam o fogo, por exemplo, em caçadas, para cercar os animais de grande porte, e para abrir espaços para habitação. Com o advento da agricultura, passamos a usar o fogo para abrir clareiras nas matas para as plantações e, após a colheita e antes do plantio, para limpar os terrenos do resto do material colhido e das ervas daninhas. Esse hábito de colocar fogo nas roças era comum entre índios brasileiros, e ainda é utilizado até hoje por muitos pequenos agricultores. Alguns agricultores alegam que o resíduo do fogo, as cinzas e a madeira parcialmente queimada "adubam" o solo, pois concentram carvão e sais minerais. Isso é verdade, mas há dois problemas com essa técnica. Primeiro, a repetição de queimadas ano após ano acaba desgastando o solo, principalmente pela aniquilação dos seus microbiomas, comunidades de micróbios que, como veremos adiante, são fundamentais para a saúde e estabilização dos solos férteis. Segundo, porque, com ar progressivamente mais seco, fica cada vez mais difícil controlar esse fogo, que muitas vezes se expande, atingindo áreas de floresta vizinhas ou até áreas urbanas.

Os incêndios podem ser também naturais. Durante as épocas mais secas, os raios, o superaquecimento do mato seco e outros processos naturais podem provocar o início do fogo. De fato, alguns biomas precisam do fogo para controlar a multiplicação excessiva de certas plantas, e até mesmo para que algumas sementes sejam abertas e germinem. Ou seja, o fogo é parte integrante de muitos ecossistemas. Isso acontece, por exemplo, no Cerrado brasileiro, na Austrália e no Meio-Oeste americano. Neste último, há uma história particularmente interessante. Em agosto de 1988, quando eu cheguei aos Estados Unidos para fazer meu curso de doutorado na Universidade do Wyoming, o parque Yellowstone, que não ficava longe de onde eu morava, estava em chamas, naquele que ficou registrado como o seu maior incêndio florestal. Não se sabe se a origem foi natural ou induzida por algum turista descuidado, mas incêndios fazem parte do ecossistema do parque, e nunca algo tão brutal tinha acontecido. Estudos posteriores mostraram que a principal causa dessa intensidade toda foram as campanhas de prevenção de incêndios! Elas haviam sido tão bem-sucedidas que evitaram inclusive os incêndios naturais, que eram, e são, importantes para o equilíbrio dos ecossistemas do parque. O excesso de vegetação, principalmente o mato de pequeno porte, fez com que, uma vez começado o incêndio, esse se propagasse de forma violenta e descontrolada. Desde então, os guardas florestais, ajudados por cientistas, têm permitido, e em alguns casos até provocado, incêndios de menor porte, para evitar que incêndios de grandes proporções voltem a ocorrer. Mas isso não tem impedido que os incêndios continuem, cada vez mais brutais. Em 2023, por exemplo, o mundo assistiu espantado à visão futurística (e trágica) de uma Nova York com o céu escurecido pela fumaça dos incêndios do Canadá. Eu me lembro de ter visto uma ativista ambiental brasileira comentando: "Isso que vocês viram em Nova York, as cidades do Centro-Oeste e da Amazônia experimentam todos os anos!".

Esses casos demonstram que o controle dos incêndios e das queimadas não é algo simples. É preciso manejo do fogo, de maneira a permitir que os incêndios naturais aconteçam, mas dentro dos limites de equilíbrio dos ecossistemas. Além disso, muitas equipes de brigadistas, atualmente, usam o fogo controlado para criar faixas no terreno que, por já terem sido queimadas, evitam a propagação descontrolada do fogo. Evidentemente, tudo isso tem que ser feito com muito cuidado, para que o remédio não acabe sendo pior do que o mal que ele quer combater. São necessários estudos rigorosos dos ecossistemas e muita preparação das equipes de manejo e combate ao fogo. Como tudo que diz respeito a intervenções nos ecossistemas, precisamos entender muito bem como eles funcionam antes de começarmos a interferir neles.

Se incluirmos os incêndios naturais e aqueles provocados pelos humanos, observa-se hoje que eles estão por todo lado. E cada vez mais destrutivos. Nos parques nacionais americanos, mesmo com as tentativas de controle que mencionei, estragando o verão de milhares de pessoas que todos os anos usam seus confortáveis *motorhomes* para apreciar a natureza. Na Califórnia, onde incendeiam as casas das celebridades. No Canadá, como já citei, "exportando" fumaça para os Estados Unidos. Em Portugal, onde já aconteceu mais de uma vez de pessoas morrerem queimadas dentro de seus carros ao se arriscarem numa estrada cercada pelas chamas. No Pantanal brasileiro, onde as imagens de bichos queimados causam consternação quase todos os anos. E na Amazônia, que gera uma preocupação mundial pela importância de sua biodiversidade, seu papel no ciclo de carbono no planeta, e no clima da América do Sul. Dados recentes indicam que nos últimos 40 anos o Brasil teve mais de 20% do seu território destruído (no sentido de que a vegetação nativa não se recuperou) por queimadas. A situação tem melhorado. Um pouco. Mas há muito o que fazer. As queimadas são, como vimos, a principal contribuição do Brasil para a emissão de gases de efeito estufa. Seu efeito negativo compensa (no mau sentido) toda nossa matriz energética mais limpa.

De acordo com dados do Congresso Americano – os Estados Unidos são o país que tem os dados econômicos mais completos –, os incêndios florestais causaram prejuízos da ordem de 24 bilhões de dólares em 2017, 22 bilhões em 2018 e 16 bilhões em 2020. Isso apenas considerando prejuízos diretos. Note que houve uma queda em 2020. Essa redução dos números também ocorreu no Brasil (excetuados os incêndios criminosos na Amazônia), por causa do fenômeno La Niña, que deixou o tempo mais úmido depois de 2018. Nos Estados Unidos, o La Niña deixa o Oeste mais seco, o que pode causar mais incêndios, mas deixa a área da costa do Pacífico mais úmida. Como essa última área é a mais habitada, essa deve ser a explicação para a redução dos prejuízos. Além dos prejuízos materiais, um relatório do Programa das Nações Unidas para o Meio Ambiente (UNEP) de 2022[6] aponta que, todos os anos, cerca de 30 mil pessoas morrem por exposição à fumaça dos incêndios em 43 países pesquisados. O relatório também lembra as perdas, não quantificadas mundialmente, em termos de vidas selvagens e destruição de hábitats naturais. Não ouvimos falar muito nisso, mas a África é a região mais afetada por incêndios florestais, principalmente em sua área equatorial, onde estão florestas e savanas que concentram a incrível biodiversidade do continente. O mesmo relatório estima que o aquecimento global vai causar um aumento de pelo menos 50% na frequência dos incêndios, e um incremento significativo na sua intensidade. Basta vermos o que tem acontecido nos Estados Unidos, na Europa, na Austrália e no Brasil nos últimos anos para termos uma ideia das coisas terríveis que estão por vir.

Apesar de ondas de calor, secas e queimadas de intensidade e frequência nunca vistas, mesmo os países desenvolvidos estão fazendo muito pouco para conter o aquecimento global. A história recente da Austrália demonstra como a riqueza pode ajudar alguns países. Mas não é em si uma garantia. Ainda que seja o mais rico país a sofrer em curto prazo efeitos intensos do aquecimento, trata-se de um caso interessante para se estudar como os países ricos vão reagir ao novo estado de coisas. A Austrália se tornou rica com os imigrantes, inicialmente europeus e mais recentemente os asiáticos, ignorando quase que totalmente a população nativa, praticando a agropecuária, (muita) mineração e atividades industriais variadas. Em 2011, uma única onda de calor produziu a morte de milhões de árvores e outras plantas, de grandes extensões de corais (num fenômeno denominado embranquecimento dos corais, que veremos no capítulo sobre os oceanos), perda de muitos pássaros, picos nunca vistos de reprodução de insetos e transformações em ecossistemas marinhos e terrestres. Quando o país criou uma taxa de carbono, as emissões caíram. Mas logo depois, sob pressão política, a taxa foi suspensa, e depois foi novamente reativada. Em 2018, o parlamento do país declarou o aquecimento global "um risco atual e existencial à nação". Poucos meses depois, seu primeiro-ministro, que tinha consciência da ameaça representada pelo aquecimento global, foi forçado a renunciar pela "vergonha" de querer cumprir o Acordo de Paris. Esse tipo de pressão política vai crescer em todo o mundo.

No Brasil, além da Amazônia, onde há um esquema criminoso para provocar incêndios florestais e depois ocupar as terras, o Pantanal é afetado anualmente por queimadas naturais, artificiais e criminosas, assim como o resto do Centro-Oeste e toda a região Sudeste. As queimadas estão ficando maiores e mais frequentes, afetando não só o Pantanal, mas também o Cerrado e as regiões montanhosas. De todos os biomas, o Cerrado é o mais afetado. Em 2022 foram registrados 20.095 focos de incêndio nesse bioma, número superior ao registrado na Amazônia,

16.874, e na Mata Atlântica, 4.684. Ainda assim, nos primeiros anos da década de 2020, o fenômeno La Niña aumentou a intensidade das chuvas no Centro-Oeste e no Sudeste. Os incêndios diminuíram (apenas os criminosos na Amazônia se intensificaram) e os reservatórios das principais barragens ficaram cheios. Diminuiu a preocupação com a seca, com as queimadas e com a geração de energia elétrica. Não faltou água. Até no Nordeste ficaram todos felizes com a chuva, com os açudes cheios e com as safras extras. As pessoas passaram a se preocupar com outras coisas. Inundações, por exemplo. Mas em 2023 o El Niño voltou, e com força. As queimadas e ondas de calor atingiram uma intensidade sem precedentes, inicialmente no hemisfério norte. Um El Niño mais forte significa secas mais severas, principalmente nas regiões Sudeste e Nordeste. E a tendência é atingirem um estágio catastrófico, apenas não podemos dizer exatamente quando.

A CRISE HÍDRICA

Outro efeito das ondas de calor, junto com os incêndios e as secas prolongadas, é a escassez de água doce. Maior calor significa maior evaporação, que, se por um lado leva a tempestades mais catastróficas, por outro faz com que as chuvas se tornem mal distribuídas no tempo e no espaço, de modo que, para muitas regiões, as mudanças climáticas significarão escassez hídrica. No Brasil, como já vimos, nós temos presenciado a intensificação dos efeitos dos fenômenos El Niño e La Niña, com períodos de seca extrema se intercalando com períodos de chuvas catastróficas. De certa forma, já estamos vivenciando o novo normal.

Setenta e um por cento do planeta é coberto por água. Mas somente cerca de 2% é de água doce. Sendo que desses, apenas 1% é acessível para consumo, sendo o resto retido principalmente em geleiras (que, ao derreterem, transferem a maior parte dessa água para o mar). Assim, podemos dizer que somente 0,007% da água do planeta está disponível para o consumo dos 7 bilhões de humanos que o habitam. E o aumento dos períodos secos afeta, obviamente, a disponibilidade de água para o consumo humano. Estima-se que, em 2040, cerca de uma em cada quatro crianças vai viver em áreas com extrema falta de água. E por volta de 2050, a falta de água vai afetar três quartos da população mundial – cerca de 4,8 a 5,7 bilhões de pessoas vão viver em áreas em que haverá falta de água por pelos menos um mês todos os anos (hoje já são 3,6 bilhões).

Por dia, os humanos utilizam um total de 3 mil litros de água *per capita*. Desses 3 mil, 100 litros são usados diretamente na higiene e consumo. Cerca de 150 litros nas necessidades domésticas. A indústria usa em torno de 250 litros por dia. E os restantes 2.500 litros são utilizados para produzir alimentos. Quando se fala em crise hídrica, geralmente se pensa nas torneiras de casa secas. Mas, como mostram os números aqui neste parágrafo, a água para o consumo doméstico é uma parte pequena de toda a água doce utilizada pelos humanos. Globalmente, algo entre 70% e 80% da água doce é utilizada para produção de alimentos e na agricultura. Estima-se que até 2030 (tendo-se por base 2020), a demanda por água no planeta deva subir 40%.

A agropecuária industrial, principalmente a criação animal, é a principal usuária de água no mundo e a principal responsável pela degradação de aquíferos e outras fontes de água doce. Para se ter uma ideia, a muito combatida produção de óleo e gás a partir de *shale* (rocha que se traduz como "folhelho" em português – ainda que às vezes se use, erroneamente, o termo "xisto") – utiliza, ao aplicar a tecnologia de *fracking* (faturamento da rocha por injeção de água pressurizada), 378 bilhões de litros de água por ano nos Estados Unidos. A criação de animais para abate, produção de laticínios e ovos utiliza, no mesmo período, 125 trilhões de litros. Trilhões! O processo completo para produzir um hambúrguer de 250 gramas utiliza 9 mil litros de água – o que representa dois meses de banho. Mesmo peso em ovos: 1.800 litros; mesmo peso de queijo: 3.500 litros; 1 litro de leite: 4 mil litros.

E o mundo continua faminto. Se as tendências verificadas até agora continuarem, o consumo de energia deve aumentar cerca de 50% até 2050. Já o consumo de alimentos deve aumentar 100%. Ou seja, precisaremos produzir o dobro de alimentos para alimentar os 10 bilhões de indivíduos que habitarão o planeta em meados deste século. Isso se as coisas continuarem na tendência atual. Se considerarmos que metade da população mundial ainda vive abaixo da linha de pobreza (e basicamente em situação de insegurança alimentar), e se planejamos tirar toda essa população dessa situação – o que sem dúvida é uma coisa boa –, esses números no mínimo dobram. Já vimos o problema causado pela agropecuária devido à emissão de gases de efeito estufa, agora vemos seu impacto dramático no consumo de água. Mais um argumento para a proposta, que veremos adiante, de se reduzir o consumo de produtos de origem animal.

A água doce é um recurso natural que era abundante em boa parte do mundo, e está se tornando escasso pelo uso descontrolado, aí incluídas infraestrutura deficiente e contaminação dos rios, lagos e lençóis freáticos, além de urbanização e desenvolvimento sem planejamento. Algumas cidades perdem mais água nos vazamentos de canos do que entregam nas casas. Mesmo em países desenvolvidos, os vazamentos são estimados entre 15% e 20%. No Brasil, a estimativa é de uma perda de 40%. Esse dado é impressionante: 40% da água que nos custa caro para coletar, limpar e tratar não chega à casa dos consumidores (que acabam pagando por ela mesmo assim).

E precisamos de ainda mais água. Atualmente, estima-se que 2,1 bilhões de pessoas no mundo não têm acesso a água de boa qualidade (no Brasil são 35 milhões), e 4,5 bilhões – mais da metade da população do mundo – não têm água suficiente para outros usos domésticos, inclusive esgotos (no Brasil, e sempre me causa espanto ver um número desses, 100 milhões de pessoas não têm acesso a esgoto). Precisamos de muita água. E o trágico disso tudo é que, assim como o aquecimento global, a crise hídrica poderia ter solução. Mas nós, como nos outros casos, não estamos fazendo o necessário. E agora, além do uso ineficiente, teremos que enfrentar as consequências das mudanças climáticas sobre a disponibilidade de água doce. Por exemplo, metade da população do mundo depende da água fornecida pelo degelo das montanhas que ocorre todo ano no final do inverno e na primavera. E as geleiras das montanhas, como vimos, estão se reduzindo dramaticamente. Além disso, lagos e rios estão secando em várias partes do mundo. Um dos exemplos mais notáveis, e críticos, é o do rio Colorado, que corta a região desértica do sudoeste dos Estados Unidos, e fornece água para muitas fazendas e cidades, entre as quais a famosa Las Vegas. Boa parte da água do rio Colorado provém das geleiras das Montanhas Rochosas. A vazão do rio Colorado diminuiu 20% desde o ano 2000, e seus reservatórios ficam mais baixos a cada ano. Cortes de água já bem significativos estão sendo necessários em várias cidades. Embora o consumo exagerado em diversos fins (os americanos continuam regando seus extensos gramados, mesmo em áreas desérticas) também esteja contribuindo para isso, a causa fundamental dessa diminuição de vazão parece ser a redução na quantidade de gelo acumulado nas montanhas.

Muitas grandes metrópoles em todo o mundo estão sofrendo com períodos de falta de água. Novamente, aqui, ainda que o aumento da população, o crescimento desordenado e a baixa eficiência do sistema de fornecimento tenham sua parcela de culpa, as secas prolongadas causadas pelas mudanças climáticas estão tornando tudo mais complicado. A Cidade do Cabo, na África do Sul, é bem conhecida pela recorrente falta de água. Se você for lá, vai ver em todos os lugares avisos e pedidos para economizar água. Além disso, há um intenso programa para o controle de plantas invasoras, que consomem mais água que as plantas nativas. A Cidade do Cabo esteve perto de chegar ao chamado "Dia Zero", o dia em que as torneiras secam completamente, várias vezes na última década. Na verdade, ainda que sua situação seja mais dramática, a Cidade do Cabo é uma amostra do que ocorre em boa parte da África do Sul (incluindo sua maior cidade, Joanesburgo), onde vivem mais de 45 milhões de pessoas. Atualmente, a Cidade do Cabo garante um suprimento de apenas 50 litros de água por habitante por dia. Mesmo em condições consideradas normais. Para se ter uma ideia do que é isso, a cidade de Salt Lake City, no estado de Utah, nos Estados Unidos, que fica no deserto, fornece cerca de mil litros por dia por habitante (Salt Lake City utiliza aquíferos alimentados pelas geleiras das Montanhas Rochosas, que estão encolhendo – ou seja, talvez essa abundância toda de água também esteja com seus dias contados).

Cidades de todo o mundo estão sendo afetadas por falta de água crescente. Em 2008, Barcelona enfrentou a seca mais severa já registrada em sua história, e teve que importar água da França. No sul da Austrália, a chamada "seca do milênio" começou em 1998 e se prolongou por doze anos, com uma precipitação equivalente à do Vale da Morte, ocorrendo a partir de 2001. Somente em 2010 o fenômeno

La Niña aliviou o período de seca. No mundo inteiro, os sinais da crise hídrica já são evidentes. Na Índia, atualmente, 600 milhões de pessoas já convivem com dificuldade de acesso a água, e 200 mil morrem por ano pela falta ou contaminação de água. Em 2030, a Índia vai dispor de somente a metade da água de que precisa. No vizinho Paquistão, que, quando se formou como país, em 1947, tinha uma disponibilidade de 5.000 metros cúbicos de água por pessoa por ano, hoje tem mil metros cúbicos disponíveis para cada pessoa. Em breve, o crescimento populacional e as mudanças climáticas vão reduzir esse número para 400 metros cúbicos (o que equivale a mil litros por dia – frisando que esse total inclui o uso industrial e agrícola).

Nos últimos cinquenta anos, muitos dos maiores lagos do mundo começaram a secar. Um exemplo é o Mar de Aral, na Ásia Central, que já foi o quarto maior lago do mundo, e perdeu 90% de suas águas nas últimas décadas. Outro é o lago Mead (formado pela famosa represa Hoover, no rio Colorado), que supre a maior parte da água de Las Vegas, que perdeu quase 1,5 milhão de metros cúbicos em apenas um ano. O lago Poopó, o segundo maior da Bolívia, desapareceu completamente. O lago Titicaca tem encolhido ano após ano. O lago Urmia, um dos maiores e mais importantes do Irã, encolheu mais de 80% em trinta anos. O lago Chad, na África, evaporou quase que completamente. Embora possa haver outros fatores atuando nesses casos, como o aumento do consumo, o aquecimento global, sem dúvida, é um dos responsáveis, e sua influência só tende a aumentar.

Mas não precisamos ir para outros países. São Paulo, em 2015, depois de dois anos de seca (devido à ação do El Niño), chegou bem perto do Dia Zero. A cidade teve que reduzir o uso de água para doze horas por dia em certas regiões, e um agressivo esquema de racionamento causou inúmeras falências. Em 2022, o Sudeste e o Nordeste do Brasil recuperaram seus volumes de água, e não temos que nos preocupar, no curto prazo, nem com o abastecimento de água, nem com a geração de energia hidroelétrica. Mas isso se deve, como mencionei anteriormente, principalmente à predominância do fenômeno La Niña, que perdurou de 2020 ao início de 2023, e que é o esfriamento das águas do Pacífico na costa oeste da América do Sul. E assim, estamos fazendo muito pouco a respeito do problema das secas anteriores, e nos preocupando com coisas mais urgentes, como o aumento das chuvas. Quando esse fenômeno se reverter, e houver predominância do El Niño (que é o aquecimento das águas do Pacífico), vamos voltar a enfrentar o problema das secas, de forma cada vez mais severa. Tais ciclos naturais – e o comportamento humano a seu respeito – vão continuar a se repetir. Mas, como vimos no capítulo anterior, de forma cada vez mais severa.

Esses exemplos das cidades demonstram que não é só a agricultura que pode ser duramente atingida pela falta de água. Definitivamente, não é só um problema rural. Catorze das vinte maiores cidades do mundo estão atualmente sofrendo com escassez de água ou seca. Estima-se que 4 bilhões de pessoas já vivem hoje em dia em regiões que enfrentam problemas de falta de água por pelo menos um mês por ano – isso representa cerca de três quartos da população mundial. Meio bilhão de pessoas vive em áreas com falta de água recorrente o ano inteiro.

Passar um mês com pouca água é viável. Em Petrópolis, onde eu moro, é comum faltar água no final do inverno. Como em todo o Sudeste, o inverno é muito seco. Nas serras, a situação fica mais crítica, por causa do rebaixamento do lençol freático. A população se previne reduzindo o consumo e usando água armazenada em cisternas e tanques. Nos casos mais críticos, caminhões-pipa fornecem água provinda das regiões vizinhas ou coletada nos rios, que não secam completamente. Mas conseguir se virar com pouca água por um mês é viável. O difícil de imaginar é como nos sairíamos se a seca se prolongasse por vários meses. E é possível que isso venha a ocorrer com frequência no futuro.

A maioria dos alertas sobre as mudanças climáticas, quanto a seus efeitos nas águas, tem se referido aos oceanos: geleiras derretendo, nível do mar subindo, áreas costeiras inundadas. Todos esses fenômenos certamente provocarão tragédias, mas uma crise mundial de água doce é muito mais alarmante, porque dependemos dela para viver. Populações inteiras abandonariam suas casas se não houvesse água para beber. Não há fronteira que segure alguém que está com sede. E a crise está próxima. No entanto, basta observar o cenário político para perceber que, se por um lado está óbvio que o planeta precisa se mobilizar para garantir seu suprimento de água doce, não se vê vontade política, nem mesmo preocupação em resolver o problema. Quando a água volta para a torneira, os políticos – não somente eles – e também as pessoas se voltam para outros assuntos que parecem mais urgentes.

Nas próximas três décadas, estima-se que a demanda por água pelas cadeias globais de suprimento de alimentos tenha um aumento de cerca de 50%; das cidades e das indústrias, de 50% a 70%; e da energia, de 85%. E as mudanças climáticas, com suas megassecas, devem reduzir as possibilidades de suprimento. De fato, o Banco Mundial, no seu estudo já clássico da relação entre água e mudanças climáticas intitulado *High and dry* (Alto e seco)[7], afirmou que "os impactos das mudanças climáticas serão canalizados principalmente para o ciclo da água". O alerta do Banco: quando se consideram os efeitos em cascata que podem advir das mudanças climáticas, a eficiência no manuseio da água é um problema urgente, e é um quebra-cabeça tão importante de ser resolvido quanto a eficiência energética.

Doenças relacionadas à falta de água tratada ainda matam 2,2 milhões de pessoas no mundo todos os anos. Em 1990, as Nações Unidas fixaram a meta de reduzir pela metade, até 2015, a proporção de pessoas sem acesso à água potável e condições sanitárias básicas. De 1990 a 2010, o Banco Mundial gastou mais de 54,3 bilhões de dólares em programas relacionados à água. Ainda assim, em 2011, 768 milhões de pessoas permaneciam sem acesso à água potável, 2,5 bilhões viviam sem condições sanitárias adequadas, acima dos 2,4 bilhões que assim viviam em 2000. De 30% a 60% dos projetos relativos à água fracassaram na África. O que esses números, e outros que vimos anteriormente, demonstram é óbvio e muito preocupante: precisamos de mais água doce, mas ela está ficando cada vez mais escassa. Claramente, estamos com um grande problema.

Há outras questões com as fontes de água doce, mesmo quando não estão secando. Por exemplo, na China, no lago Tai, a proliferação de bactérias associadas ao aquecimento da água em 2007 ameaçou o suprimento de água de 2 milhões de pessoas. No leste da África, o aquecimento das águas do lago Tanganika tem reduzido os cardumes de peixes que servem de alimento para milhões de pessoas nos países vizinhos, muitos já assolados pela fome. No Brasil, há redução nos cardumes em várias áreas, sendo o Pantanal uma das mais atingidas. Os lagos de água doce de todo o mundo, em razão da decomposição de matéria orgânica em seus fundos lodosos, já contribuem com 16% das emissões de metano no planeta. O aquecimento de suas águas, com a consequente proliferação de algas e outras plantas aquáticas, só fará esse processo aumentar de intensidade.

Todos esses efeitos são irreversíveis no curto e médio prazos, de modo que para suprir suas populações e indústrias será necessário que os países invistam grandes somas de dinheiro, o qual nem sempre está disponível, principalmente nos países mais pobres. Ou talvez não sejam necessárias grandes somas de dinheiro. Algumas iniciativas, como o maior cuidado com o desperdício, investimentos públicos direcionados de maneira eficiente para as populações mais carentes e o uso muito racional da água, inclusive com seu maior armazenamento em épocas mais chuvosas, para uso em épocas mais secas, poderiam já alcançar resultados interessantes. Além disso, como veremos em detalhes mais adiante, é imprescindível mudar a maneira como produzimos (e, obviamente, consumimos) alimentos. Faltar água doce para o abastecimento da população mundial é, talvez, o maior atestado de nossa incompetência em lidar com situações que exigem um mínimo de estratégia e visão de mais longo prazo.

REFUGIADOS DO CLIMA

Se a área em que você vive for inundada pelo mar, sofrer inundações catastróficas frequentes ou se tornar inabitável por simplesmente não haver água disponível, você terá que deixar sua casa, sua cidade, talvez seu país. Embora a subida do nível do mar e o aumento das tempestades e inundações devam produzir hordas de refugiados, é o aumento da temperatura, causando ondas de calor, secas prolongadas, crises hídricas e desertificação (que veremos adiante) que provavelmente causará as maiores crises de refugiados, por tornar extensas áreas do planeta, onde hoje vivem centenas de milhões de pessoas, talvez bilhões, impróprias para habitação permanente.

Naturalmente, é difícil prever qual das mudanças climáticas e outras transformações do planeta obrigarão mais pessoas a deixar suas casas e procurar novos lugares para viver, seja em seus próprios países ou em outros. A ONU estima que mais de 200 milhões de pessoas serão deslocadas devido à subida do nível do mar. Chuvas e tempestades devem tornar inviáveis a permanência em área de muito risco, como margem de rios e encostas, afetando um número incontável de pessoas. Mas, dada a sua abrangência, talvez o aumento da temperatura média, a maior frequência e intensidade das secas e a desertificação sejam as causas do maior número de refugiados, porque em vastas áreas não haverá mais água nem alimentos para sustentar a vida humana.

Os denominados "refugiados do clima" se enquadram em muitas categorias. Numa visão ampla, incluem desde as pessoas que deixam seus países e emigram permanentemente, ou tentam emigrar, como já está ocorrendo com populações da África, do Oriente Médio e da América Latina, até pessoas que são obrigadas a deixar suas casas e se deslocar para um local próximo, como, por exemplo, os moradores do bairro 24 de Maio, em Petrópolis, um dos mais afetados pela chuva de 2022, que lá viveram por toda a vida, e agora estão espalhados pelo município e arredores, a maioria vivendo em condições precárias e sem saber como será seu futuro. Por isso, é difícil quantificar e estimar quem e quantos são e serão os refugiados do clima. Mas há maneiras de fazê-lo. A abordagem mais utilizada, numa primeira classificação, é separar os que serão deslocados permanentemente dos que sofrerão deslocamento temporário (devido a ter sua casa inundada, por exemplo). A seguir, separá-los pela distância de deslocamento – no mesmo município, ou estado, em regiões diferentes do mesmo país ou em outros países. Essa classificação tem o viés econômico e político. É importante lembrar que todas essas pessoas, independentemente da distância de deslocamento, serão severamente prejudicadas, não só na dimensão econômica, mas também na saúde e até mesmo no aspecto psicológico (o deslocamento forçado, e penoso, muitas vezes deixa sequelas, como o estresse pós-traumático, principalmente em crianças).

A Ásia e a África são consideradas as regiões que terão o maior número de pessoas vulneráveis, por exemplo, à desertificação. A América do Norte, a América do Sul, a região do Mediterrâneo, o sul da África e a Ásia Central serão mais afetadas pelas secas e incêndios. As regiões tropicais e subtropicais de todo o mundo devem ser as mais vulneráveis à queda da produtividade agrícola. A degradação dos solos e a perda de áreas cultiváveis, resultantes da combinação da subida do nível do mar e com maior intensidade das tempestades e inundações, devem ameaçar vidas e estilos de vida em áreas litorâneas e montanhosas. No âmbito das populações, as mulheres, os jovens, os idosos e os pobres são os que estarão em maior risco.

Na África e na Ásia, secas sempre foram comuns. Mas também estão aumentando em frequência e intensidade. Um recente relatório da ONU estima que por volta de 2030 cerca de 700 milhões de pessoas estarão em risco de serem deslocadas permanentemente das regiões onde vivem por causa de secas recorrentes. E cerca de 250 milhões de pessoas serão forçadas a migrar, basicamente por causa das secas combinadas com outros fatores, como fornecimento de água precário, redução na produtividade agrícola, subida do nível do mar e superpopulação.

E esse é um dos maiores problemas que vamos enfrentar com os refugiados climáticos (lembrando que um deles pode ser um parente seu, um amigo ou até mesmo você e sua família). Não será apenas a questão de como acomodar e tornar viável a sobrevivência de centenas de milhões de refugiados, deslocados de suas regiões ou países originais, mas em arrefecer os movimentos segregacionistas que já estão aparecendo, e que só vão aumentar. O combate à imigração ilegal, muitas vezes completamente antiético e imoral, a xenofobia e até mesmo o uso de exércitos para conter os "invasores" podem tornar o mundo uma praça de guerra em nível mundial, regional e local. O nacionalismo, que tem levado a diversos conflitos, incluindo a Guerra da Ucrânia e as ameaças da China a seus vizinhos e ao mundo, não deixa de ser um subproduto indesejável desse temor de tudo e de todos que não sejam "nós", isto é, meus compatriotas, de preferência de minha cor e com meus valores. Essa ascensão do nacionalismo extremista já havia aparecido como uma reação à globalização, que deixou as pessoas desnorteadas, sem saber exatamente ao que (ou a que "tribo") pertenciam. A crise climática e as demais transformações do planeta agora encontram terreno fértil onde todo esse temor visceral irá se expandir significativamente.

E trata-se de algo que já vem acontecendo há mais de uma década. Por exemplo, segundo estimativas do Parlamento Europeu, a multiplicação de efeitos associados a eventos extremos forçou 318 milhões de pessoas a deixar suas casas no mundo desde 2008. Buscando refúgio no seu próprio país ou em outros. Parte delas pôde voltar para suas casas, e, portanto, não apareceu nas estatísticas finais do número de refugiados. Mas o fato de ter que deixar suas casas, mesmo que por um período, já as afeta pelos prejuízos materiais e traumas psicológicos com os quais é difícil lidar. Quando falamos em refugiados, geralmente pensamos em países em desenvolvimento. Mas o furacão Harvey, sobre o qual falei no capítulo anterior, produziu pelo menos 60 mil refugiados do clima no Texas, enquanto o furacão Irma forçou a evacuação de cerca de 7 milhões de pessoas. Isso tudo ficará pior.

Mesmo um país rico, como os Estados Unidos, não está bem preparado para os efeitos das mudanças climáticas. Não é fácil imaginar dezenas de milhões de americanos se realocando permanentemente por causa da invasão da costa pelo mar, áreas com tempestades e inundações frequentes demais para tornar a vida estável ou áreas tornadas inviáveis pelo excesso de calor e pela crise hídrica. As comunidades se organizam basicamente porque existe abundância. Pode ser mal distribuída, mas é suficiente para garantir a sobrevivência de todos. Quando aparece escassez, as comunidades se instabilizam e racham. Os caminhos para isso são conhecidos, mesmo por aqueles que só conheceram estabilidade em suas vidas. Isso já aconteceu em muitos países que foram ricos e estáveis por longo tempo, como o Líbano e a Venezuela, só para citar dois exemplos. Colapsos dos mercados, preços disparando, o controle dos bens e serviços pelos mais ricos e mais bem armados, a erosão da lei em favor do enriquecimento ilícito e o desaparecimento de qualquer expectativa de justiça fazendo sobreviver uma luta de vale-tudo. No Brasil, experimentamos o começo, o prenúncio dessa sensação durante o governo de extrema direita. As transformações do planeta podem exacerbar os embates que vimos apenas em seus aspectos mais tênues. E a volta de governos dominados, e somente interessados pelos ricos e poderosos.

Em todo o mundo, o aquecimento global e suas consequências vão obrigar centenas de milhões, talvez até bilhões, de pessoas a deixar suas casas e procurar outro lugar para viver. Boa parte no seu próprio país, mas muitos em outros países. Esse aumento exponencial de refugiados vai provocar colapsos econômicos e políticos, e conflitos. O Brasil deverá ter seus próprios refugiados internos, talvez alguns dos países vizinhos, e ainda será afetado pelas crises e conflitos mundiais. Não poderemos ficar à parte da crise de refugiados. Todos nós seremos atingidos de uma ou outra maneira.

Números finais? Estão subindo, sem dúvida. Em 2022, 100 milhões de pessoas foram forçadas a deixar suas casas. A maioria dos estudos prevê que, por volta de 2070, entre 1 bilhão e 3 bilhões de pessoas vão ter que deixar áreas tornadas inóspitas pelas mudanças climáticas. Ou seja, os números mais prováveis são de que bilhões de pessoas terão que deixar suas casas por causa das mudanças climáticas e outras transformações do planeta. É um número difícil de conceber. E recheado de incertezas. No entanto, é praticamente certo que ao menos centenas de milhões terão que se mudar para lugares distantes, em condições muito piores do que se encontravam, e dezenas de milhões emigrarão para outros países. Isso tudo produzirá uma pressão nunca vista no tecido social global. Como reagiremos a isso? Num mundo ideal seríamos solidários, receberíamos as pessoas, sabendo que não têm culpa do que lhes aconteceu, e até mesmo, principalmente os habitantes dos países mais ricos, os mais afortunados de todos os países reconheceriam que têm muita responsabilidade em tudo o que causou seu sofrimento. Mas este mundo em que vivemos não é o mundo ideal.

UM LUGAR QUENTE E SECO NÃO PARECERÁ MAIS ALGO BOM

Nós estamos acostumados a ouvir isso nos filmes. Quando alguém que mora num lugar frio, como no norte dos Estados Unidos ou na Europa, é perguntado onde gostaria de viver, responde: *some place warm...*" ("algum lugar quente..."). A frase soa reconfortante. Do tipo: depois de uma vida de trabalho, a pessoa vai curtir sua merecida aposentadoria num lugar onde não faz tanto frio. Parece bom, não? Muitos americanos aposentados ainda estão se mudando para a Flórida ou Arizona. Por muito tempo parecia ser mesmo o ideal. Mas não mais.

Na Flórida, as maiores seguradoras já se recusam a fazer o seguro de propriedades, por causa dos furacões cada vez mais fortes. O Arizona está virando um inferno de tão quente. E o que dizer da Espanha e de Portugal, os lugares preferidos dos europeus abastados? Ondas de calor e queimadas brutalmente violentas estão transformando os paraísos dos aposentados em verdadeiros pesadelos.

Como eu já disse, o calor e os consequentes efeitos da seca, incêndios e falta de água vão afetar e matar muito mais gente do que as tempestades e inundações, por mais dramáticas que elas pareçam. Como sempre, os mais pobres é que mais sofrerão, como vimos neste capítulo. No entanto, a riqueza pode ajudar alguns países, mas não é em si uma garantia, se a complacência vencer a razão.

O Brasil parece estar, no curto prazo, numa situação um pouco melhor do que muitos países. Mas a provável transformação do nordeste de uma região semiárida num deserto e a savanização da Floresta Amazônica podem levar a uma "australização" do Brasil, com as áreas úmidas restritas à costa, e o interior muito mais árido. Dificilmente chegaremos ao ponto da Austrália, em que todo o interior é de fato um deserto. Mas a redução das chuvas nas regiões Centro-Oeste, Sudeste e Sul pode afetar intensamente nossa produção agrícola e, consequentemente, o agronegócio, do qual tantos brasileiros dependem (e o país, por causa de seu papel na geração de divisas – se teremos dificuldade em alimentar nossa própria população, não vamos dispor de grandes excedentes para exportar). A falta de recursos hídricos vai também tornar difícil manter a população que vive nessas áreas (que incluem regiões populosas de São Paulo e Minas Gerais. E o excesso de calor já está entre nós, matando silenciosamente crianças e idosos de desidratação, causando o aumento de doenças renais, ameaçando a todos com o espectro da desertificação de grandes áreas do país. Os europeus e os habitantes da América do Norte já estão ficando muito assustados. Nós também deveríamos ficar.

6.

A morte dos oceanos: aquecimento, acidificação e destruição dos ecossistemas marinhos

Quando minha esposa e eu éramos mais jovens, com vinte e poucos anos – e lá se vão algumas décadas –, nós costumávamos acampar numa praia do hoje bastante conhecido litoral norte da Bahia (ou seja, o trecho da costa que se estende de Salvador até a fronteira com Sergipe) chamada Itacimirim. Na época, Itacimirim era apenas uma prainha selvagem, com algumas casas e uma pequena colônia de pescadores, muito menos conhecida que suas irmãs mais famosas, Guarajuba e, principalmente, Praia do Forte. Mas mesmo para chegar a essa última era preciso usar uma balsa, para atravessar o rio Pojuca. O litoral norte era, como um todo, pouco ocupado. A principal atração de Itacimirim era, e ainda são, as piscinas naturais que se formam na maré baixa. Para os geólogos havia outra atração: os rochedos em que as piscinas se formavam consistiam em um recife com muitos corais vivos, o que é relativamente raro no litoral brasileiro. Nos anos 1980, Itacimirim viveu um momento de fama, pois foi ali que Amyr Klink chegou ao atravessar o Atlântico remando. Ele chegou à Praia da

Espera, que tem esse nome porque era onde as mulheres "esperavam" os pescadores voltarem do mar. Depois disso, Itacimirim voltou à sua doce vida de praia esquecida.

Fomos embora da Bahia e vivemos, como ainda fazemos, a maior parte da nossa vida no Rio de Janeiro. Mas nunca nos esquecemos de Itacimirim. Em 2019, após me aposentar do mundo corporativo, juntamos nossas economias e compramos uma casa em Itacimirim, para servir como nosso refúgio tropical. A praia continua linda, com suas piscinas naturais e tudo o mais. É, inclusive, uma das 26 praias brasileiras (três na Bahia) que receberam o Prêmio Bandeira Azul, que significa uma praia com boa qualidade de água e preservação natural. As águas de fato são limpas e transparentes na maior parte do tempo, há diversos tipos de peixes, tartarugas e crustáceos, e os pescadores locais ainda pegam peixes, polvos e lagostas (infelizmente). Mesmo assim, há uma diferença fundamental com relação à Itacimirim que conhecíamos. Há muito menos diversidade de vida. As piscinas, na nossa juventude, eram cheias de peixes coloridos, numa quantidade e diversidade que lembrava as cenas dos recifes caribenhos. Isso sem contar os corais vivos, de diferentes tipos e cores.

Hoje ainda há peixes nas piscinas maiores, ou nas partes externas dos rochedos. Ainda dá para mergulhar e ver coisas interessantes. Mas nas piscinas menores não se encontra mais nada. E os corais, quase todos, estão mortos. Na verdade, o único coral vivo que registrei, que inclusive está se espalhando bastante, é uma espécie invasora, chamada popularmente de Coral Xenia. Aparentemente, ela foi introduzida nas águas brasileiras através da atividade de aquarismo. Ao ser descartada no mar, por ser uma espécie mais resistente a variações de temperatura e turbidez da água, se espalhou rapidamente. O coral é até bonito, com uma cor azul-turquesa. Mas sua proliferação modifica profundamente o meio ambiente, tornando difícil o retorno das espécies nativas e a manutenção da biodiversidade original. Não foi só em Itacimirim, está acontecendo no mundo inteiro. Com um agravante: a maioria dos grandes recifes de coral do mundo, que são para o mar o equivalente às florestas tropicais, está morrendo. Vamos ver por que, a seguir, neste e no próximo capítulo. Antes de continuar, mais uma observação sobre Itacimirim: a praia agora entrou na "moda". Estão construindo condomínios por toda a parte e até festas de celebridades estão acontecendo ali (ou aqui, pois é de onde escrevo este trecho). O crescimento que ocorreu até agora tem aumentado a quantidade de lixo nas praias, mesmo com a maior consciência dos comerciantes e de parte dos banhistas, pois vejo as pessoas preocupadas em coletar resíduos. Mas, principalmente depois das chuvas (que leva mais água dos rios para o mar), há muita sujeira. Quando o lixo, principalmente o plástico, chega ao mar, não há como evitar que vá poluir os oceanos por muitas décadas, senão séculos.

Este capítulo é sobre o que está acontecendo nos oceanos. E creio que você vai concordar que é outra de tantas tragédias causadas pela atividade humana descontrolada. Na verdade, se houvesse um tribunal cósmico para julgar os humanos, imagino que a nossa maior condenação seria pelo que estamos fazendo com os oceanos e com a biodiversidade que eles abrigam.

Os oceanos são o berço da vida. Segundo a hipótese mais aceita atualmente, a vida teria se originado há 3,5 bilhões de anos, associada a fontes hidrotermais (fontes de água quente e diferentes tipos de gases, associados ao vulcanismo subaquático). Estão localizadas nas partes profundas dos oceanos, onde a energia gerada pelo calor da água e dos gases, mais a riqueza em compostos orgânicos e minerais essenciais para a vida teriam encontrado as condições ideais para sintetizar as primeiras moléculas autorreplicantes, ou seja, moléculas capazes de fazer cópias de si mesmas – a característica mais essencial da vida. Essas moléculas eram, provavelmente, versões primitivas de RNA, o ácido ribonucleico. Inicialmente, tais moléculas flutuavam livremente nas águas. Hoje estão presas dentro de você, e da maior parte das células de todos os animais, sendo as responsáveis pela síntese de proteínas. Bilhões de anos depois, 80% da vida do planeta ainda está nos oceanos.

O oceano tem desacelerado as mudanças climáticas, em razão de sua capacidade de absorver carbono e calor. O oceano absorveu pelo menos um quarto do CO_2 liberado pelos humanos na atmosfera, e capturou, estima-se, 90% do excesso de calor produzido pelos gases de efeito estufa. Mas isso tudo tem um custo. Como já vimos, as águas dos oceanos estão ficando mais quentes (já aqueceram cerca de 0,8°C), causando o derretimento das geleiras, a subida do nível do mar e o aumento da intensidade de ciclones e furacões. Mas não é só isso. Os diversos ecossistemas marinhos estão ameaçados pelo aquecimento das águas e pela acidificação. Vamos ver então, primeiramente, como o aquecimento das águas do mar afeta a vida marinha.

AQUECIMENTO DAS ÁGUAS

O aumento da temperatura da água afeta a vida marinha de diferentes maneiras. Embora as espécies tropicais nos pareçam mais resistentes ao calor, na verdade elas têm um intervalo menor para se adaptar à temperatura quando comparadas às espécies de águas mais frias, onde as temperaturas mudam mais ao longo do ano. Nesse contexto, um dos fenômenos mais preocupantes é o que está acontecendo com os recifes de corais[1]. Ainda que se desenvolvam, como sabemos, em águas tropicais, que são relativamente quentes, algo dramático acontece quando as águas aquecem demais. O que ocorre é o seguinte: em cada um daqueles compartimentos que vemos ao examinar o coral existe um animal, um pólipo, que é o coral propriamente dito. Mas há também algas, chamadas de zooxantelas, que vivem em simbiose com os corais. A associação entre os corais e as zooxantelas é algo fascinante. As zooxantelas, que são as responsáveis pelas cores fantásticas dos corais, produzem carboidratos através de fotossíntese, além de aminoácidos e outros nutrientes que servem de alimento para os corais. Os corais, por sua vez, fornecem às zooxantelas CO_2 e nutrientes. E assim viveriam felizes para sempre. Mas se as águas aquecem demais, algo sinistro começa a acontecer. Com o aumento da temperatura, as zooxantelas passam a produzir quantidades excessivas de radicais de oxigênio, que são tóxicos para os corais. Os corais respondem a essa intoxicação expulsando as algas, mas isso torna sua própria sobrevivência insustentável no longo prazo, porque ficam sem os nutrientes fornecidos pelas zooxantelas.

A principal evidência da expulsão das zooxantelas é que os corais começam a perder a cor – um fenômeno que se denomina "branqueamento dos corais" (*coral bleaching* em inglês). Colônias com branqueamento (ou seja, sem as algas que produzem nutrientes para os corais) param de crescer e, se o dano for muito extenso, começam a morrer. Ocorreram grandes eventos de branqueamento em 1998, 2005, 2010 e 2017, e a frequência e intensidade de tais eventos estão aumentando com a elevação das temperaturas. Um estudo de 2022 mostrou que o grande cinturão de recifes do oeste da Austrália (conhecido como a Grande Barreira de Corais – *Great Barrier Reef* em inglês) já sofreu branqueamento em 91% de sua extensão. Um número inacreditável. Um outro estudo, que examinou mais de 800 espécies de corais construtores de recifes, publicado na revista *Science* em 2008[2], mostrou que um terço delas está em risco de extinção, essencialmente por causa do aquecimento das águas. Isso fez com que os corais se tornassem o grupo de organismos mais ameaçado de extinção no planeta: a proporção de espécies de corais classificadas como "ameaçadas", observou o estudo, excede a de todos os animais terrestres, com exceção dos anfíbios.

Os recifes de coral são para os oceanos, como eu disse, o equivalente às florestas tropicais nos continentes. Ocupando menos de 1% da área dos oceanos, os recifes de corais contêm mais de 25% de toda a vida marinha. Há uma enorme diversidade de vida. E isso em águas tropicais, que são pobres em nutrientes. A razão disso é porque os recifes criaram um ciclo que se autoalimenta e se autossustenta. Os corais são a estrutura dessa comunidade. Como as árvores nas florestas tropicais. Os recifes de corais suportam mais espécies por unidade de área do que qualquer outro ambiente marinho, incluindo cerca de 4 mil espécies de peixes, 800 espécies de corais propriamente dito e milhares de outras espécies. Os cientistas estimam que pode haver milhões de espécies ainda não descobertas vivendo nesses ecossistemas. Sem os corais, essa biodiversidade, boa parte ainda desconhecida, vai desaparecer.

Os corais e os ecossistemas a eles associados são apenas parte do problema. Os oceanos são a casa de algo entre 500 mil e 10 milhões de espécies (a diferença nos números ilustra como sabemos pouco sobre eles), contribuindo enormemente para a biodiversidade do planeta. E não é só isso, há muita atividade econômica que depende deles. E mudanças no oceano significam mudanças na distribuição dos cardumes e outros animais marinhos. Com as águas aquecendo, grandes populações de peixes e outros animais vão migrar em busca de águas mais frias, causando perturbações imprevisíveis nos ecossistemas. Os sistemas costeiros, como os manguezais, que são não apenas a casa de inúmeras espécies, mas também o berço de incontáveis animais, são extremamente dependentes de um delicado equilíbrio entre temperatura e salinidade (que também será modificada – entre outros fatores, pelo derretimento das geleiras).

Uma das previsões mais surpreendentes a respeito do aquecimento das águas é a redução do tamanho das espécies. A princípio isso deve ocorrer com seres pequenos, micróbios principalmente, que dependem da temperatura externa para regular sua temperatura interna (há uma espécie de "regra da relação tamanho e temperatura"). Mas não é só a questão de regular a temperatura. Águas mais quentes vão acelerar o metabolismo dos animais e exigir mais oxigênio. Para conseguir uma melhor oxigenação, os animais têm que reduzir de tamanho. Isso pode acontecer também com os animais maiores. Mas, mesmo que ocorra, como adaptação à temperatura mais alta, somente com os pequenos animais, o fenômeno vai perturbar toda a cadeia alimentar marinha, pois a redução do tamanho dos animais da base da cadeia alimentar pode causar a redução do tamanho de todos os demais.

A costa brasileira (junto com a costa leste dos Estados Unidos e o Oceano Índico) é onde tem se verificado o maior aquecimento das águas, o que significa que nossos ecossistemas marinhos e costeiros já estão sendo afetados. A adaptação das espécies às temperaturas mais altas depende de sua "tolerância térmica". Ou seja, o quanto de variação de temperatura o organismo suporta. A tolerância térmica é maior entre as espécies de águas temperadas (onde há mais variações sazonais) e menor entre as espécies de regiões frias e tropicais. Portanto, a notícia de que a costa brasileira é uma das que estão experimentando maior aquecimento é causa de preocupação a respeito dos seus ecossistemas, principalmente nas regiões Nordeste e Norte.

De modo geral, com o aquecimento das águas, há uma tendência para as espécies de águas mais quentes aumentarem sua distribuição e, consequentemente, suas populações também. No entanto, as águas mais frias são mais ricas em vida (nós conhecemos o hábito das baleias jubarte de se alimentarem nas águas frias da Antártica e virem ter seus filhotes nas águas tropicais da costa brasileira, onde ficam meses sem se alimentar. Um oceano mais quente significa mais pobre em vida. De fato, estima-se que a população de *krill*, um pequeno crustáceo de águas frias que é a base da cadeia alimentar de um grande número de espécies (incluindo as baleias jubarte), deve sofrer redução de até 30% até o final do século. Muitos cientistas consideram essa estimativa muito conservadora, já que as taxas de redução vêm aumentando a cada ano.

Portanto, o simples aquecimento das águas dos oceanos, mesmo que em apenas alguns graus, causará (já está causando, na verdade) efeitos danosos, como a extinção de grande parte dos corais, danos aos ecossistemas marinhos pela migração das espécies de águas quentes para regiões onde atualmente as águas são mais frias e importantes impactos na cadeia alimentar. Mas o aquecimento, mesmo com tudo isso, não é a pior ameaça que ronda os oceanos.

ACIDIFICAÇÃO

Apesar do aquecimento das águas ter impactos relevantes – e preocupantes – sobre a vida marinha, a absorção do CO_2 pelas águas dos oceanos resulta num fenômeno ainda mais grave: a acidificação da água do mar. A acidificação dos oceanos está ligada ao aumento de CO_2 na atmosfera. O que ocorre é que tanto a atmosfera quanto os oceanos contêm CO_2, sendo que nestes últimos a maior parte do CO_2 está dissolvida na forma do HCO_3^- (esse sinalzinho negativo significa que se trata de uma molécula que tem carga, um íon, portanto). Estes dois sistemas, atmosfera e hidrosfera, estão em equilíbrio químico. Isso significa que as proporções dos elementos e moléculas são mantidas estáveis. Ou seja, se um determinado composto químico aumenta num deles, parte deste será incorporado ao outro, para que se mantenha a mesma proporção. Portanto, é de se esperar que o aumento de CO_2 na atmosfera, observado nos últimos 250 anos, cause um aumento de sua quantidade dissolvida nos oceanos, na forma de HCO_3^-. De fato, segundo cálculos de diversos pesquisadores, se parte do CO_2 injetado na atmosfera não tivesse sido absorvida pelos oceanos, o teor de CO_2 na atmosfera seria provavelmente cerca de 600 ppm, ou até mais, bastante acima dos atuais 416 ppm que, como vimos, já representam problemas. Só que toda essa absorção de CO_2 pelos oceanos não acontece sem consequências.

A fórmula da água, como todos sabemos, é H_2O, ou seja, dois átomos de hidrogênio e um de oxigênio. Para formar a molécula de HCO_3^-, o CO_2 extrai um átomo de hidrogênio e um átomo de oxigênio da água. O resultado? Sobra um átomo de hidrogênio, H^+, que é justamente o que controla o grau de acidez da água. Assim, o aumento do CO_2 dissolvido na água causa um aumento de acidez. É por isso que, por exemplo, os refrigerantes, ou mesmo a água mineral gasosa, cujo gás é justamente o CO_2, que é neles dissolvido em bastante quantidade, são ácidos, causando desconforto nas pessoas que têm estômago mais sensível. O grau de acidez da água, ou de qualquer outra substância líquida, é medido por uma propriedade que é bastante conhecida, o pH, que significa, literalmente, potencial de hidrogênio. Quando a proporção de H^+ é alta, chamamos a substância de ácida, quando é baixa, de alcalina. O pH neutro, ou seja, no qual a substância não é nem ácida nem alcalina, tem valor em torno de 7. Valores baixos de pH significam acidez, e valores altos, alcalinidade. O pH é baixo quando há mais H^+ na substância porque o pH se refere à sua capacidade (potencial) de absorver hidrogênio, que naturalmente é mais baixa se houver muito H^+ já dissolvido. Todos nós sabemos reconhecer acidez e alcalinidade.

Os refrigerantes, como falei, são ácidos, tendo pH de 3. Um suco de limão puro tem pH de 2. Já o ácido sulfúrico, que queima a pele, tem pH de 1. O lado alcalino, assim como o ácido, pode ser agradável se não for muito distante do neutro. O leite de magnésia, muito utilizado por quem sofre de acidez no estômago, por exemplo, apresenta pH em torno de 10,5. Por outro lado, muita alcalinidade é útil para determinadas utilizações, mas certamente substâncias muito alcalinas não são agradáveis para ingerir ou mesmo ter contato com a pele. A água sanitária, por exemplo, que é usada como produto de limpeza, tem pH em torno de 12. Já a soda cáustica, muito utilizada na indústria para branqueamento de papel e celulose, apresenta pH de 14. A soda cáustica, assim como as substâncias muito ácidas, também "queima" a pele. Esse efeito, tanto nos ácidos quanto nas substâncias alcalinas (também chamadas de "bases") se deve à extração de água nos tecidos para buscar o equilíbrio químico.

A água do mar é levemente alcalina, com pH em torno de 8,1. As medições mais recentes têm demonstrado que, desde o período pré-industrial, houve uma variação de cerca de 0,1 no pH da água do mar (ou seja, era de 8,2 antes da revolução industrial). Essa variação parece pequena, mas tem um detalhe. A escala do pH é logarítmica. Ou seja, uma variação de 7 para 6 no pH significa um incremento de dez vezes na acidez. É semelhante à escala Richter, utilizada para medir a intensidade dos terremotos, onde um terremoto de índice 7 na escala Richter é dez vezes mais forte do que um terremoto de índice 6.

Ou seja, um declínio de 0,1 no pH significa que os oceanos são agora cerca de 26% mais ácidos do que eram em 1800. Se continuarmos com o mesmo cenário de emissões, o pH das águas superficiais dos oceanos vai cair para menos de 8 (cerca de 60% mais ácido) no meio do século, tornando os oceanos 150% mais ácidos até o final no século, um nível que eles não apresentam há mais de 20 milhões de anos.

A acidificação é um fenômeno muito grave. Muitos organismos marinhos serão afetados. Dependendo de como os organismos são capazes de regular a sua química interna, a acidificação pode afetar processos essenciais do seu metabolismo. Como a acidificação muda, por exemplo, as características das comunidades microbianas, isso causa uma alteração na disponibilidade de nutrientes básicos, como ferro e nitrogênio, afetando toda a cadeia alimentar. A acidificação também altera a quantidade de luz que passa através da água, afetando a produtividade orgânica. Além disso, tem sido observado que a acidificação promove a proliferação de algas tóxicas, em alguns casos poderão ser venenosas para a maioria dos organismos.

Da grande quantidade de possíveis impactos da acidificação, a mais significante é a que envolve os organismos chamados de calcificadores[3]. Esse termo se aplica a qualquer organismo que fabrica uma concha ou um esqueleto externo ou interno, ou ainda, no caso de algas, uma espécie de estrutura que dá sustentação à planta, constituídas por carbonato de cálcio. Há uma variedade incrível de organismos marinhos calcificadores. Equinodermas, como as estrelas-do-mar e ouriços, são calcificadores, assim como moluscos, mariscos e ostras. Também as cracas, que são crustáceos. Muitas espécies de corais são calcificadores – é assim que eles constroem as imensas estruturas que formam os recifes. Há também minúsculos animais e algas dos quais pouco ouvimos falar, como os foraminíferos – que são animais – e os cocolitóforos – que fazem parte do fitoplâncton, mas que constituem boa parte do volume de organismos marinhos, que também constroem suas carapaças com carbonato de cálcio. É preciso registrar que a calcificação é importante não só para os organismos, mas também para o sequestro do carbono. Muitas conchas, carapaças e esqueletos se acumulam no fundo do mar formando calcários (que são rochas, como vimos, formadas basicamente de carbonato de cálcio) e ali permanecem por muitos milhões de anos. Se todo o carbono que está aprisionado nas rochas calcárias estivesse na atmosfera, ficaria difícil imaginar como seria o planeta.

Esses organismos microscópicos têm grande importância para os ecossistemas marinhos. Muitos deles degradam a matéria orgânica, tornando-a disponível para alimentar outros organismos. Além disso, por serem abundantes, eles também servem de alimento para seres maiores. Estima-se que o processo de calcificação apareceu em mais de uma dezena de vezes durante a evolução, pois se trata de um processo muito útil para a sustentação e proteção da matéria mole dos organismos.

Usando uma analogia, a calcificação é como a associação entre uma fábrica química e uma obra de construção civil. As conchas e esqueletos dos organismos calcificadores são constituídos por placas "pré-moldadas" de calcita (que são cristais de carbonato de cálcio), as quais são combinadas para formar as estruturas extremamente diversas que os organismos apresentam. Para fabricar as placas, os calcificadores precisam unir íons de cálcio (Ca^{2+}) e íons de carbonato (CO_3^{2-}) para formar carbonato de cálcio ($CaCO_3$).

Note que é assim que o carbono é retirado da água pelos organismos que, ao morrerem e se transformarem em fósseis, formam as rochas calcárias onde grandes volumes de carbono seguem aprisionados (em vez de estarem na atmosfera).

No entanto, nas concentrações em que esses componentes são encontrados na água do mar, essa reação não ocorre espontaneamente (apenas em alguns locais de águas mais quentes e agitadas, como as praias do Nordeste do Brasil ou das ilhas tropicais do Caribe, por exemplo, pequenas quantidades de carbonato de cálcio podem ser precipitadas quimicamente). Assim, para conseguirem formar suas conchas e esqueletos, os organismos calcificadores precisam criar, em seu interior, um ambiente químico específico, alterando a química da água. Basicamente, o processo envolve o aumento da concentração da água no ponto de formação do cristal e o uso de aceleradores (catalisadores) das reações. Como a maior parte dos processos biológicos, esse é complexo e não inteiramente conhecido.

A acidificação dos oceanos dificulta o processo de calcificação, a começar pela redução dos íons de carbonato (CO_3^{2-}) disponíveis (porque, se houver muitos íons H^+ dissolvidos na água, o íon carbonato vai se unir a eles formando o HCO_3, o que reduz sua disponibilidade). Quanto mais ácida a água, mais energia é necessária para fazer a calcificação. A partir de determinado ponto, não apenas os organismos não conseguem mais obter energia suficiente para sintetizar o carbonato de cálcio – a água se torna corrosiva e o carbonato de cálcio sólido começa a se dissolver. Nesse ponto, não fica somente difícil continuar o processo de calcificação, mas as próprias conchas e esqueletos já fabricados podem começar a se dissolver, num processo que, para os organismos marinhos, é tão ou mais danoso que a osteoporose nos ossos humanos. Quanto mais baixo ficar o pH da água dos oceanos, mais os organismos calcificadores vão sofrer.

Finalmente, é importante ressaltar que o processo de calcificação retira o CO_2 da água (e, consequentemente da atmosfera). Quando os calcificadores morrem, como vimos, suas carapaças se acumulam no fundo do mar, formando sedimentos e, depois, com o progressivo soterramento, rochas calcárias, onde boa parte do carbono da Terra está acumulado. Esse é um dos processos que evitaram que a Terra virasse um planeta mais parecido com Vênus. Em suma, mais CO_2 significa menos calcificação, e menos calcificação significa mais CO_2 nas águas e na atmosfera. Esse é mais um processo de retroalimentação que pode acelerar o aquecimento global e todas as suas consequências.

Como já mencionei, cerca de um quarto do CO_2 que os humanos já emitiram foi absorvido pelos oceanos (cerca de 150 bilhões de toneladas, um número impressionante!), sendo que o maior problema aqui não é apenas a escala em que isso está ocorrendo, mas a sua rapidez.

Já expliquei que o planeta, e até mesmo a vida, possuem vários mecanismos para fixar o excesso de CO_2, mas eles atuam lentamente. Assim, faz muita diferença se você adiciona bilhões de toneladas de CO_2 ao longo de 1 milhão de anos ou em apenas 1 século. Como muitas coisas que estamos vendo neste livro, o maior problema reside na velocidade em que estamos provocando as transformações do planeta, de tal maneira que não há como os sistemas químicos e biológicos reagirem a essas mudanças, reduzindo seu impacto. Dessa forma, quando alguém lhe disser que alguma dessas coisas já aconteceu antes no planeta e você responder: sim, mas não nessa velocidade, muito provavelmente estará com a razão.

Se nós estivéssemos adicionando CO_2 na atmosfera mais lentamente, em processos físicos e químicos mais lentos, como o intemperismo, que é a decomposição natural das rochas, também resultariam na retirada de CO_2 da atmosfera, das águas do mar e, consequentemente, evitariam a acidificação. Mas, como as coisas estão, nós estamos nos movendo muito rapidamente para que qualquer processo mais lento possa atuar. O tempo, nesse caso, é um componente essencial, e é justamente o que, no mundo atual, nós não temos. Embora tenham ocorrido vários episódios de acidificação dos oceanos no passado, e muitos deles causaram extinções em massa da vida marinha, nenhum evento do passado equivale integralmente ao que está acontecendo agora, devido à quantidade sem precedentes de CO_2 que está sendo liberado. Essa rapidez pode promover a extinção de espécies nunca vista antes no planeta. Muitas evidências apontam que a acidificação das águas foi responsável por pelo menos duas das cinco grandes extinções da história do planeta: a extinção do final do período Permiano (a maior de todas) e a do final do período Triássico, ambas causadas por episódios de intenso vulcanismo.

POLUIÇÃO POR PLÁSTICOS

Não é apenas de maneira indireta, via aquecimento e acidificação, que os humanos estão destruindo a vida nos oceanos. Há muitos outros eventos acontecendo. Neste capítulo, vou falar ainda sobre três deles muito graves: a poluição por plásticos (falarei mais sobre plásticos num capítulo específico, mas seu efeito sobre a vida dos oceanos merece ser ressaltado aqui); a eutrofização (poluição por nitrogênio); e a pesca predatória. A destruição dos sistemas litorâneos (por exemplo, os manguezais) e a poluição por nitrogênio – no que se refere às águas doces e sistemas costeiros – serão discutidas nos próximos capítulos. Sobre os plásticos, permita-me contar mais uma das minhas histórias, pois é uma boa ilustração do problema.

Um dia, no verão da Bahia, olhando no Google Maps com meu filho, que, como eu, é mergulhador (amadores, naturalmente), avistamos um lugar não muito longe da nossa casa no litoral norte, chamado Caribezinho (mais um, na verdade há vários "Caribezinhos" nas praias do Nordeste se referindo a bons locais para mergulho). Nesse caso específico, pelas fotos dava para ver que havia ali algumas piscinas naturais bem interessantes. O lugar ficava a algumas centenas de metros ao sul de um condomínio, em uma área que parecia deserta. Concluímos que um local com aquele nome e deserto devia ser mesmo bom para mergulhar, e resolvemos verificar. Pegamos o carro, colocamos nossos apetrechos e fomos para lá.

Primeiramente paramos num portão que ficava no início de uma estradinha que dava direto para o Caribezinho, mas um rapaz que morava na casa logo depois do portão nos disse que a estrada não chegava até a praia, e ainda por cima a propriedade era particular, e os donos não permitiam a entrada. Dirigimos então até a entrada do condomínio, cujo extremo não ficava longe da praia aonde queríamos ir. O guarda na entrada foi simpático e disse que sim, poderíamos entrar, e nos indicou o ponto para estacionar. Então, sob os protestos da minha esposa, que fora com a gente, tivemos que andar por cerca de um quilômetro até chegar ao local. A praia era de fato muito bonita. Com aquela visão de uma fileira de coqueiros margeando uma faixa de areia muito branca e limpa, e um mar de cor verde intenso que costuma ilustrar nossa visão de um paraíso tropical. E estava deserta. E havia piscinas! Infelizmente o mar estava "batido", expressão que usamos quando, principalmente por causa dos ventos, o mar fica com muitas ondas que levantam o sedimento do fundo e tornam a água turva. Ficamos um pouco na água e logo saímos. Depois, enquanto meu filho e minha esposa se distraíam conversando com dois pescadores de lagosta (infelizmente, como eu já disse, ainda pegam as poucas lagostas e polvos que restam nesse litoral), resolvi andar até a próxima praia para ver se havia mais piscinas. Ao dar a volta na ponta que separava as duas praias, levei um susto. A praia, distante pelo menos alguns quilômetros de qualquer urbanização, estava completamente tomada por resíduos plásticos. Alguma conjunção das correntes litorâneas havia concentrado o lixo naquele lugar. Tinha tudo que você pode imaginar. Muitas garrafas PET, é claro, mas também frascos de produtos de limpeza, sacos de embalagem, fragmentos de redes e até de brinquedos – uma boneca sem olhos nem cabelos me olhava desesperadamente de suas órbitas vazias como se eu pudesse salvá-la de um fim trágico, que já havia acontecido. Todo aquele lixo não apenas enfeiava a praia, mas também representava uma ameaça à vida marinha. E, certamente, esse lixo todo não ficaria ali. A próxima ressaca levaria tudo de volta para o mar. A triste visão daquela praia, infelizmente, está ficando mais comum em todos os oceanos. Mesmo em áreas distantes da civilização.

Ao ver essa sujeira toda, tendemos a culpar as pessoas que jogam lixo nas praias ou nos rios próximos. Em parte elas são, sim, mas não só elas. Os culpados somos todos nós. Mesmo que os primeiros alertas sobre a poluição plástica já tenham sido feitos há muitas décadas, nos primeiros vinte anos do século XXI fabricamos mais plástico do que em todo o século XX. Todos os anos, 240 bilhões de galões de petróleo são usados para fabricar garrafas plásticas. Nos Estados Unidos, a cada ano, 38 bilhões de garrafas plásticas são jogadas fora. Isso significa 2 milhões de toneladas. Em um ano, cada pessoa do planeta vai descartar 136 quilos de plástico. A produção atual de plástico no mundo é de cerca de 300 milhões de toneladas. Se a tendência atual continuar, em 2050, com 10 bilhões de pessoas vivendo na Terra, e o aumento do padrão de vida de muitas delas, fabricaremos cerca de 900 milhões de toneladas. Boa parte do plástico utilizado no mundo acaba nos oceanos. E algo que, surpreendentemente, é pouco falado: a indústria pesqueira usa e descarta muito plástico.

A UNEP estima que, a cada ano, 11 milhões de toneladas de plástico vão parar nos oceanos, causando a morte de 100 mil animais marinhos[4].

Ou, vendo de outra forma, o equivalente a um caminhão de lixo plástico é jogado no mar a cada minuto. E vai se juntar aos 150 milhões de toneladas que já estão flutuando. Nesse contexto, a ONU estima que, se mantidas as condições atuais, em 2050 haverá mais plástico do que peixes nos oceanos. Os países desenvolvidos são os que mais produzem lixo plástico. No entanto, são os que mais reciclam ou armazenam em aterros sanitários. Os maiores poluidores, nesse caso, são os países em desenvolvimento. O país que mais despeja plástico nos oceanos são as Filipinas (uma nação formada por milhares de ilhas) – segundo o site *Our World in Data,* é responsável por um terço de todo o plástico jogado nos oceanos. Depois vem a Índia (12,92%), Malásia (7,46%), China (7,22%) e Indonésia (5,75%). O Brasil vem em sexto lugar (3,86%), sendo o único das Américas entre os maiores poluidores. É seguido de três outros países asiáticos: Vietnã (2,88%), Bangladesh (2,52) e Tailândia (2,33%). O décimo país que mais despeja plástico nos oceanos é a Nigéria (1,9%), o único africano entre os dez que mais poluem.

Essa lista demonstra como o problema é complicado. O plástico é despejado nos oceanos nos mais diferentes locais do mundo. E em países onde não há perspectivas de curto prazo para que o problema seja resolvido. Só que, uma vez nos oceanos, não há limites para onde as correntes marinhas vão levar toda essa sujeira. Como já vimos, em todos os oceanos há grandes correntes giratórias, os já mencionados "giros", que se movem no sentido anti-horário no hemisfério sul e no sentido horário no hemisfério norte. Os giros são interconectados pelas correntes equatoriais e pela Corrente Circumpolar Antártica. Assim, um objeto jogado ao mar na costa do Brasil pode, por exemplo, ser levado para a costa da África, ou para o Atlântico Norte, ou até cruzar para chegar ao Oceano Índico ou ao Pacífico.

No final, a ação dessas correntes acaba concentrando o lixo em alguns locais. Você já deve ter ouvido falar na grande mancha de plástico do Pacífico. Trata-se de uma enorme faixa no Pacífico Norte, em que há uma grande concentração de lixo, principalmente plástico. Essa mancha tem uma área de 1,6 milhão de quilômetros quadrados. É maior do que toda a região sul do Brasil. Ou seja, é como se os estados do Rio Grande do Sul, Santa Catarina e Paraná fossem todos cobertos por lixo plástico. Mais especificamente, são duas grandes concentrações, uma a oeste, na altura da Baixa Califórnia, aquela península alongada no oeste do México, e outra a leste, no sul do Japão, ligadas por uma longa faixa localizada ao norte do Trópico de Câncer, onde o lixo aparece mais disperso, mas ainda presente. Há ainda faixas de lixo no Atlântico Sul e no Atlântico Norte. E uma informação muito relevante e quase nunca comentada: a maior parte do lixo plástico encontrado nesses locais é resíduo de material de pesca. É curioso que, se você pesquisar nos principais sites que combatem a poluição por plásticos no mundo, ou mesmo especificamente nos oceanos (como a *Plastic Ocean Foundation*), você não vai encontrar quase nada sobre os plásticos despejados pela indústria pesqueira, que são tão ou mais graves que nossos canudos e garrafas PET. Segundo o documentário *Seainspiracy*, da Netflix[5], isso acontece porque a indústria da pesca e seus representantes são grandes patrocinadores dessas organizações.

Voltando ao plástico, por mais que seja feio ver detritos boiando nas águas ou emporcalhando as praias, há um tipo de poluição invisível e muito mais danosa: o microplástico. Uma vez no mar, o plástico se degrada em pequenas partículas denominadas microplástico e nanoplástico (quando são muito pequenas). Essa degradação dos objetos e partículas maiores de plástico em microplástico se deve à ação dos raios ultravioleta, à ação das ondas friccionando as partículas e à ação do sal. Calcula-se que o número dessas partículas atualmente nos oceanos já supera o número de estrelas na Via Láctea em quinhentas vezes. Ou seja, estamos falando de centenas de trilhões de partículas.

O microplástico está se infiltrando em todos os seres vivos dos oceanos. E nos que se alimentam deles, como as aves, e você. Se ele fosse inerte, ou seja, apenas uma partícula física infiltrada no corpo dos seres vivos, talvez não representasse um problema tão grande. Mas não é assim. Para produzir o plástico, a indústria usa uma série de compostos químicos que lhe garantem maior resistência, estabilidade, maleabilidade, entre outras propriedades úteis. Esses compostos são tóxicos. O microplástico carrega as toxinas para dentro dos peixes, que se acumulam na carne, que é comida por outros animais, e por nós. Quanto mais alto está o peixe na cadeia alimentar (o atum, por exemplo), maior a concentração de toxinas.

Segundo um estudo da Universidade da Califórnia, que examinou peixes pescados na Califórnia e Indonésia (importante fornecedora de peixes para os Estados Unidos), 25% deles continham plástico. No caso dos moluscos, como o mexilhão, por exemplo, a quantidade é ainda maior, pois consumimos o animal inteiro. Aves marinhas também consomem plástico. Há estudos que mostram que 90% das aves marinhas já engoliram plástico alguma vez na vida. Quando são devoradas por algum predador, ou simplesmente morrem e têm suas carcaças consumidas, as toxinas do plástico por elas ingerido se espalham pela cadeia alimentar. Vou falar mais detalhadamente sobre o efeito das toxinas do plástico no nosso organismo no capítulo sobre poluição química.

EUTROFIZAÇÃO

A eutrofização é um fenômeno que ocorre quando um corpo de água recebe uma grande quantidade de efluentes com matéria orgânica enriquecida com minerais e nutrientes, que induzem o crescimento excessivo de algas e plantas aquáticas[6]. Esse processo pode resultar em esgotamento do oxigênio do corpo d'água após a degradação bacteriana das algas, transformando o corpo d'água numa massa sem vida. Os principais causadores da eutrofização são: uso excessivo de nitrogênio, e seu principal acompanhante nos fertilizantes sintéticos, o fósforo, nas lavouras; os despejos de esgotos industriais e urbanos; o lançamento de dejetos pelas fazendas marinhas; e o uso de combustíveis fósseis. É um problema que começa nos continentes, e por isso vou falar novamente sobre isso no próximo capítulo, que se refere às terras emersas. Mas já chegou ao mar e está causando a morte de extensas áreas dos oceanos.

Nas fazendas, menos de 50% do nitrogênio adicionado globalmente às plantações é realmente absorvido pelas plantas. A maior parte do restante é perdido na natureza, incorporando-se às águas doces superficiais e subterrâneas, ou se incorporando à atmosfera como óxido nitroso. O nitrogênio carreado pelos cursos de água muitas vezes acaba no mar. O excesso de nutrientes adicionado às águas leva à eutrofização, principalmente devido à proliferação de algas e bactérias, que aumenta a frequência e severidade de eventos de hipoxia (falta de oxigenação) e a consequente mortandade de peixes e outros animais. A eutrofização leva ao surgimento de "zonas mortas" nos ecossistemas aquáticos, que representam riscos para a saúde dos ecossistemas e dos seres humanos tanto em escala local quanto global. E, como mencionei, já chegou aos oceanos. Somente nos Estados Unidos, 65% dos estuários e das águas costeiras estão em perigo de eutrofização por causa do excessivo *input* de nutrientes (nitrogênio e fósforo). No Brasil, onde o problema é agravado pelo lançamento de esgotos em rios e baías, que também causa eutrofização, não há dados tão abrangentes. Mas há inúmeros trabalhos publicados sobre uma grande quantidade de rios e áreas costeiras brasileiras que já apresentam condições eutróficas. Ou seja, são zonas mortas.

O Golfo do México, onde desemboca boa parte da água que passa pelo maior celeiro americano, o Meio-Oeste, tem uma zona morta cada vez mais ampla, onde o excesso de nitrogênio estimula de tal maneira o crescimento das plantas aquáticas que, quando morrem e apodrecem, consomem todo o oxigênio disponível, sufocando a maior parte das outras formas de vida animal. Em alguns verões, essa zona morta chega a cobrir mais de 23 mil quilômetros quadrados[7].

Ao todo, existem mais de quatrocentas zonas mortas em todos os oceanos, cobrindo uma área quatro vezes maior do que em 1950. A maior, no relativamente fechado Mar Báltico, com uma área de mais de 50 mil quilômetros quadrados. No Brasil, há poucos dados sobre as zonas mortas marinhas. Mas há pelo menos sete delas. A maior parte na região Sudeste, associadas à foz de grandes rios e às grandes cidades costeiras. A maior parte dos nossos rios de médio e grande portes, pelo menos nas regiões Sul, Sudeste e Nordeste, está morta, seja pelo despejo de esgoto, seja pela descarga de fertilizantes, ou combinação das duas coisas. Isto é, a eutrofização causada pelos despejos agrícolas e de esgotos é um problema mundial muito sério. Há histórias de recuperação que são muito comentadas, principalmente ao que se refere aos rios europeus (o Tâmisa, que corta Londres, por exemplo, que nos anos 1950 era um verdadeiro esgoto a céu aberto, hoje está limpo e cheio de peixes), mas o avanço das zonas mortas é muito maior do que o progresso que tem sido feito localmente. Voltaremos a falar sobre esse problema no capítulo sobre poluição química.

PESCA PREDATÓRIA

Quando me refiro à pesca predatória, não estou falando daquele pescador artesanal que sai com seu barquinho todas as manhãs para pescar nas águas litorâneas, embora estes às vezes não respeitem as épocas de reprodução dos peixes e crustáceos – nesse caso, também causam danos. Vou falar da pesca industrial, com seus grandes navios – verdadeiras máquinas de matar – navegando em alto-mar, onde você não os vê matando milhões de seres marinhos para fazer com que o *sushi* que você tanto adora chegue ao seu restaurante japonês favorito. Ou mesmo o filé de peixe que você compra fresco ou (argh!) congelado, e faz aquela receita que é sua especialidade, ou ainda come no seu *fast-food* preferido como recheio empanado de um sanduíche.

De fato, a indústria da pesca tem sido altamente eficiente em vender as qualidades nutritivas dos peixes, tornar seu consumo defendido pelos preocupados com alimentação saudável, e como produto sofisticado (comida japonesa) ou associado à cultura local (no Brasil e em Portugal, por exemplo, bacalhau e sardinha estão profundamente arraigados na cultura de diversas regiões). A eficiência de sua propaganda é tamanha que até mesmo organizações que fornecem rótulos de que os frutos do mar que você consome são produzidos por práticas sustentáveis são patrocinadas pelas próprias indústrias que recebem os rótulos. Um pouco estranho, não?

Pelo menos 66% da área dos oceanos é impactada pelas atividades humanas[8]. Cerca de 90% dos estoques de peixes marinhos estão completamente explorados, excessivamente explorados ou já em depleção. A situação é muito grave. Vejamos alguns dados assustadores. Começando pelo seu *sushi*. O prato mais apreciado nos restaurantes japoneses é o *sushi* do *pacific blue tuna fish*, chamado em português pelo estranho nome de "atum rabilho". Hoje em dia, só resta 3% da população original desse peixe (tomando como base a população de 1970). A indústria do atum movimenta 40 bilhões de dólares por ano. Um conglomerado japonês controla 40% do mercado desse peixe. Segundo diversas fontes, eles congelam parte dos peixes capturados para vender depois a preços astronômicos. E os tubarões? A indústria das barbatanas de tubarões também envolve dezenas de bilhões de dólares, principalmente pela apreciação dos chineses, e agora por muita gente mundo afora, da sopa de barbatana de tubarões. Hong Kong, por exemplo, se autodenomina "a cidade das barbatanas de tubarão". Dizem que tem propriedades afrodisíacas. Não tem. É a mesma bobagem que leva à caça dos chifres de rinocerontes (mas, como diz Yuval Harari, nunca se deve menosprezar a estupidez humana). Em Hong Kong, o comércio das barbatanas é claramente dominado por uma máfia criminosa. Se você for lá, tenha cuidado ao mencionar esse assunto[9].

Os tubarões são essenciais para manter as populações marinhas em números adequados e, portanto, para o equilíbrio dos ecossistemas. As pessoas não deveriam ter medo por haver tubarões nos oceanos. Deveriam temer, na verdade, a sua ausência. Os tubarões são essenciais até mesmo para o ecossistema dos recifes de corais. No entanto, as populações de tubarões estão diminuindo drasticamente. No caso dos tubarões-martelo, por exemplo, já houve uma redução de 86%. Sem os tubarões, os oceanos vão colapsar. E não apenas os sistemas marinhos dependem dos tubarões. Os pássaros também, pois os predadores, como os tubarões, empurram os cardumes para a superfície, onde os pássaros podem pegá-los.

Os tubarões matam dez pessoas no mundo por ano. Nós matamos 30 mil tubarões por hora. Quarenta por cento dos tubarões que são pescados o são na chamada "pesca acidental" – termo que se refere aos animais indesejados que são capturados junto com os alvos da pesca, em redes e até mesmo nas longas fieiras de anzóis que são usadas nos navios pesqueiros. Aliás, esse termo, "acidental", não tem nada de acidente. Capturar uma grande quantidade de animais que não serão utilizados, sendo que a maioria é jogada, já morta, de volta ao mar, faz parte do processo. Não se pode chamar de acidente algo que já é esperado. E o pior: não há como evitar a "pesca acidental". Ela vai continuar acontecendo mesmo que a tecnologia de pesca evolua.

Hoje em dia há cerca de 4,6 milhões de barcos pesqueiros comerciais no mundo. A maior parte são verdadeiras máquinas de matar. Além disso, muitas vezes contratam as equipes em países pobres e tratam as pessoas quase como escravos – há casos em que há escravidão mesmo. Muitos barcos também não respeitam águas territoriais, áreas de preservação, limites de pesca e outras regras que deveriam reduzir um pouco o impacto da pesca industrial. Na maioria são navios de bandeiras de países onde há pouco controle tanto sobre a pesca quanto sobre a segurança dos trabalhadores. Comer peixe pode ser saudável. Mas é preciso considerar que ao fazê-lo sustentamos uma indústria que está destruindo a vida nos oceanos.

Os golfinhos e as baleias também são importantes para a vida marinha. Quando vão à superfície para respirar, eles fertilizam pelas fezes pequenas plantas marinhas chamadas de fitoplâncton – que todos os anos absorvem quatro vezes mais CO_2 que toda a Floresta Amazônica e geram 85% do oxigênio liberado para a atmosfera. As baleias têm sido poupadas nos últimos anos, e sua população tem aumentado. Ainda que o Japão (que hipocritamente afirma que captura baleias para fins de "pesquisa") e, novamente, para minha decepção com meus amigos nórdicos, a Noruega estejam ameaçando retomar a pesca. Mas os golfinhos continuam sendo dizimados. Seja pela "pesca acidental", onde os números são estimados em centenas de milhares a cada ano em todo o mundo, seja pela destruição dos seus hábitats, ou pela pesca direta mesmo. No caso da pesca dirigida, embora os números não sejam tão altos, a crueldade da matança é revoltante. São famosos os casos da baía de Taiji, no Japão, e das Ilhas Faroé (um território autônomo da Dinamarca). Em ambos os casos, os golfinhos são encurralados em uma área de onde não conseguem sair, e ali mortos a facadas e pauladas, num espetáculo dantesco que é justificado como parte da "tradição". Que países desenvolvidos ainda permitam esse tipo de matança desnecessária e cruel é uma evidência de nosso primitivismo como espécie.

No caso da pesca, diferentemente de outras indústrias danosas ao meio ambiente, nem os países desenvolvidos são poupados. No Golfo do México, a indústria pesqueira destrói, por dia, mais vida marinha do que os maiores derramamentos de óleo, que geram comoção em todo o mundo. Outra imagem que causa comoção é a de tartarugas com canudos de plástico nas narinas. Esse tipo de acidente mata cerca de mil tartarugas no mundo a cada ano. Enquanto isso, nos Estados Unidos, 250 mil tartarugas são mortas todos os anos pela "pesca acidental".

Os recifes de coral estão sendo dizimados não apenas pelo aquecimento e pela acidificação, mas também pelo sumiço dos peixes. E aqui barcos de pesca de menor porte são os responsáveis. Pesca-se nos recifes para, por exemplo, entregar peixes frescos aos inúmeros *resorts* que se instalaram nos paraísos tropicais de todo o mundo. Noventa por cento dos grandes peixes dos recifes já desapareceram. Em Itacimirim, onde, como já mencionei, temos uma casa de veraneio, eu descobri que os peixes que os "pescadores" passam vendendo na praia vêm, de fato, congelados, de Salvador. Não há mais peixes grandes ali. Desapareceram devido à pesca descontrolada. Que pode ter sido um dos componentes da morte dos nossos corais.

Em resumo, a pesca industrial captura 2,7 trilhões de peixes por ano no mundo, 5 milhões por minuto. A pesca de arrasto, em que grandes redes são arrastadas no fundo do mar e destroem praticamente toda a vida por onde passam, arrasa cerca de 2,5 bilhões de acres do fundo oceânico por ano. Para se ter uma ideia, a destruição das florestas consome 16 milhões de acres por ano. Esses números levam a uma conclusão inevitável. Se continuarmos nos moldes atuais, em 2050 não haverá mais pesca, por falta de peixes e dos outros frutos do mar.

Uma solução que poderia parecer viável, as fazendas marinhas, não parece ser a resposta. Tais fazendas, que já respondem por 50% dos frutos do mar consumidos no mundo, são caracterizadas por viveiros em que os peixes são mantidos em cercados com centenas de milhares de indivíduos, vivendo apertados, nadando na sujeira dos seus dejetos. Tomando como exemplo o salmão, uma espécie migratória, que, ao final da vida, deixa o mar e volta ao rio onde nasceu (exatamente o mesmo lugar, o que é algo fantástico) – nos viveiros, os peixes passam a vida num espaço limitado, nadando em círculos e expostos a todo tipo de doença. A maior parte desses peixes morre antes de serem aproveitados, e são descartados. Além disso, a ração usada para alimentá-los é preparada com restos de peixes! A maior parte pescada no mar aberto. Ou seja, as fazendas marinhas consomem mais peixes do que produzem. E sabe aquela cor rosada do salmão do seu *sushi*? Só é encontrada em salmões selvagens. Os salmões dos cativeiros têm a carne cor cinza, à qual se aplicam corantes antes de enviá-la para consumo. É esse salmão que você come. Existe ainda a questão dos dejetos. Estima-se que as fazendas de salmão da Escócia, por exemplo, produzam tantos dejetos orgânicos em um ano quanto toda a população do país. As fazendas de camarões, que estão ficando comuns no Brasil, além da questão dos dejetos, já causaram a destruição de 38% dos manguezais do mundo. Os manguezais, além de serem os locais onde milhares de espécies desovam e onde filhotes vivem até ficarem fortes o bastante para se aventurar no alto-mar, ainda protegem as zonas costeiras das tempestades. Definitivamente, fazendas marinhas não são a solução.

No Brasil, a pesca de arrasto está totalmente descontrolada[10]. Há 5.225 barcos de arrasto atuando nas águas brasileiras (sem considerar os estrangeiros atuando ilegalmente) e somente 632, de maior porte, são acompanhados por radar. A maior parte dos barcos de arrasto atua no Sul e no Sudeste, que são as áreas mais ricas em vida marinha. O dano ao meio ambiente, e à própria indústria pesqueira pela exaustão dos cardumes, é incalculável. O estado do Rio Grande do Sul tentou proibir a pesca de arrasto nas 12 milhas mais próximas de sua costa. Mas iniciativas como essa têm sido sistematicamente desafiadas nos tribunais pela indústria pesqueira.

Há na pesca predatória uma ironia parecida com a dos fazendeiros que destroem a sua própria fonte de chuva: a indústria pesqueira insistindo em práticas que vão levar à sua extinção. Talvez seja a face mais cruel do capitalismo. Os empresários embolsando seus lucros, exaurindo solos e mares, e depois simplesmente investindo em outros lugares, enquanto empregados das fazendas, pescadores e todas as economias locais que dependem deles caminham para a falência. Eu não sou contra o capitalismo e a livre iniciativa. Absolutamente. Acho que muito fazem para que a sociedade tenha produtos e serviços adequados e abundantes. Mas permitir que se pratique o capitalismo sem responsabilidade social, sem uma fiscalização efetiva do governo e da sociedade, é deixar solto um monstro faminto que destrói tudo e a todos. Vimos a face desse monstro durante o governo de extrema direita. É hora de mantê-lo sob controle. Com rédea curta.

Sem receio de ser repetitivo, quando você comer aquele *sushi* no seu restaurante japonês preferido, ou aquele peixe fresco (maravilhoso!) no *resort* onde foi gastar o dinheiro acumulado por muitas horas estressantes de trabalho, ou aquele peixe empanado no prato-feito do restaurante da esquina (quando você diz: eu sei que é fritura, mas é tão bom...), ou ainda aquela crocante empada de camarão, pense de onde estão vindo.

E tem mais. Mesmo com todos esses problemas, os subsídios para a indústria pesqueira chegam a 35 bilhões de dólares por ano no mundo. Em alguns casos, a situação é de uma crueldade sem tamanho. Na costa da África, por exemplo, indústrias pesqueiras estrangeiras pagam bilhões de dólares para pescar em águas territoriais. Mas esses recursos vão parar na mão de governos corruptos, que repassam uma quantidade muito pequena desse valor como subsídio a seus próprios pescadores. Isso em países nos quais 60% da proteína consumida pelas pessoas provém do mar. Esses recursos, se aplicados na produção de alimento de forma sustentável, inclusive nos oceanos, poderiam resolver o problema da fome no mundo.

SUJOS E SEM VIDA

Há outras questões que envolvem os oceanos que eu vou tratar nos capítulos sobre plástico e poluição química. Mas espero ter demonstrado, neste capítulo, que há uma tragédia em andamento nos mares do mundo, e que estamos fazendo muito pouco para evitá-la. Na verdade, não vamos evitá-la. E nossos oceanos vão se transformar em verdadeiros esgotos a céu aberto. Será muito triste ver isso. Mas essa não é uma questão apenas relativa à beleza dos oceanos. A destruição da vida marinha terá implicações severas tanto em termos de aquecimento global, pela menor absorção de gases de efeito estufa, quanto pela escassez de alimentos, pois o mar é uma grande fonte de nutrição para muitas pessoas em todo o mundo. E algo ainda mais assustador. A redução no volume do fitoplâncton não apenas reduzirá a absorção de CO_2, como também a produção de oxigênio, que, como sabemos, é essencial para a nossa sobrevivência. Não encontrei nenhum estudo específico sobre esse assunto. Mas a redução na produção de oxigênio, sem o qual você e eu, e a maior parte dos animais, não conseguimos viver mais do que alguns minutos, me parece algo para nos preocupar.

Cabe a nós evitar que os oceanos morram, para que as próximas gerações tenham a chance de recuperá-los. É o máximo, na minha opinião, que vamos conseguir fazer. É duro para mim dizer isso, ainda mais como mergulhador, tendo testemunhado as maravilhas que são nossos oceanos. Muito além de praias limpas com águas cristalinas, os oceanos são uma intrincada rede de vida e beleza, que não poderíamos destruir como estamos fazendo. Ainda assim, é melhor vermos oceanos parcialmente degradados, mas ainda com vida e, portanto, passíveis de recuperação, do que transformados numa grande massa de água irremediavelmente morta. Por outro lado, os oceanos têm demonstrado uma incrível capacidade de recuperação. Embora eu tema que muitos danos que estamos causando sejam irreversíveis, eles talvez nos surpreendam e se recuperem antes do previsto. Mas, para mantermos essa esperança, temos que parar imediatamente de causar tantos danos. O que, como vimos, será uma tarefa árdua.

7.

Terras inóspitas: a destruição dos ecossistemas terrestres e o colapso das cadeias alimentares

Em 2017, minha filha e meu genro decidiram fazer uma pausa em suas vidas corporativas e passar um ano sabático cultivando alimentos orgânicos em Secretário, um distrito de Petrópolis (a princípio, eles disseram que seria uma opção de vida, mas acabou sendo um ano sabático mesmo). Foi divertido ver os dois executivos calçando botas e pegando na enxada. Mas o que parecia ser só diversão se transformou, pelo menos para mim, num experimento revelador. A horta que eles cultivavam tinha um pouco mais de 1 hectare (ou seja, 100 x 100 metros). Depois de alguns meses de certa frustração, a lavoura começou a dar resultado. Abobrinha, maracujá, hortaliças diversas e muita berinjela. Toda vez que íamos visitá-los voltávamos com o carro cheio de hortaliças e legumes. E muita berinjela. Aprendemos a fazer berinjela à milanesa, berinjela recheada no forno, na salada, enfim, chegamos a enjoar (embora eu continue gostando muito de berinjela). Se quisessem diversificar a produção, nossos bravos agricultores orgânicos de Secretário poderiam introduzir uma criação de galinhas, por exemplo, alimentadas com milho do próprio sítio, e até algumas vacas para a produção de laticínios. O esterco desses animais poderia ser utilizado como adubo. Ou seja, ficariam quase autossuficientes. Tudo isso numa propriedade com menos de 5 hectares.

O mais impressionante nessa experiência foi testemunhar a produtividade obtida em um terreno tão pequeno, sem o uso de agrotóxicos ou fertilizantes químicos. Fiz uma conta simples. O Brasil tem 555 milhões de hectares de área cultivada. Se ela tivesse a produtividade do sítio de Secretário, poderíamos inundar o Brasil e o mundo com alimentos saudáveis e nutritivos. Evidentemente, nossa experiência familiar deveria ser complementada por dados obtidos de modo mais rigoroso sobre a viabilidade das pequenas propriedades serem capazes de alimentar o mundo. Pois esses dados existem! Embora haja muita discussão sobre como definir o que seria uma pequena propriedade, há vários estudos mostrando que elas não apenas poderiam, mas, sim, alimentam a maior parte das pessoas do mundo. No entanto, a tendência atual é o aumento das grandes fazendas de monoculturas, que, como veremos, são muito mais danosas ao meio ambiente, à saúde e à preservação dos solos. Por que isso acontece? Voltarei a esse assunto adiante.

Mas, primeiro, vamos analisar mais amplamente o que está acontecendo com as terras emersas, ou seja, as áreas dos continentes que não estão sob o mar ou sob o gelo (a área total dos continentes abrange as regiões que estão sob as capas de gelo e as que estão sob os oceanos, nas plataformas continentais – até uma profundidade em torno de 200 metros). Ao longo do texto, vou intercambiar um pouco estes dois termos, mas vou me referir às "terras emersas" sempre que for necessário ser específico. As terras emersas, abrangendo solos, florestas e sistemas de água doce, constituem a base para a vida humana e seu bem-estar, incluindo o suprimento de alimentos, água para o consumo dos humanos e seus animais, e uma multiplicidade de outros serviços dos ecossistemas, assim como boa parte da biodiversidade.

Entende-se como serviços dos ecossistemas os que são de aprovisionamento (por exemplo, a produção de alimento, fibra e madeira), de regulação (ciclo hidrológico, sequestro e armazenamento de carbono), culturais (de recreio e turismo) ou de suporte (fertilidade do solo e ciclo de nutrientes). O conceito está diretamente relacionado com as funções dos ecossistemas e com a sua biodiversidade, da qual dependem. A degradação dos ecossistemas e a perda da biodiversidade afetam esses serviços e, consequentemente, a qualidade da vida humana. Note que o conceito de "serviços" dos ecossistemas é claramente antropocêntrico, ou seja, como se os ecossistemas existissem para servir aos humanos. De certa forma é isso mesmo, pois, da maneira como nós estamos ocupando todos os nichos do planeta, não há como não vincular as ações humanas à sobrevivência de todos os ecossistemas da Terra. Por outro lado, não devemos esquecer que a Terra e a vida que existe nela não foram criadas para nós. Deveríamos ter muito mais cuidado ao interferir no complexo equilíbrio dos sistemas do planeta, pois eles, na verdade, não se "importam" conosco. Se o equilíbrio, devido a nossas interferências desastradas, se deslocar no sentido de tornar o planeta inviável para a vida humana, nada vai impedir que isso aconteça.

Pois então, cerca de 75% das áreas emersas totais já estão significativamente alteradas pela ação humana, incluindo 85% das áreas alagáveis (pântanos, mangues e planícies de inundação fluvial). Cerca de 3,2 bilhões de pessoas, ou 40% da população global, já são afetadas de maneira adversa pela degradação das terras. Vinte e cinco por cento das emissões globais de gases de efeito estufa são geradas pelo desmatamento, criação de animais, cultivo agrícola e fertilização. A degradação dos hábitats costeiros (principalmente os manguezais) expõe de 100 a 300 milhões de pessoas a um risco ampliado de tempestades (incluindo furacões e tufões) e inundações.

As terras emersas tanto fornecem como absorvem gases de efeito estufa, e têm papel fundamental nas trocas de energia, água, gases e vapores entre a superfície da terra e a atmosfera. Os ecossistemas terrestres e a biodiversidade são vulneráveis às mudanças climáticas, assim como, conforme veremos adiante, a efeitos da poluição química e outros processos humanos (exaustão dos solos, poluição por nitrogênio, entre outros). O uso sustentável da terra pode contribuir para reduzir os impactos negativos de vários fatores de estresse (incluindo as mudanças climáticas) nos ecossistemas e nas sociedades humanas.

O aumento da quantidade de CO_2 na atmosfera pode fazer com que as plantas cresçam mais rápido (porque a maior pressão de CO_2

facilita sua absorção), e isso pode ser bom, por exemplo, para os projetos de reflorestamento. Mas há evidências de que não é bom para a produtividade agrícola. Como quase tudo que envolve mudanças climáticas, a situação é mais complicada do que parece. Para começar, as plantas que vão crescer mais rapidamente serão as ervas daninhas, e não as plantas que realmente nos interessam nas lavouras. Depois, o processo agrícola é complexo. Não envolve apenas o crescimento das plantas, mas a manutenção de solos férteis, bem irrigados, plantas saudáveis e sustentabilidade das fazendas. E tudo isso é prejudicado pelo aquecimento global.

Outro aspecto do aquecimento global que poderia favorecer a produção agrícola é o degelo, pois com a redução das capas de gelo novas áreas ficarão disponíveis para plantio. De fato, em regiões como a Groenlândia, onde pequenas culturas já foram viáveis em períodos mais quentes do passado recente, áreas até mais extensas poderão ser utilizadas. Mas todas as novas áreas a serem liberadas pelo degelo serão constituídas de solos pobres, muito rochosos e sem nutrientes. E sem um ecossistema apropriado para o crescimento de plantas. Ou seja, vão exigir ainda mais esforço de fertilização e adaptação das lavouras para serem minimamente produtivas.

O fato é que as mudanças climáticas, a exaustão (ou mesmo destruição) dos solos férteis e a crise da biodiversidade (que será discutida em mais detalhes no capítulo 10) estão ameaçando nossa capacidade de alimentar o mundo – principalmente se considerarmos o aumento da população global – e a melhoria das condições de vida de pelo menos parte da população mundial ao longo do século XXI.

Mas há uma desconfiança no mundo, para não dizer um total descrédito, com relação às previsões de que vão faltar alimentos, porque previsões assim já foram feitas no passado e se mostraram equivocadas. Isso ocorre, principalmente, porque muita gente já soube das previsões de Thomas Malthus, que, no final do século XVIII, previu que a produção de alimentos não ia conseguir acompanhar o crescimento populacional, o que encaminharia o mundo para uma grande crise. As previsões de Malthus se revelaram erradas. Por razões muito claras. Primeiro, por causa da grande expansão das fronteiras agrícolas, principalmente nas

Américas. E depois, por causa da "revolução verde". Esse termo, que hoje em dia tem sido usado para designar o uso de energias renováveis, foi utilizado primeiramente para descrever o incrível salto de produtividade nas lavouras, que foi obtido por inovações nas práticas agrícolas, como o uso mais abrangente de fertilizantes e pesticidas, mecanização e aprimoramento genético, principalmente em meados do século XX. A revolução verde se iniciou nos países desenvolvidos, depois se espalhou pelo mundo, com suas fronteiras ainda chegando, neste momento, aos países menos desenvolvidos.

Nesse período, a população do planeta mais que dobrou e, mais do que isso, a fração de pessoas vivendo em condição de extrema pobreza é hoje seis vezes menor – de cerca de metade da humanidade para cerca de 10%. E estamos alimentando todo o mundo, ainda que muita gente ainda sofra com insegurança alimentar grave (em outras palavras, passem fome). No entanto, embora a "revolução verde" tenha representado uma série de conquistas fantásticas, sendo sem dúvida uma prova da engenhosidade humana, é difícil supor que algo dessa magnitude volte a acontecer. De fato, embora se esperem importantes ganhos de produtividade, não há nenhum fato novo que possa sustentar a tese de que teremos uma nova revolução verde.

Segundo um relatório da FAO (sigla em inglês da Organização das Nações Unidas para Alimentação e Agricultura), o mundo precisará aumentar sua produção de alimentos em pelo menos 60% até 2050, para alimentar uma população de 9,3 bilhões de pessoas[1]. E não temos ideia de como faremos isso. Como eu já disse, estamos no rumo de termos menos terras férteis para utilizar quando, tudo indica, precisaremos de mais. Todas as áreas do mundo onde hoje existe alta produtividade agrícola, produzem num intervalo ótimo de temperatura. Se aumentar a temperatura, ou as áreas se tornarão inviáveis, ou uma abrangente readaptação será necessária, sem garantia de que uma boa produtividade será alcançada. Além disso, estamos perdendo grandes quantidades de nossos solos mais férteis pela exaustão causada pela agricultura intensiva, pela desertificação e pelo aumento da erosão por águas superficiais, processos que, como veremos a seguir, só tendem a aumentar. A mudança de utilização das terras de agricultura para pastagens, edificações humanas e mineração também contribui para isso. O cenário, como veremos, é muito preocupante.

DEGRADAÇÃO DOS SOLOS

Terras produtivas e solos férteis podem ser considerados riquezas não renováveis, devido ao longo tempo necessário para sua recuperação. A cada ano, o mundo está perdendo 24 bilhões de toneladas de solos férteis. Isso significa 3,4 toneladas por ano para cada habitante do planeta[2]. Atualmente, o custo dessa perda é estimado, por vários organismos internacionais, em torno de 500 bilhões de dólares por ano. Muito maior do que os recursos que estão sendo empregados na recuperação de solos. A maior parte dessa perda ocorre nas áreas mais pobres do planeta. Não custa frisar novamente, temos que dobrar a produção de alimentos até 2050. Como faremos isso se, em vez de preservar, estamos destruindo nossos solos férteis?

Solos férteis demoram muito tempo para se formar[3]. Não basta expor rochas ou sedimentos (areia, lama) e achar que o solo está pronto. Um solo fértil é algo vivo. Se você pegar um punhado de solo saudável na mão, ele vai conter mais microrganismos que pessoas na Terra. A parte superior do solo, onde nós andamos e onde as plantas espalham suas raízes, é o resultado de um longo processo de decomposição, transformação e agregação de incontáveis organismos. A maior parte desses organismos é microscópica e até hoje nós só conhecemos uma fração deles. A duradoura fertilidade dos solos, sua resiliência e sua capacidade de regeneração constituem a base para todas as formas de agricultura. E se trata de uma base muito sensível. Erosão por águas superficiais, queimadas, intoxicação dos solos por produtos químicos, tudo isso destrói a fertilidade dos solos.

Cerca de um quarto das terras emersas está atualmente sujeito à degradação promovida pelos humanos. A erosão dos solos nas lavouras é estimada em dez a vinte vezes, com possibilidade de ser até cem vezes maior do que a sua recomposição. As mudanças climáticas aceleram a degradação dos solos, principalmente nas planícies costeiras, deltas de rios e nas áreas mais secas. Seja pela subida do nível do mar, pela erosão por águas superficiais, seja pelo aumento da desertificação provocada, como veremos a seguir, por fatores diversos. Segundo um relatório recente da Plataforma Intergovernamental de Políticas Científicas sobre Biodiversidade e Serviços Ecossistêmicos (IPBES)[4], cerca de um terço das terras férteis do mundo desapareceu nas últimas quatro décadas. Esse mesmo relatório aponta que todos os solos férteis do mundo podem desaparecer em sessenta anos se a tendência atual for mantida. Como seria o mundo sem solos férteis para plantar alimentos? É algo inconcebível de imaginar. Mas a possibilidade é real.

Sendo mais específico, as atuais taxas de erosão dos solos causam grande preocupação exatamente porque a reposição deles é demorada. Leva cerca de quinhentos anos para que uma camada de 2,5 centímetros de solo se forme numa área utilizada para lavoura. Com o contínuo crescimento populacional, e a contínua erosão dos solos, a área cultivável disponível no mundo para cada pessoa está diminuindo. Atualmente, cada pessoa tem à sua disposição 2 mil metros quadrados de área cultivável. Esse valor era de 4 mil metros quadrados em 1961. E estima-se que será de 1.500 metros quadrados em 2050, uma estimativa que me parece muito otimista.

Os solos das regiões temperadas são mais espessos, e por isso mais resistentes à degradação. Os solos das regiões tropicais, por outro lado, constituem uma fina camada que se desenvolveu sob, e por causa das florestas. Sua remoção torna a área inviável para a agricultura. De qualquer modo, tanto o Brasil – onde há mais solos tropicais – como os Estados Unidos – onde predominam solos temperados – já têm mais de 80% de suas áreas férteis representadas por solos degradados ou muito degradados. Segundo estimativas recentes, a degradação dos solos, seja por erosão, seja por uso abusivo, já custa mais de 500 bilhões de dólares no mundo. Esse valor não apenas tende a aumentar, como torna improvável o significativo aumento da produtividade de que o mundo precisa. Há também um efeito climático adverso da destruição dos solos. Os solos estocam 4 trilhões de toneladas de carbono. As florestas, para comparação, estocam 360 bilhões de toneladas em suas árvores e arbustos. A atmosfera contém 800 bilhões de toneladas (apenas de CO_2). Destruir os solos significa, portanto, liberar uma imensa quantidade de carbono.

Estamos aí diante de outro mecanismo de retroalimentação, pois a destruição dos solos contribui para o aquecimento global. E as mudanças climáticas resultantes do aquecimento, por sua vez, podem exacerbar os processos de degradação dos solos, incluindo o aumento na intensidade das chuvas (que promovem erosão), frequência e intensidade das secas, excesso de calor para as lavouras e os animais, e intensidade dos ventos. Nas áreas costeiras, a subida do nível do mar, o aumento da erosão marinha e a ação mais violenta das ondas de tempestades podem levar à perda de lavouras, animais ou mesmo a perda permanente de terras agricultáveis. Vale lembrar que esses efeitos, em regiões com extensas planícies costeiras, podem abranger centenas de quilômetros continente adentro.

Precisamos deter a destruição dos solos férteis e restaurar os que foram degradados. Para isso, precisamos mudar a maneira como produzimos alimentos. Você já deve ter uma ideia de algumas coisas que serão necessárias: mudar das grandes monoculturas em prol das pequenas propriedades ou, no mínimo, diversificar as culturas das grandes fazendas; reduzir o consumo de produtos animais – carne e laticínios; e reduzir a utilização de fertilizantes sintéticos. Voltarei a esse assunto no final deste capítulo.

DESERTIFICAÇÃO

A desertificação é um fenômeno que vai muito além da perda de áreas que estão sendo ou poderiam ser usadas para a agricultura, embora esse seja um aspecto de fato crítico. Ela significa que áreas anteriormente habitadas se tornam inóspitas para a ocupação humana permanente. Ou tornam-se regiões que ainda suportam alguma atividade econômica, mas de forma muito esparsa. A desertificação afeta primeiramente as regiões que já são classificadas como áridas, semiáridas (como o sertão nordestino), e também as semiúmidas, que são áreas nas quais há chuva suficiente para suportar vegetação, mas não para que grandes florestas se formem. Estas últimas, no Brasil, incluem boa parte do Cerrado, assim como as áreas montanhosas mais elevadas de todo o país. Globalmente, essas áreas são denominadas "terras secas" ("*drylands*" em inglês). As terras secas cobrem cerca de 46% dos continentes e são habitadas por mais de

3 bilhões de pessoas. Parte das terras secas foram criadas pela destruição das florestas originais. Isso ocorreu em grandes áreas da Europa, da América do Norte, da Ásia e também da região central do Brasil. É um processo que vem dos primórdios da civilização (por exemplo, hoje em dia é difícil acreditar que a agricultura surgiu no atual Iraque, nas terras férteis dos vales dos rios Tigre e Eufrates, transformadas em deserto exatamente pela agricultura intensiva). A quantificação do processo de desertificação é difícil porque inicia com o declínio da vegetação de grande porte, seguido pelo crescimento de áreas com vegetação esparsa, até a transformação de uma área semiúmida em semiárida ou de uma região semiárida em árida. Mesmo desertos, ou seja, regiões atualmente classificadas como áridas, podem se transformar de um deserto que ainda suporta alguma vida numa terra quase sem vida vegetal ou animal.

A desertificação, nas últimas décadas, atingiu cerca de 10% das terras secas, afetando a vida de 500 milhões de pessoas. As áreas mais prejudicadas foram o sul e o leste da Ásia, e a região em torno do Saara, na África. Mas outras áreas também foram afetadas com redução da produtividade agrícola – complicando principalmente os agricultores mais pobres – e queda na biodiversidade. Em muitas terras secas, a desertificação foi acentuada pela disseminação de espécies invasoras (a região da Cidade do Cabo, na África do Sul, sendo um exemplo notável), pelo uso descontrolado de água subterrânea e por práticas agrícolas não sustentáveis. Tudo isso sendo acentuado pela maior ocorrência de secas.

No período de 1961 a 2013, a área anual de terras áridas enfrentando secas aumentou, em média, 1% ao ano. Segundo a UNCCD (sigla em inglês da Convenção das Nações Unidas para o Combate à Desertificação[5]), cerca de 500 milhões de pessoas vivem em áreas que sofreram desertificação desde 1980. Ou seja, em menos de 50 anos. O maior número de pessoas afetadas está no sul e no sudeste da Ásia, na região em torno do Saara e no Oriente Médio. Mas outras áreas secas também sofreram desertificação, inclusive nas Américas.

A desertificação tem várias facetas. Primeiro, como já vimos, reduz o suprimento de água doce. Depois, com a redução da vegetação nativa, piora a qualidade e a capacidade de regeneração dos solos, que, junto com a falta de água, reduz muitas vezes de forma brutal a produtividade agrícola. Nas regiões semiúmidas, onde ainda há cobertura vegetal, as queimadas adicionam mais um componente de redução da biodiversidade e intensificação da desertificação. Além dos aspectos econômicos já citados, as queimadas e as tempestades de poeira, associadas à desertificação, afetam negativamente a saúde humana. Aqui no Brasil são frequentes os relatos de problemas de saúde causados pela fumaça das queimadas. E o mesmo ocorre no noroeste dos Estados Unidos e em boa parte da Europa. Mas, no Brasil, conhecemos menos as tempestades de areia. No entanto, as tempestades de poeira estão associadas à morte, globalmente, por doenças cardiopulmonares de mais de 400 mil pessoas por ano. Além disso, tempestades de areia e o movimento de dunas causam problemas à infraestrutura de transporte e às usinas eólicas e solares em muitos países. Em todo o mundo, esses problemas vão se agravar, o que pode ocorrer também no Brasil à medida que a desertificação aumentar.

As mudanças climáticas, associadas às atividades humanas, como a urbanização descontrolada e a expansão agrícola, devem acentuar o processo de desertificação. Estima-se que com aquecimento de 1,5°C, 2°C e 3°C, o número de pessoas que vivem em terras secas que serão impactadas de várias maneiras, seja pela falta de água, seja pela redução da produtividade agrícola, entre outras causas, como, por exemplo, danos à saúde, será, respectivamente, de 950 milhões de pessoas, 1,2 bilhão e 1,3 bilhão. Como eu já disse, se o cenário atual se mantiver, um aquecimento de 3°C até o final do século é bastante provável. Pobreza, insegurança alimentar, aumento de doenças e potenciais conflitos vão crescer, provocando a piora na qualidade de vida e uma pressão pela migração para regiões menos inóspitas.

De modo geral, o problema da desertificação deverá ser mais intenso na Ásia e na África, onde áreas de grande densidade populacional poderão ser afetadas. Mas o Brasil não estará livre desse problema. Aqui, embora a maior preocupação seja de fato com o incremento dos processos de desertificação na região Nordeste (o estado do Ceará, por exemplo, tem 98% de sua área caracterizada pelo clima semiárido), o problema é bem mais vasto. O Programa de Ação Nacional de Combate à Desertificação e Mitigação dos Efeitos da Seca[6] (PAN-Brasil) definiu, em 2005, que a área suscetível à desertificação no Brasil é composta por parte dos nove estados da região Nordeste, somada ao norte de Minas Gerais e o Espírito Santo, compreendendo cerca de 5% do território nacional. Não é apenas o aquecimento que pode causar a desertificação da região Nordeste. A agricultura intensiva e, principalmente, a pecuária têm avançado sobre as áreas de caatinga, inclusive com relatos de grandes áreas devastadas por queimadas, agravando ainda mais a ameaça de uma desertificação perene.

A estimativa do PND, por outro lado, não leva em conta os avanços da degradação ambiental e das mudanças climáticas em áreas que normalmente não estariam sujeitas ao problema. Isso inclui o Cerrado, o Pantanal, o sul do Brasil (no Rio Grande do Sul o problema da desertificação, que é antigo, mas até pouco tempo atrás bastante restrito, tem sido agravado nos últimos anos por causa de secas prolongadas) e, principalmente, a região Amazônica. Já mencionei o problema da savanização da floresta, processo que parece cada vez mais inevitável em pelo menos parte da região. Uma vez transformada em savana, num primeiro momento a região pode até atrair mais pessoas e ver sua atividade econômica aumentar. Mas o frágil solo tropical, que na maior parte da região consiste numa fina capa de material orgânico originado pela decomposição da floresta em cima de um solo arenoso muito pobre, provavelmente não vai suportar essa atividade por muito tempo e perderá sua capacidade de se regenerar. Em algumas décadas, essa região deverá se tornar uma vasta área ameaçada pela desertificação.

NITROGÊNIO

Os fertilizantes artificiais ou sintéticos usados na lavoura normalmente são uma composição de três elementos: nitrogênio, fósforo e potássio (fertilizantes NPK – as letras representam o símbolo dos três elementos citados). Deles, o maior problema é o nitrogênio, sobre o qual falei no capítulo anterior, em que vimos a questão da eutrofização nos sistemas costeiros e nos oceanos. Os fertilizantes sintéticos são amplamente usados na agricultura e, se por um lado garantem um grande aumento na produtividade agrícola (foram os principais responsáveis pela primeira "revolução verde"), por outro causam tremendos danos ao ambiente porque uma grande parte do seu volume não é absorvida, e acaba sendo incorporada aos solos, águas e ar. Como vimos, somente cerca de 42% a 47% do nitrogênio adicionado globalmente às plantações é realmente absorvido pelas plantas, sendo a maior parte perdida na natureza. E o mundo está usando cada vez mais nitrogênio. E de forma menos eficiente. E isso é o prenúncio de uma grande catástrofe ambiental.

Os cientistas têm traçado cenários de como vai ficar um planeta inundado de nitrogênio e também sugerido medidas para alertar e incentivar um esforço global para evitar um desastre. Em resumo, eles concluíram que temos que reduzir pela metade a quantidade de nitrogênio que despejamos no ambiente até a metade do século, senão nossos ecossistemas irão sofrer uma epidemia de marés tóxicas, rios sem vida e oceanos mortos. E para fazer isso será necessário, entre outras coisas, melhorar muito a eficiência com que se usa nitrogênio nas lavouras. Tudo isso num cenário em que o mundo precisa dobrar sua produção de alimentos, em que a produção agrícola é cada vez mais dominada por grandes empreendimentos industriais e com um poderoso e amplamente atuante *lobby* das indústrias de fertilizantes. Especificamente, embora se estime que será difícil alimentar o mundo sem o uso de fertilizantes artificiais (ainda que o experimento de Secretário possa sugerir o contrário – mais sobre isso adiante), eles terão que ser fabricados por processos sustentáveis e utilizados sem desperdício.

Nos últimos cinquenta anos, os humanos aumentaram a quantidade de nitrogênio no ambiente mais do que qualquer outro elemento químico. Esgoto, dejetos da pecuária, queima de combustíveis fósseis e, principalmente, o uso de fertilizantes sintéticos, tudo isso contribuiu para que se dobrasse o fluxo de nitrogênio. Metade das lavouras do mundo hoje em dia é cultivada com a ajuda de fertilizantes que são fabricados capturando nitrogênio do ar – um processo que gera gases de efeito estufa. Os efeitos da poluição por nitrogênio já podem ser percebidos em todo lugar. Inclusive nos países desenvolvidos. Nos Estados Unidos, por exemplo, os episódios de proliferação de algas são cada vez mais comuns nos rios de todo o país; reservas de água subterrânea estão sendo poluídas, principalmente na Califórnia; a mortandade de peixes por falta de oxigênio (causada pela proliferação de algas) está ficando cada vez mais comum em rios, lagos e baías, assim como "marés vermelhas" (também algas), a cada ano mais frequentes na Flórida.

A mais preocupante estimativa é a de que, do ponto de vista global, uma pequena parte do nitrogênio usado nas plantações está de fato sendo incorporada às plantas. De acordo com estudos recentes, o índice referente à eficiência do uso do nitrogênio – denominado NUE (do inglês *nitrogen-use efficiency*) – nas fazendas de todo o mundo caiu de cerca de 50% em 1961 (um valor que já é ruim) para cerca de 42% hoje[7]. Enquanto a maior parte dos recursos naturais do mundo está sendo usada com eficiência cada vez maior, os fertilizantes estão sendo utilizados, globalmente, com crescente displicência.

Os piores nesse sentido são os países da Ásia[8]. Na Índia, onde a aplicação de fertilizantes dobrou em vinte anos, o NUE caiu de 40% para 30% (lembrando, quanto mais baixo é o NUE, pior a eficiência). Mas o pior caso é a China, onde, de uma média de mais de 60% em 1961 (quando o país era muito pobre), chegou-se a somente 25% hoje. Os fazendeiros chineses tipicamente aplicam o dobro do nitrogênio em suas lavouras em comparação com os europeus. O resultado disso é que os ecossistemas chineses já estão sendo muito castigados. O nitrogênio mata grandes quantidades de peixe desde a bacia do rio Amarelo ao norte, até a bacia do rio Pearl (pérola) ao sul. Proliferações de algas são reportadas em pelo menos um terço dos lagos do país. E enormes "marés vermelhas" de algas tóxicas são frequentemente relatadas nos estuários do Mar da China.

Há várias razões para essa queda na eficiência no uso do nitrogênio nas fazendas da Ásia: o baixo preço dos fertilizantes e as características da "revolução verde" que ocorreu setenta anos atrás para atender a um mundo faminto por mais comida. Essa "revolução" envolveu o desenvolvimento de plantas em laboratórios de pesquisa agrícola, principalmente o milho e o arroz, que respondiam excepcionalmente bem à aplicação de fertilizantes (a versão brasileira mais disseminada são as variedades de soja desenvolvidas pela Embrapa para melhor adaptação às características dos nossos solos). Para colher mais, os fazendeiros simplesmente precisavam aplicar mais fertilizante. Os fazendeiros geralmente tomam suas decisões em bases econômicas e não ecológicas.

Se o fertilizante está barato, faz sentido colocar mais, e assim aumentar a colheita e o lucro. Por isso os agricultores chineses colocam duas vezes mais nitrogênio nas suas lavouras do que os europeus.

Aparentemente, a África está seguindo pelo mesmo caminho. Atualmente, os fazendeiros africanos aplicam quantidades reduzidas de fertilizantes artificiais. Os suprimentos são esporádicos e os fazendeiros são pobres. O resultado disso é que a produtividade das colheitas africanas é pouco superior a 1 tonelada por hectare – são 3 toneladas na maior parte da Ásia e 7 toneladas na Europa e na América do Norte (no Brasil é de 6,5 toneladas por hectare). Por isso, a eficiência no uso de nitrogênio (NUE) na África é a maior do mundo, cerca de 72%. Mas, na medida em que o continente tenta crescer e se tornar autossuficiente em alimentação – a chamada revolução verde africana, que tem sido celebrada por vários organismos de todo o mundo –, vem aumentando o uso de fertilizantes, que certamente tornará seu desperdício e a consequente poluição por nitrogênio cada vez maiores.

De modo geral, o uso do nitrogênio segue uma tendência observada no uso de outros recursos naturais (como a água, por exemplo). Inicialmente, os países, na medida em que vão se desenvolvendo, os utilizam de modo muito descuidado, com muito desperdício. Depois, ao ficarem mais ricos e desenvolvidos, passam a adotar usos mais racionais e cuidadosos. De fato, o uso de nitrogênio na agricultura, na maior parte dos países desenvolvidos, está se tornando mais eficiente. O NUE das fazendas americanas e europeias se deteriorou até cerca de 1970, com os fazendeiros usando mais e mais nitrogênio. Mas depois começou a melhorar. Desde 2001, os Estados Unidos têm utilizado menos nitrogênio, mesmo com um aumento significativo da produção agrícola.

Mas nos países em desenvolvimento não há nenhum sinal de que essa eficiência esteja melhorando. Com os preços altamente subsidiados dos fertilizantes em países como China e Índia, seu uso indiscriminado continua. Não há nenhum incentivo para que haja um uso mais racional. No Brasil, segundo diferentes estudos, a utilização de fertilizantes sintéticos aumentou cerca de 60% nas últimas décadas, e o NUE é de cerca de 53%[9]. Não é um número tão ruim quanto o da China e da Índia, mas ainda é alto. Ainda que os fertilizantes sintéticos tenham sido e ainda sejam muito importantes para a produtividade agrícola (embora os métodos modernos de cultivo orgânico estejam reduzindo a sua necessidade), seu uso abusivo está, no momento, trazendo problemas mais graves do que benefícios.

Ou seja, se o uso de fertilizantes sintéticos continuar crescendo na Ásia, na África e na América Latina (além do Brasil, Argentina, México e Colômbia apresentam grandes produções baseadas em monoculturas), a poluição por nitrogênio vai se tornar um problema de escala mundial, não muito menor do que o aquecimento global e suas consequências, a poluição por plásticos e produtos químicos e a crise da biodiversidade. Esperar que os países se desenvolvam para então atingir um nível mais adequado de utilização não parece ser uma opção. O cenário atual aponta para um aumento exponencial na quantidade de áreas mortas em rios, lagos, baías, estuários e oceanos, com profundas implicações para a biodiversidade, para a alimentação e a saúde humana.

MORRER PELA BOCA

Cerca de metade dos grãos que produzimos é utilizada para alimentar os mais de 90 bilhões de animais que abatemos todos os anos, cuja carne e outros produtos fazem parte de uma dieta que tem causado problemas crescentes de obesidade, veias entupidas, inflamação crônica e muitas outras doenças. Vamos continuar comendo desse jeito até morrer? Já falei sobre isso. Precisamos mudar a forma como produzimos os alimentos e como nos alimentamos. Já. Não daqui a algum tempo. Imediatamente. Os impactos das mudanças climáticas e da agricultura intensiva já estão atingindo de forma negativa as cadeias alimentares de suprimento, e serão muito ampliados nos próximos anos e décadas. Não há como manter as atuais formas de produção, distribuição e consumo de alimentos. Se continuarmos como estamos, o planeta vai entrar em colapso. E daqui a poucos anos. Como veremos com mais detalhes adiante, a receita é simples: reduzir o tamanho ou aumentar a diversificação das propriedades rurais, consumir muito menos carne e laticínios e reduzir o uso de fertilizantes sintéticos. Aumentar de forma significativa o consumo de produtos locais, evitando os custos e consequências do transporte a longas distâncias, também ajudaria. Tudo simples de dizer e muito difícil de fazer. Mas urgentemente necessário. Se você ainda não se convenceu disso, vão aqui mais alguns dados alarmantes.

Os climas podem ser diferentes e as plantas também, mas a observação geral é de que, para as culturas mais comuns, para cada grau de aquecimento haverá um decréscimo de 10% na produtividade. Em alguns lugares a situação ficará até pior. Isso significa que, se o planeta estiver 4 graus mais quente no final deste século, quando projeções sugerem que teremos 50% a mais de pessoas para alimentar no mundo, nós poderemos ter também 50% menos grãos para distribuir. Ou até menos, porque quanto mais quente o planeta se tornar, mais rápido será o declínio da produção. E isso não vai afetar somente as plantas. Os animais que criamos também são alimentados com grãos. Para produzir um hambúrguer de 250 gramas, por exemplo, precisamos utilizar 2 quilos de grãos na alimentação animal. Globalmente, os grãos (trigo, arroz, aveia...) correspondem a 40% da dieta humana. Se adicionarmos soja e milho, chegamos a dois terços de todas as calorias obtidas pelos humanos. Se o número lhe parece alto é porque, de modo geral, os brasileiros, assim como os americanos, consomem mais proteína animal que os demais povos (e isso não é bom). De qualquer forma, no nosso prato típico com arroz, feijão e carne, os primeiros (grãos) correspondem a pelo menos 50% das calorias que consumimos diariamente.

As mudanças climáticas já afetam a segurança alimentar devido ao aquecimento da atmosfera, mudanças no padrão das precipitações e maior frequência de eventos extremos. É importante notar que a imprevisibilidade do clima, mesmo que não envolva eventos extremos, dificulta a vida do agricultor, pois torna mais difícil planejar o tempo certo para plantio, colheita e preparo do solo. Quanto mais a atmosfera aquecer, e o clima se tornar mais errático e imprevisível, a natureza do suprimento alimentar vai também ficar errática e imprevisível. Assim, épocas com excesso de produção podem se alternar com muito mais frequência com épocas de escassez. Isso é ruim para os agricultores, para os consumidores e para a economia como um todo.

Estima-se que o PIB *per capita* do Brasil já é menor em cerca de 13,5% do que seria sem o aquecimento causado pelos humanos desde

1991, segundo um estudo citado no sexto relatório do IPCC (AR6). O Brasil é um dos países mais prejudicados economicamente pela crise climática, com cada tonelada de dióxido de carbono emitida globalmente, custando ao país cerca de 24 dólares devido aos impactos das mudanças climáticas. E a progressiva elevação das temperaturas ao longo do século XXI prejudicará ainda mais a economia do Brasil. O calor reduzirá a capacidade de trabalho, particularmente na agricultura, onde cairá 24%. O efeito global da continuidade do aumento da temperatura poderia ser a redução da renda média global em 23%, com a renda média no Brasil 83% menor em 2100 do que seria sem a crise climática, de acordo com um estudo citado pelo IPCC.

O estresse causado pelo calor também pode reduzir o crescimento animal e a produção de leite e ovos, além de aumentar a mortalidade de animais. Atualmente, o gado é raramente sujeito a estresse térmico extremo na maior parte do Brasil. Mas se as temperaturas continuarem a aumentar, tanto o gado quanto as aves de granja enfrentarão estresse térmico durante a maior parte do ano, em várias áreas do país. Os suínos são mais resistentes ao calor. Mesmo assim poderão enfrentar estresse térmico em algumas partes do país. Os impactos das mudanças climáticas também prejudicarão a pesca e a aquicultura no Brasil. Se as temperaturas continuarem subindo, a produção de peixes cairá 36% no período 2050-2070 em comparação com 2030-2050. A produção de crustáceos e moluscos será quase extinta, diminuindo 97% no mesmo período.

Em todo o mundo, dados disponíveis desde o início dos anos 1960 mostram que o crescimento populacional e o aumento no consumo *per capita* de alimentos, rações, fibras, madeira e energia têm causado proporções inéditas no uso das terras e da água doce, com a agricultura correspondendo a cerca de 70% do uso global de água doce. A água doce utilizada na agricultura se infiltra no solo e volta aos rios e lagos via lençol freático. Mas volta contaminada por pesticidas e outros produtos químicos nocivos à vida silvestre. A expansão das áreas de agricultura e reflorestamento comercial, e o aumento da produtividade agrícola e do manejo de florestas têm suportado o consumo e a disponibilidade de alimentos para uma população crescente. Com grandes variações em diferentes regiões, essas mudanças têm contribuído para aumentar as emissões de gases de efeito estufa, assim como a perda de ecossistemas naturais (por exemplo, florestas, savanas, campos naturais e regiões alagadas) e a contaminação das águas, além de causar o declínio da biodiversidade.

Os mesmos dados mostram que o suprimento *per capita* de óleos vegetais e carne mais do que dobrou nos últimos sessenta anos, e que o suprimento de calorias *per capita* cresceu cerca de um terço. Ainda assim, em torno de 25% a 30% dos alimentos produzidos no mundo são perdidos ou desperdiçados. Esses fatores estão associados ao aumento da emissão de gases de efeito estufa. Mudanças no padrão de consumo de comida têm contribuído para que atualmente 2 bilhões de adultos estejam com sobrepeso ou sejam obesos. Enquanto cerca de 900 milhões ainda estão subnutridos. Ou seja, mudar os padrões de consumo não apenas permitiria uma melhor distribuição dos alimentos, como também contribuiria para a melhora da saúde de toda a população.

Nos últimos anos tem havido um debate sobre qual seria o melhor modelo para garantir o suprimento alimentar do mundo: uma grande quantidade de pequenas propriedades, que permitiriam um melhor controle e diversificação dos produtos agrícolas, ou grandes propriedades, que possibilitariam maior ganho de escala na produção e melhor planejamento? À primeira vista, parece que defender pequenas propriedades seria algo romântico, que faria pouco sentido numa indústria cada vez tecnológica. Mas não é bem assim. Existem, como veremos a seguir, bons argumentos a favor das pequenas propriedades, embora o mundo esteja seguindo no sentido contrário. Nos últimos 50 anos, em todo o mundo, tem havido uma tendência no sentido do declínio no número de fazendas, ao mesmo tempo que aumenta sua área. Nos Estados Unidos, o tamanho das fazendas aumentou 16% desde 1960. É um crescimento até pequeno comparado com outros países. No Canadá, por exemplo, o tamanho das fazendas quase dobrou nesse mesmo período. Ao mesmo tempo, a diversidade das lavouras cultivadas nas fazendas desses dois países tem se reduzido. Dados de 2014 indicavam que 50% da área de fazendas em todo o mundo era operada por grandes fazendas na Ásia, Europa, América do Norte e América do Sul. Na América do Sul, apenas quatro tipos de plantações dominavam a agricultura: soja, trigo, arroz e milho.

Devido à sua cada vez maior capacidade de acesso a modernas tecnologias em comparação com as fazendas pequenas, as grandes corporações agrícolas estão implementando inovações e soluções que estão resultando em aumento da sua produtividade em todo o mundo, tornando muito desigual a competição com os pequenos agricultores. Mesmo no Brasil, onde a agropecuária familiar ainda é a responsável por boa parte da produção agrícola, há hoje muito menos pequenos agricultores envolvidos nas culturas de exportação, como a soja, por exemplo, do que na década de 1970, quando eles predominavam.

Os métodos modernos de produção agrícola utilizados pelas grandes fazendas – monoculturas, aplicação de fertilizantes sintéticos e agroquímicos, além do uso de maquinaria pesada – são danosos para a vida selvagem e, atualmente, são conflitantes com o objetivo de preservar a biodiversidade, o meio ambiente e a saúde dos solos. A monocultura permite que as grandes fazendas maximizem seus lucros a custos menores. No entanto, estudos mostram que a baixa variedade de plantas em extensas áreas causa a redução de espécies, devido à diminuição das áreas silvestres marginais. As populações de pássaros estão entre as que tiveram seu número mais reduzido. Isso acontece porque as áreas silvestres, mesmo que de pequena extensão, que fornecem alimento, locais para ninhos e abrigos para os pássaros, são muito menores nas regiões de grandes fazendas.

Os defensores da monocultura em grandes fazendas costumam apresentar dados mostrando que o aumento da diversidade das lavouras e o uso de métodos mais sustentáveis tendem a reduzir a produtividade. Mas esse argumento pode ser falacioso, pois não leva em consideração os gastos crescentes com agroquímicos e o empobrecimento dos solos causados pelas monoculturas. Substituir as grandes fazendas por pequenas propriedades que utilizem práticas de agropecuária sustentável (lembram do nosso experimento de Secretário?) não só é viável, como traria muitas vantagens econômicas no longo prazo. Além disso, é possível aumentar o número de pequenas propriedades em áreas urbanas, ou vizinhas às cidades, onde seria inviável instalar grandes fazendas. Isso representaria um aumento total das áreas de fazenda, com um paralelo aumento da sustentabilidade, além de reduzir o custo do transporte dos alimentos para as grandes cidades. Essa, portanto, é uma avaliação que tem que ser feita de maneira mais completa.

As estimativas variam, e há um grande debate sobre o assunto, mas existem dados bastante confiáveis que indicam que os pequenos proprietários produzem entre 35% e 70% dos alimentos do mundo. Os números são discrepantes porque dependem do que se considera pequena propriedade. O estudo que estimou em 35%, por exemplo, considerou pequenas propriedades somente aquelas com 2 hectares ou menos. O que é um número ridiculamente baixo. Ou seja, é mais provável que o número correto esteja mais próximo de 70%. A discussão não é se as pequenas propriedades podem alimentar o mundo. Elas já o fazem! O que temos que fazer é reverter a tendência de aumento das grandes propriedades. E, naturalmente, garantir que os pequenos agricultores usem técnicas de manejo sustentável e aumentem sua produtividade sem o uso de agroquímicos.

Isso não significa que os grandes grupos do agronegócio não poderiam se adaptar, transformando grandes latifúndios em mosaicos produtivos que poderiam ser tão lucrativos quanto as grandes fazendas de monocultura. É possível, embora seja muito provável que eles não adotem essa prática sem uma boa pressão da sociedade. Meu foco aqui não é necessariamente defender a reforma agrária, nem tirar o lucro de ninguém, embora ajustes nesse sentido possam trazer grandes ganhos sociais, sem prejudicar a produtividade agrícola. O importante é mudar as práticas agrícolas, tornando-as mais sustentáveis. É o único caminho para prosseguirmos (para o Brasil, há outra vantagem em reduzir o poder das grandes empresas do agronegócio: nosso foco na agropecuária voltada para a exportação tem levado à desindustrialização do país. Se voltássemos o nosso foco para a ampliação de empresas de alta tecnologia, poderíamos produzir muito mais riqueza por metro quadrado, reduzindo a pressão sobre o meio ambiente).

Devemos também considerar que, num mundo mais quente, mesmo que a elevação seja de poucos graus, com um clima cada vez mais imprevisível, eventos extremos frequentes e intensos, e solos degradados, um completo caos será instaurado nas cadeias de suprimento alimentar do planeta. Tudo isso causará fome, guerras civis e ondas cada vez maiores de refugiados (nesse caso os refugiados do clima mais os resultados da degradação das terras férteis pela ação humana direta, ou seja, números totais ainda maiores que os referidos no capítulo 5). Essa parece ser mais uma visão do apocalipse, e é claro que esperamos que a inventividade humana consiga superar esse desafio, como já fizemos no passado. No entanto, apenas esperar não vai mudar o cenário. É preciso agir rapidamente. Se a guerra da Ucrânia já provocou, em 2022, uma significativa disfunção das cadeias alimentares globais e um doloroso aumento no custo dos alimentos, imagine o que uma crise global de produção de alimentos poderá causar.

Portanto, o cenário atual é extremamente preocupante em termos de segurança alimentar dos habitantes do planeta ao longo do século XXI. A fome leva as pessoas ao desespero. Migrações em massa descontroladas, guerras civis e outras tragédias aguardam os humanos nas próximas décadas, se uma mudança significativa na forma como produzimos alimentos e exploramos as terras não for realizada. A pandemia de covid-19 e a guerra da Ucrânia mostraram muito bem como nossas cadeias de suprimento alimentar são frágeis. Precisamos pensar bem nisso. E sinto muito em dizer, olhando em volta, com as cidades e estradas cheias de cadeias de *fast-food* e churrascarias, eu vejo muito pouca coisa sendo feita.

É importante registrar que, por outro lado, não me parece realista esperar que todo o mundo se transforme em vegano, abrindo mão totalmente do seu queijo, do seu bife ou do seu churrasco de domingo. Mas por que não reduzir de forma significativa o consumo de laticínios e carnes? É menos difícil do que parece. Na minha experiência de seis meses como vegano, descobri que há muitos substitutos interessantes. Seja os que imitam carne, leite e queijo, seja os que propiciam uma troca pura e simples. Alguns ainda são caros, mas ficarão mais baratos com o aumento do consumo e novos desenvolvimentos tecnológicos. Por que não seguir uma dieta basicamente vegetariana durante a semana e se recompensar com um churrasco (incluindo legumes!), ou com um "queijo e vinho", no fim de semana? Acredite, isso já faria uma tremenda diferença. Os governos poderiam ajudar aqui, taxando e, se for o caso, multando os produtos e produtores que mais contribuam para a emissão de gases de efeito estufa, ou que destruam o ambiente, ou que poluam, ou usem produtos químicos em demasia. Naturalmente, não farão isso se não houver pressão da sociedade. Essa abordagem que pode ser feita com relação à dieta serve para muitas outras coisas que vimos e veremos ao longo deste livro. Moderar o consumo de determinados itens de forma significativa (para valer, sem hipocrisia verde!) pode ser a saída para acelerarmos a transição para um planeta mais sustentável. Sem que sejam necessárias mudanças brutais na nossa maneira de viver. Não estamos fazendo nada disso, o que, se continuarmos assim, vai nos custar muito caro. É melhor não esperar chegar o dia em que a escolha seja entre a picanha e a vida!

Fazendas mais sustentáveis são a melhor alternativa para se manter a biodiversidade. A agricultura industrial está dizimando uma grande quantidade de espécies, inclusive aquelas das quais depende. Todas as espécies são de alguma forma úteis para os humanos, por ajudarem a manter os ecossistemas saudáveis, algumas fornecem inestimáveis serviços. Isso é especialmente verdadeiro para os microbiomas do solo (mais sobre eles no último capítulo) e para as comunidades de polinizadores, que não apenas são os mais atingidos como prestam importantes serviços na reprodução das plantas das lavouras e na redução das pestes. Por exemplo, estima-se que os morcegos proporcionam 3,7 bilhões de dólares de serviços de ecossistema para a agricultura, somente nos Estados Unidos.

A agricultura sustentável, também chamada de agricultura regenerativa, representa uma alternativa real à agricultura industrial. Ela emprega métodos que aumentam a biodiversidade dos solos, o que acaba trazendo benefícios a muitos animais que hoje enfrentam deslocamentos ou extinção causados pela agricultura industrial. Métodos regenerativos de pastagem aumentam a saúde dos solos em campos e florestas porque criam ambientes mais semelhantes aos hábitats naturais do que as abordagens mais convencionais. A biodiversidade dos solos é crucial para as lavouras, e é também relacionada com a diversidade das plantas. Cada nível da cadeia alimentar depende da diversidade das plantas e de animais nos níveis inferiores. Os métodos de agricultura orgânica são também muito bons para a biodiversidade, com as lavouras orgânicas abrigando, por exemplo, cerca de 70% mais abelhas do que as lavouras convencionais. De modo similar, métodos biodinâmicos reduzem o uso de químicos e reforçam a resiliência da biodiversidade.

Os humanos têm que utilizar a agricultura para comer. Não há como alimentar 8 bilhões de seres humanos (e seremos 10 bilhões em 2050) sem cultivar os campos. Mas a agricultura como conhecemos precisa mudar. Há soluções para se praticar a agricultura sem destruir a biodiversidade, mas isso não será possível com a agricultura industrial em sua forma atual. Esta precisará passar por profundas transformações. E não fará isso de forma voluntária. Só poderemos atingir a agricultura sustentável utilizando sistemas diversificados (ou seja, diferentes tipos de plantas e animais sendo cultivados e criados simultaneamente ou em sistema de rodízio), que reconheçam os serviços dos ecossistemas e se esforcem para adotar métodos que protejam essas criaturas nas fazendas – ou seja, métodos orgânicos e regenerativos.

E nós, os consumidores, temos, sim, um papel a cumprir. Seja mudando nossos hábitos alimentares, seja pressionando os governos a incentivarem a agricultura sustentável. Do ponto de vista de consumo, nós podemos fazer a diferença reduzindo alimentos produzidos com agroquímicos e até mesmo criando hábitats nas nossas propriedades. (Está bem, não vou criar sapos na varanda – sob o risco de ser expulso de casa –, mas você já pensou que vasos de plantas com flores ajudam os polinizadores, e o cultivo de temperos e até hortaliças em vasos reduz a necessidade de áreas plantadas para nos abastecer?) E o mais importante: todos nós temos que reduzir o consumo de carne e laticínios, que são a principal causa da destruição de hábitats silvestres. Todas essas mudanças dependem essencialmente de nós. É claro que a ação governamental para incentivar a produção e o consumo de alimentos mais saudáveis, produzidos de forma sustentável, é muito relevante. O fato é que de todos os problemas apontados neste livro, mudar a alimentação é onde você pode atuar imediatamente, com efeitos notáveis no curto prazo. Será melhor para a sua saúde e para a saúde do planeta.

8.

A sexta extinção: a crise da biodiversidade

Todos nós já vimos a cena: um gigantesco asteroide se choca com a Terra, caindo no Golfo do México, próximo à atual Península de Iucatã, causando uma enorme explosão, cujo calor e ondas de choque atingem praticamente todo o planeta, matando todos os animais e plantas que encontram no caminho. Um aspecto menos mencionado é que a poeira lançada na atmosfera pelo impacto impediria a passagem da luz solar por muitos meses, ou até anos, gerando um frio congelante e impedindo a fotossíntese, fenômenos que se encarregariam de exterminar ainda mais animais e plantas. Essa descrição é semelhante ao que aconteceria no caso de uma guerra nuclear. Durante esse evento do final do Cretáceo, 75% das espécies marinhas e terrestres desapareceram. Ainda que um evento catastrófico seja mais fácil de imaginar, o fato é que mesmo no final do Cretáceo, antes do tal impacto, já havia uma extinção em marcha, causada por fatores que se repetiram nas demais extinções ocorridas antes e depois.

A maior parte das grandes extinções (ou extinções em massa) de espécies da história do planeta foi um processo lento, que durou milhões de anos, e foi causada por mudanças ambientais. Ao longo da história da Terra houve pelo menos cinco grandes extinções em massa de espécies. Foram verdadeiras catástrofes para a vida no planeta, que o tornaram muito mais pobre em variedade de animais e plantas. Levou milhões de anos para a Terra recuperar a riqueza da biodiversidade ali perdida.

Excetuando-se a extinção em massa do final do Cretáceo, há evidências de que em todas as outras houve envolvimento de vulcanismo, com injeção de quantidades maciças de gases de efeito estufa na atmosfera, o que causou um aquecimento global relativamente rápido, além de outras mudanças ambientais em escala global. Em todas elas houve também acidificação dos oceanos, produzida especificamente pelo aumento da concentração de CO_2 na atmosfera. Na maior de todas as extinções, do final do período Permiano, há 270 milhões de anos, o aumento da atividade vulcânica é bem documentado. Como mencionei, mesmo no final do Cretáceo havia fatores anteriores ao impacto, como uma intensa atividade vulcânica, de modo que o asteroide (há quem defenda que o que houve foi uma chuva de cometas) teria apenas intensificado uma extinção já em andamento.

Os vulcões injetam não apenas CO_2, mas também outros gases de efeito estufa, como o dióxido de enxofre. Vários estudos sugerem que no final do Permiano houve uma combinação de dois efeitos: (1) um aquecimento global significativo e de longa duração devido à emissão de gases de efeito estufa pelos vulcões; e (2) períodos curtos muito frios quando a atividade vulcânica ficava muito intensa de modo a fazer com que as cinzas dos vulcões cobrissem a Terra por um certo tempo – mesmo efeito do choque de asteroides ou de uma guerra nuclear. Essa combinação de efeitos, certamente mortífera, junto com a acidificação, pode ter ocorrido outras vezes na história da Terra. Na condição atual, a menos que algum desses ditadorezinhos de plantão invente uma guerra nuclear, não se espera a ocorrência de períodos frios. Mas todas as demais condições são análogas às que ocorreram nas outras extinções, com algumas coisas a mais.

Veremos a seguir a história daquela que pode ser uma das maiores extinções em massa da história do planeta: a sexta extinção[1]. Causada por nós. Essa afirmação, cada vez mais próxima de ser verdadeira, é algo difícil de aceitar. Nós, humanos, podemos causar uma das maiores extinções da história do planeta! Para termos uma dimensão mais clara do que isso representa, basta lembrar que a vida na Terra surgiu há cerca de 3,5 bilhões de anos (o planeta tem 4,5 bilhões de anos). O registro fóssil mais amplo – a partir do surgimento de organismos com esqueleto – começou há 600 milhões de anos. Ou seja, estamos no caminho para promover a sexta grande extinção em massa da história geológica do planeta em pelo menos 600 milhões de anos

No título deste capítulo me referi à crise da biodiversidade. Talvez eu deva defini-la melhor. Biodiversidade é um termo que se refere à vida na Terra em todos os aspectos de sua complexidade, ou seja, tipos de organismos, interações entre os organismos vivos e, isso é importante, o seu destino. Cientistas de diferentes áreas vêm alertando a respeito de uma série de ameaças às espécies e seus hábitats. O estudo das consequências atuais e futuras dessas ameaças, incluindo o aumento da população humana, a transformação dos hábitats, o aquecimento global e suas consequências, o impacto de espécies exóticas, novos patógenos etc., sugerem que um evento de extinção em massa já está ocorrendo.

A crise atual da biodiversidade pode não estar acontecendo de forma tão rápida quanto teria sido o evento do final do Cretáceo (se ele foi, de fato, causado somente pelo impacto instantâneo de objetos vindos do espaço). Mas, do ponto de vista do tempo geológico, também está sendo muito rápida. E a principal diferença da atual extinção com relação às anteriores é que ela se deve a um somatório de problemas. Ao aumento de gases de efeito estufa na atmosfera (e seus efeitos nos oceanos e nos continentes), que, aparentemente, ocorreu na maior parte das grandes extinções do passado, provocando um grande colapso da vida na Terra, estão sendo somados os efeitos da destruição dos ecossistemas pelo avanço da ocupação humana, os danos causados pela agricultura intensiva e a intensificação química, que contamina os solos, as águas e o ar. Ou seja, estamos potencialmente causando a maior de todas as extinções, e não temos uma ideia concreta de como isso vai nos atingir. Esse ponto é particularmente relevante. Não é apenas uma questão de preservar a biodiversidade por ela em si, mas pelo fato de que precisamos dela, de maneira que nem mesmo entendemos ainda. Tudo que sabemos sobre a vida demonstra que os seres dependem uns dos outros. A extinção de uma espécie não termina nela mesma, mas afeta toda a cadeia de vida na qual ela se insere. Pode parecer, para nós, que estamos à parte da interdependência do mundo natural. Mas não estamos. Estamos apenas descobrindo como somos dependentes dele. Eu me arrisco a dizer que se continuarmos a destruir espécies e ecossistemas da maneira como estamos fazendo, não haverá futuro para a espécie humana. Neste livro vimos e veremos muitas razões para afirmar isso. E tenho certeza de que você vai ver muitas mais nos próximos anos.

A razão de tudo isso é que nosso estilo de vida não é mais sustentável. Ilustrando o problema com um dado específico: nós estamos usando o equivalente a 60% a mais do que a Terra faz em 1 ano em recursos naturais renováveis para manter nosso modo de vida atual, e os ecossistemas não conseguem se adaptar a nossas demandas. Um milhão das espécies de plantas e animais do mundo, cujo total é estimado em pelo menos 8 milhões de espécies, está ameaçado de extinção[2]. E muitas já foram extintas, sendo que um número desconhecido delas nem chegou a ser catalogado. Baseando-se no desaparecimento das populações, que vem ocorrendo de maneira mais intensa desde os anos 1800, estima-se que a maior extinção de espécies ocorreu na América do Sul (30%), seguida da Oceania (21%), Ásia (21%) e África (16%), embora eu desconfie que a extinção das espécies na Europa e na América do Norte começou antes, e parte dela não foi catalogada.

Os estudos mostram que mais de quatrocentas espécies de vertebrados foram extintas no século passado, um número que, normalmente, levaria 10 mil anos para acontecer em tempos normais. Numa amostra de 177 espécies de grandes mamíferos, a maioria perdeu mais de 80% de sua distribuição geográfica nos últimos cem anos e, até 2017, 32% de mais de 27 mil espécies de vertebrados estão com populações declinantes. Esses dados ilustram, de forma até dramática, a intensidade da destruição da biodiversidade promovida pelos humanos.

Outro estudo publicado em 2018[3] estimou que, desde o surgimento da civilização humana, 83% dos mamíferos selvagens, 80% dos mamíferos marinhos, 50% das plantas e 15% dos peixes desapareceram. Atualmente, os animais das criações humanas representam 60% da biomassa de mamíferos da Terra, seguidos dos humanos (36%) e dos mamíferos selvagens (4%). No que se refere às aves, 70% são domesticadas, como as galinhas e os patos, enquanto somente 30% ainda são selvagens.

Embora a extinção causada pelos humanos tenha se iniciado há dezenas de milhares de anos, principalmente depois que houve o aprimoramento das técnicas de caça (associado ao que se denominou "revolução cognitiva" – descrita mais à frente), seu grande incremento se deu após a revolução agrícola e o início da civilização. A civilização humana só foi possível com a agricultura. Quanto mais terra era usada para o cultivo, mais pessoas uma civilização conseguia suportar. A popularização da agricultura fez aumentar a destruição dos hábitats naturais. A criação de animais durante muito tempo foi basicamente de subsistência, isto é, para uso local, geralmente pelas famílias. Muitos animais utilizados na alimentação eram obtidos pela caça. Esta, sim, responsável pela redução e até mesmo extinção de muitos animais selvagens. Mas, a partir do século XIX, grandes fazendas de criação de animais começaram a surgir. Não é à toa que até hoje vemos filmes situados no século XIX celebrando os *cowboys* norte-americanos. Hoje em dia, a criação de animais é uma das principais atividades responsáveis não só pelo efeito estufa, como vimos antes, mas também pela crise da biodiversidade. A pecuária é a principal causadora, por exemplo, da destruição da floresta amazônica e seus ecossistemas.

A destruição dos hábitats naturais pelos humanos, substituindo os ecossistemas originais de cada lugar é, portanto, o maior impulsionador das extinções. A contínua conversão de florestas e terras alagadas, ricas em biodiversidade, em campos agrícolas e pastagens suportando uma variação muito pequena de espécies – que tem ocorrido nos últimos 10 mil anos e acelerado grandemente nos últimos três séculos –, reduziu consideravelmente a capacidade do planeta suportar a vida selvagem. Outras causas do atual evento de extinção incluem a destruição de florestas e outras áreas nativas pela urbanização, caça e pesca descontroladas, poluição química e a introdução de espécies não nativas, além da disseminada transmissão de doenças infecciosas pela criação de animais e plantações. E o aquecimento global também está causando a extinção de muitas espécies, não apenas as marinhas, como vimos no capítulo sobre os oceanos, mas também terrestres, como veremos neste capítulo.

Por outro lado, a destruição da biodiversidade não começou agora. Ainda que estejamos no período de maior intensificação, vale a pena olhar um pouco para a história da nossa espécie para entender de onde vem essa nossa faina de destruição. Nós – você, eu e todos os humanos que hoje vivem na face da Terra – somos primatas (ordem que inclui os macacos, os lêmures e os "hominídeos": chimpanzés, gorilas, orangotangos e nós). Pertencemos ao gênero *Homo* (lembrando que a classificação dos seres vivos segue a hierarquia: Reino, Filo, Classe, Ordem, Família, Gênero e Espécie) e à espécie que denominamos, sem nenhuma modéstia e, fica cada vez mais evidente, erroneamente, *Homo sapiens* ("Homem sábio"). Não há outros representantes do gênero *Homo* – que são os que chamarei aqui de "humanos" – ainda vivos. Mas já existiram muitas espécies desse gênero, como veremos adiante.

Como podemos afirmar que, sem sombra de dúvida, somos primatas? Primeiro, pelas óbvias similaridades anatômicas. Para alguém com um pouco de bom senso, basta olhar nossos primos mais próximos (os outros hominídeos que ainda existem), os chimpanzés, gorilas e orangotangos para chegar à conclusão de que não somos tão diferentes assim. Depois, há o registro fóssil. Numa visão bastante simplificada, imagine que há apenas 6 milhões de anos uma fêmea da ordem primata teve duas filhas. Uma delas é a ancestral dos chimpanzés, a outra é sua avó. Bom, não exatamente a mãe da sua mãe, mas a ancestral de uma linhagem que passa por várias espécies e indivíduos até chegar a nós. Essa evolução é bem documentada no registro fóssil. Finalmente, em tempos mais atuais, temos as análises de DNA. Essas análises, cuja precisão é bem conhecida e popularizada, por exemplo, quando usada nos testes de paternidade, indica que a similaridade genética entre nós e os chimpanzés é de 98%. Nem ratos e camundongos são tão parecidos (91%)!

Os humanos (primatas do gênero *Homo*) surgiram há 2,5 milhões de anos, a partir dos Australopithecus. Você deve ter ouvido falar sobre os Australopithecus. Pelo menos da sua representante mais famosa, o fóssil chamado Lucy. Lucy era uma jovem fêmea que o professor Donald Johanson, do Museu de História Natural de Cleveland, dos Estados Unidos, e seu aluno Tom Gray desenterraram na Etiópia em 1974 (eles a chamaram de Lucy por causa da música dos Beatles: "Lucy in the sky with diamonds", que ouviram à noite, no acampamento, no dia da descoberta). Essa descoberta foi importante porque Lucy foi o primeiro primata definitivamente bípede. Ou seja, só usava os membros inferiores para andar, de modo que os membros superiores, as mãos principalmente, ficavam livres para evoluir para formas mais úteis, como desenvolver o polegar opositor, que se tornou muito útil para, por exemplo, fabricar ferramentas. Durante muito tempo as pessoas se perguntaram como Lucy havia morrido. Teria sido morta por outro animal? Ou ficado doente? A conclusão mais recente é de que Lucy, coitadinha, caiu de uma árvore. Lucy e seus parentes deviam também sofrer de dores nas costas, pois a verdade é que a evolução para o hábito bípede ainda não está completa (há várias sugestões interessantes de como deveria ser um humano para não ter dores nas costas – ter duas espinhas dorsais, por exemplo, seria uma delas). Ou seja, somos apenas um elo de uma evolução que teria continuidade, se nós não estivéssemos bagunçando com o processo evolutivo.

O fato é que de cerca de 2 milhões de anos até 10 mil anos atrás existiam no mundo não apenas uma espécie de humanos (ou seja, primatas do gênero *Homo*), mas muitas. Agora, só existe o *Homo sapiens*. Se a culpa é nossa ou não, ainda é tema de discussões. Mas o fato é que a partir do momento em que os *sapiens* deixaram a África, em todos os lugares aos quais chegaram, as outras espécies desapareceram. A mais conhecida dessas outras espécies são os neandertais, que viviam no Oriente Médio e na Europa. Mas outras espécies, como o *Homo soloensis* (da Indonésia) viveram até 50 mil anos atrás, e o *Homo denisova* (da Sibéria até o Tibete), até um pouco depois. Os últimos humanos de outra espécie que conviveram conosco foram os pequenos (mediam, tipicamente, menos de 1,5 metro) humanos da Ilha das Flores, na Indonésia, que desapareceram há 12 mil anos, coincidentemente com a chegada dos *sapiens* à ilha. Os neandertais desapareceram há cerca de 30 mil anos. E aqui há uma história interessante. A nossa espécie surgiu na África há cerca de 150 mil anos. Mas até cerca de 70 mil anos, nosso impacto no mundo foi irrelevante. Os *sapiens*, inclusive, tentaram, antes disso, migrar da África para o Oriente Médio, mas, aparentemente, foram repelidos pelos neandertais, que eram mais fortes e tinham cérebros maiores, ou seja, talvez fossem mais inteligentes que os *sapiens* primitivos.

Então, num período entre 70 mil e 30 mil anos atrás, algo aconteceu. Tudo indica que foi uma (ou várias) mudança na estrutura do cérebro. Não do tamanho em si, mas das suas conexões internas. O fato é que o *sapiens* se tornou muito mais sofisticado. As suas ferramentas evoluíram, e apareceu a arte, indicando que eles se tornaram capazes de abstrair. A capacidade de abstração é importante porque permite imaginar novas situações. Novas ferramentas, novas maneiras de construir suas casas, novas técnicas de caça e de guerra. A partir daí nossa espécie passou a levar uma grande vantagem sobre todos os animais, inclusive os outros humanos. Essa mudança na estrutura do cérebro é denominada "revolução cognitiva".

Após o advento da revolução cognitiva, nossa espécie conseguiu sair da África e se espalhar pelo mundo. Ainda convivemos, e aparentemente confraternizamos, por algum tempo com os neandertais, principalmente na Europa, pois eles eram muito bem adaptados ao clima glacial que predominava na época. Apesar de, por definição, duas espécies ao cruzarem não gerarem descendentes férteis, o limite entre espécies é sempre um pouco difuso. Boa parte dos europeus e seus descendentes carrega genes de neandertais em seu genoma. Mas eles acabaram extintos há 30 mil anos.

Desde o momento em que começaram a se disseminar pelo mundo, nossos antepassados começaram sua saga de destruição. Os casos mais notáveis são os dos grandes mamíferos. Mamutes, tigres-dente-de-sabre, preguiças gigantes (estas aqui nas Américas) e muitas outras espécies desapareceram algum tempo após a chegada dos *sapiens*. Na América do Norte, a população de bisões, da ordem de milhões, foi dizimada até sobrarem poucos indivíduos (que permitiram que hoje parte da sua população esteja sendo recomposta – principalmente nos parques nacionais). Não temos ideia de quantos pequenos animais – pássaros, pequenos mamíferos, anfíbios diversos – possam ter sido extintos ao longo da progressiva ocupação humana de diversos ambientes. E não foram apenas os animais. Grandes áreas de florestas temperadas de todo o mundo: Europa, América do Norte e até da América do Sul (por exemplo, as florestas de araucárias) foram destruídas.

Mais recentemente, são famosos os relatos sobre a extinção dos pássaros dodó, uma ave dócil e meio boba que foi caçada sem piedade nas ilhas do Pacífico. Ou mesmo do pombo-passageiro, uma espécie endêmica da América do Norte que desapareceu por volta de 1900 – a última representante da espécie, uma fêmea chamada "Martha", morreu no zoológico de Cincinnati em 1º de setembro de 1914. Quando os europeus chegaram às Américas, existiam bilhões de pombos-passageiros. Depois, milhões. Depois, milhares. E enfim, até aquela fatídica tarde de 1º de setembro, somente a Martha. Note, eu não escrevi errado, havia bilhões de pombos-passageiros!

Portanto, o *sapiens* não iniciou agora sua saga de dizimação de espécies. Mas esta tem sido muito intensificada a partir dos anos 1800, o que tem a ver com o que, do nosso ponto de vista, representa grandes avanços da civilização. Ainda que, se a natureza falasse, provavelmente discordaria de nós. Como mencionei, a atual crise da biodiversidade tem várias causas. Mas pelo menos uma delas é comum à maior parte das grandes extinções anteriores: o aquecimento da atmosfera, com aumento da concentração de gases de efeito estufa, principalmente o CO_2. Vimos o que está ocorrendo nos oceanos por causa do aquecimento das águas, da acidificação e da eutrofização. Por isso vou me concentrar nos efeitos do aquecimento sobre a vida nos continentes. E a seguir falar dos outros componentes da atual saga de destruição.

Um ponto importante a ressaltar é que as espécies que hoje vivem no planeta estão adaptadas a um clima frio[4]. Isso nos surpreende porque tendemos a pensar nas épocas glaciais recentes, quando, de fato, fez muito mais frio que agora. Mas, se consideramos a história da Terra tendo como base o tempo típico de duração de uma espécie, da ordem de 1 milhão de anos, as coisas ficam diferentes. Nos últimos 40 milhões de anos, a Terra tem passado por períodos de resfriamento. Não se sabe exatamente por quê. Uma teoria é que a subida dos Himalaias (devido ao choque da placa da Índia com a da Eurásia – olhe num mapa e me diga se não parece mesmo que a Índia está se "chocando" com a Ásia e gerando uma zona toda corrugada, amassada: os Himalaias) teria exposto uma grande quantidade de rochas ao intemperismo, o que teria levado à redução da quantidade de CO_2 da atmosfera (menos CO_2, menos efeito estufa, você já sabe).

No início dessa fase de resfriamento, no período Eoceno, o mundo era tão quente que não havia praticamente nenhum gelo no planeta. Há cerca de 35 milhões de anos, as temperaturas globais haviam caído o suficiente para que geleiras começassem a se formar na Antártica. Há cerca de 13 milhões de anos, as temperaturas caíram a ponto de o Ártico também congelar, e uma capa de gelo permanente se formar. Então, há cerca de 2,5 milhões de anos, no começo da época denominada Pleistoceno, o mundo entrou numa fase de glaciações recorrentes. Grandes massas de gelo avançavam sobre o hemisfério norte, e depois de algum tempo recuavam, e voltavam novamente. Esses ciclos de avanço e recuo tipicamente perduravam por centenas de milhares de anos. Não se sabe exatamente por que as glaciações ficaram tão frequentes no Pleistoceno. Uma hipótese é que os padrões de circulação das águas do Oceano Pacífico, que podem afetar a quantidade de CO_2 atmosférico, foram mais intensamente impactados pelas variações de radiação solar causadas pelos ciclos orbitais de alta frequência (explicadas no capítulo 1). Mas esse é um tema que ainda vai gerar muitas discussões.

Durante o Pleistoceno, esse padrão de glaciação interglacial se repetiu por cerca de vinte vezes, causando alterações globais na temperatura e no clima, e, consequentemente, na fauna e na flora. A quantidade de água aprisionada nas geleiras era tanta que o nível do mar caía centenas de metros durante as eras glaciais. O peso do gelo era tal que afundava ainda mais os continentes. Durante as fases interglaciais, os continentes, livres do peso, se soerguiam (de fato, ainda hoje ocorre soerguimento na Península Escandinávia devido à retirada do gelo da última glaciação).

Para lidar com as mudanças de temperatura, as plantas e animais do Pleistoceno tinham que migrar. Na sua magnitude, a mudança de temperatura prevista para resultar do aquecimento global (se nós não formos muito irresponsáveis) é da mesma magnitude comparada com as que ocorreram durante os ciclos de glaciações e interglaciais do Pleistoceno. Se as tendências atuais continuarem (o que vai ocorrer somente se houver redução nas emissões de gases de efeito estufa), estima-se que os Andes, por exemplo, vão aquecer cerca de 5ºC. Mas, se a magnitude é semelhante, a taxa é diferente. E, como em outros casos, a taxa de variação é que é a chave. O aquecimento atualmente está ocorrendo pelo menos dez vezes mais rapidamente do que ocorreu no final da última glaciação. E ao final de todas as glaciações que a precederam. Com o próximo aquecimento, os organismos terão que migrar ou se adaptar muito rapidamente. Para muitos deles será muito difícil, não só pela rapidez com que tudo está acontecendo, mas também por causa da ocupação humana, que não permite rotas de migração contínuas.

Em vários pontos da história da Terra, as criaturas que agora encontramos somente nos trópicos apresentavam uma distribuição muito maior. Durante o Cretáceo Médio, por exemplo, que durou de 120 a 90 milhões de anos, árvores de fruta-pão (que é parente da jaqueira) eram encontradas até no Alasca. No Eoceno Inferior, cerca de 50 milhões de anos atrás, havia palmeiras na Antártica e crocodilos nadavam nos rios e mares da Inglaterra. Não há razão para se supor que um mundo mais quente seria menos diverso do que um mundo frio. Pelo contrário, se considerarmos a diversidade atual, seria até mais diverso. Mas isso no longo prazo. Na escala de tempo que interessa aos humanos, as coisas ficam muito diferentes.

Como eu já disse, praticamente todas as espécies atuais são adaptadas a um mundo relativamente frio. Quase todos os animais e plantas que existem hoje sobreviveram à última era glacial (que, como vimos, terminou há apenas 12 mil anos). Eles ou seus parentes evolutivos sobreviveram não apenas à última, mas a todas as eras glaciais do Pleistoceno. Ou seja, aos últimos 2,5 milhões de anos. E, em todo esse tempo, a temperatura global não foi mais alta que a atual. E como as glaciações tendem a durar mais tempo do que os períodos interglaciais, pela maior parte desse tempo as temperaturas foram de fato mais baixas que a atual. Assim, do ponto de vista evolutivo, faz mais sentido que as espécies de hoje estejam mais preparadas para o frio do que para o calor. Por outro lado, pelos últimos 2,5 milhões de anos, não houve nenhuma vantagem em estar preparado para um calor adicional, já que nunca a temperatura esteve mais alta que a atual.

Os níveis de CO_2 atualmente observados na atmosfera equivalem àqueles que ocorreram no Mioceno Médio, há 15 milhões de anos (sendo que o mesmo deve ocorrer com as temperaturas globais). E é muito provável que, ao longo do século XXI, os níveis atinjam valores que não ocorreram desde quando não havia gelo na Antártida e a paisagem por lá nos pareceria semelhante a uma região tropical de hoje. Isso foi no período Eoceno, há 50 milhões de anos. É bastante improvável que as espécies atuais ainda possuam mecanismos capazes de se adaptar a temperaturas tão diferentes.

É verdade que todos podem migrar, como eu já disse anteriormente. Mas, hoje em dia, com a ocupação humana, quase todas as espécies vivem em ilhas isoladas. Quanto mais quente é a região, maior a tendência para as espécies serem de distribuição mais restrita, principalmente as plantas. Com a ocupação humana, a maioria dos hábitats naturais se encontra separada dos vizinhos por fazendas, cidades, estradas, barragens e outras formas de ocupação humana. E quanto mais distantes forem essas ilhas umas das outras, e quanto menos móveis forem as plantas ou animais, mais difícil será sua adaptação. E mais provável sua extinção.

O IPCC recentemente revisou estudos relevantes para a estimativa de eventuais extinções causadas apenas pelas mudanças climáticas. Eles estimaram que se o aquecimento global ultrapassar 1,6°C, o que já está próximo de acontecer, de 9% a 31% das espécies do planeta estarão fadadas à extinção. Com um aquecimento de 3°C, que seria trágico em todos os sentidos, mas que pode acontecer se os humanos não tomarem providências drásticas para prevenir o aquecimento – e o que sabemos sobre os humanos indica que não o farão a tempo –, 21% a 52% das espécies devem desaparecer apenas em razão do aquecimento global. Vários estudos sobre biodiversidade revelam que, a despeito de algum sucesso ocorrendo em áreas protegidas, os indicadores de pressão sobre a biodiversidade continuam a aumentar de forma acelerada.

De qualquer forma, ainda que o aquecimento global exerça uma influência nefasta, a verdade é que nosso sistema global de produção de alimentos é a principal causa de perda da biodiversidade. Somente a agricultura representa uma ameaça a mais de 24 mil espécies. A agricultura e a criação de animais destroem os ecossistemas pela expansão das fronteiras agrícolas e pecuárias, pela prática de agricultura intensiva e pelo uso de pesticidas e antibióticos. Já vimos o efeito dos pesticidas, e falarei especificamente sobre os antibióticos no próximo capítulo. A expansão das fronteiras agrícolas e pecuárias que, como vimos, aumentou pelo menos 30% nos últimos cinquenta anos, junto com a urbanização, é a maior causa de destruição de ecossistemas e consequente queda geral da biodiversidade, porque destrói completamente os ecossistemas originais. Mas outro elemento importante nesse processo de destruição é o aumento da chamada agricultura intensiva, sobre a qual vou falar mais um pouco aqui. Em parte, a intensificação agrícola é uma coisa boa. Nos últimos cinquenta anos, a produção de alimentos quase triplicou, enquanto a área utilizada pela agricultura aumentou 30% (esses dados não valem para o Brasil, onde a área plantada teria dobrado em quarenta anos, com um aumento de cinco vezes na produtividade; note que esses números, bastante celebrados pelas organizações agrícolas, são piores que a média mundial). Mas se por um lado um mundo que precisa de mais alimentos se beneficia desse aumento, por outro lado a destruição dos ecossistemas e a exaustão dos solos ameaça até mesmo a manutenção das atuais taxas de produtividade agrícola. E isso tem muito a ver com o predomínio cada vez maior de grandes projetos da agroindústria.

É preciso falar um pouco mais sobre os agroquímicos (descritos em detalhes no capítulo sobre intensificação química), incluindo os fertilizantes sintéticos, pesticidas e hormônios, que matam as pragas das lavouras e aumentam sua produtividade, pelo menos nos primeiros anos. Eles são tóxicos para a vida selvagem e para os humanos, como vimos no capítulo sobre intensificação química. Particularmente, os agroquímicos são frequentemente associados com a redução das populações de pássaros, anfíbios e insetos, com a destruição de suas fontes de comida, contaminação dos solos e do lençol freático (lembrando que os mamíferos e outros animais de maior porte não estão incluídos aqui porque suas populações já foram dizimadas na própria implantação das fazendas!).

Falarei mais sobre os insetos no próximo capítulo. Mas já posso adiantar que as pesquisas estão mostrando que as populações globais de insetos se reduziram em mais de 50% desde 1970 devido ao uso massivo de pesticidas. Além disso, o uso intensivo de agroquímicos está entre as principais causas da extinção, estimada de 40% das demais espécies de insetos. Já mencionei o papel dos insetos como polinizadores e alguns outros serviços que prestam aos ecossistemas no capítulo sobre as terras emersas, e voltarei a falar sobre seu papel, que é fundamental numa enorme quantidade de ecossistemas, no próximo capítulo.

Não é apenas a biodiversidade dos insetos que é afetada pelo uso de agroquímicos. Desde 1980, a população total de pássaros que vivem em áreas de fazendas na Europa, por exemplo, reduziu em 300 milhões, e nos Estados Unidos e Canadá se observou um declínio de 74% nos pássaros em áreas de fazendas de 1966 a 2013[5]. Estudos indicam que esse declínio, verificado também em outras partes do mundo, é resultado do uso de agroquímicos, perda de hábitats, intensificação agrícola e mudanças no clima. Uma nova primavera silenciosa, quando não se ouvirá mais o canto dos pássaros, está a caminho.

A expansão da agricultura industrial (incluindo a criação de animais), que continua ocorrendo rapidamente, é considerada responsável por 70% da perda da biodiversidade terrestre. Com a população da Terra chegando a cerca de 10 bilhões de pessoas em 2050, com um aumento significativo do padrão de vida, não há, no momento, nenhuma perspectiva de que as fronteiras agrícolas parem de se expandir, com o consequente impacto na biodiversidade.

A agricultura industrial se baseia no uso intensivo de químicos sintéticos (fertilizantes e pesticidas – além de hormônios, antibióticos e outros químicos na criação animal) e muita mecanização. Suas lavouras são inóspitas para a vida. As únicas formas de vida nelas encontradas são monoculturas fertilizadas, plantadas e controladas pelos humanos. A agricultura, cada vez mais industrializada, cobre cerca de um terço da superfície da Terra. Os solos, campos, cursos de água adjacentes e mesmo os céus sobre as fazendas industriais foram um dia hospedeiros de fauna e flora diversa, desde os seres microscópicos até os grandes mamíferos. Mas, hoje, a agricultura é a maior ameaça à vida selvagem. Esses ecossistemas foram destruídos e os campos de monoculturas são até piores que os desertos, em termos de vida selvagem.

Globalmente, cerca de 5.400 espécies de vertebrados estão ameaçadas pela agricultura e destruição de hábitats, mudanças no uso das terras e uso de químicos que os acompanham. A agricultura industrial e os impactos do nosso sistema de produção de alimentos não estão restritos aos limites das fazendas. Animais silvestres estão sendo afetados pela disseminação de produtos químicos no ar, na água e nos solos, pela erosão que se espalha para fora da área das fazendas, pela fragmentação dos hábitats.

A maior parte da atual pesquisa sobre os impactos da agricultura na extinção das espécies está focada em criaturas voadoras, como pássaros e abelhas. Mas uma análise mais profunda indica que muitos outros animais e plantas são afetados pela agricultura, dos animais microscópicos dos solos até os grandes mamíferos – essa preocupação torna urgente que olhemos de modo mais aprofundado os impactos da agricultura industrial e as alternativas ao sistema atual.

Como veremos com mais detalhes no último capítulo, pouco sabemos sobre as extinções que estão ocorrendo nos solos e subsolos da Terra, porque a maior parte delas não é vista nem estudada. No entanto, é bem possível que as extinções estejam ocorrendo ali em taxas ainda maiores que as de cima do solo. A maior parte das extinções de microrganismos é causada pelo uso de químicos sintéticos, como fertilizantes e pesticidas. A perda de hábitats e o aquecimento global também são responsáveis pela extinção de micróbios, resultando na compactação e dessecação dos solos. Os micróbios dos solos são altamente especializados, de forma que qualquer mudança vai afetá-los. Solos saudáveis são a base de ecossistemas resilientes, e a perda da biodiversidade do solo tem consequências para todas as demais formas de vida terrestre.

A agricultura industrial tem como premissa o controle total da natureza, reservando a terra somente para uso humano, escolhendo quais plantas têm valor comercial. Enquanto a perda da diversidade é um resultado secundário das técnicas agrícolas (como a perda de hábitats e a disseminação de produtos químicos), muitas plantas são erradicadas propositalmente (as tais ervas daninhas). Você pode não considerar as plantas quando pensa em extinções, mas essa é também uma preocupação muito real e urgente, com uma em cada oito plantas do planeta em perigo de extinção.

Além das plantas selvagens, é importante notar que a própria diversidade agrícola está sendo perdida. Estimativas sugerem que 75% dos tipos de lavouras cultivados em 1900 não o são mais, com importantes espécies de arroz, trigo e inhame estando em risco. Essa falta de diversidade nas lavoura, além de tornar a alimentação humana mais pobre em variedade, é um risco para a segurança alimentar, pois maior variedade de espécies significa maiores possibilidades de encontrarmos plantas mais resistentes às mudanças climáticas e às demais transformações do planeta.

Pesquisas recentes mostram que as populações de insetos encolheram em mais de três quartos nos últimos 25 anos, basicamente por causa de pesticidas e mudança no uso das terras. Muitos insetos dependem de um único tipo de planta, ou de um conjunto pequeno delas. Assim, a perda de plantas silvestres e mesmo das agrícolas atinge fortemente os insetos. Esses insetos incluem os polinizadores e os que são uma importante fonte de alimentação para espécies maiores. Os humanos sobreviveriam apenas alguns meses se todos os insetos fossem extintos. E isso, como veremos no último capítulo, pode acontecer. A ameaça de extinção das abelhas por causa dos neonicotinoides é uma preocupação frequentemente citada, tanto nas próprias fazendas como nas redondezas, pois esses químicos adentram os cursos d'água e podem ser encontrados em plantas e pólens, em locais muito distantes de seu ponto de origem. Embora o foco principal sejam as abelhas, não podemos esquecer as borboletas, mariposas, vespas, moscas e uma grande variedade de outros insetos que também são polinizadores e provedores de outros serviços dos ecossistemas, como o controle das pestes agrícolas e a aceleração da decomposição da matéria orgânica. Veremos mais sobre os insetos no próximo capítulo.

As populações de pássaros em áreas silvestres estão decrescendo no mundo todo, mas os pássaros que se adaptaram às áreas agrícolas, anteriormente mais diversificadas, são os mais atingidos. Os pássaros que vivem nas áreas de fazendas tiveram suas populações reduzidas pela metade desde 1970. Os pássaros não estão sofrendo apenas com a perda de seus hábitats e fontes de alimentação, mas também estão sendo afetados por pesticidas, como os neonicotinoides, que geram confusão e fazem com que os pássaros migratórios percam seu caminho. Os morcegos enfrentam ameaças similares pela exposição a pesticidas e perda de hábitats (além de outras, que veremos adiante).

Os anfíbios, répteis e peixes de água doce também estão sofrendo. Esses animais são muito sensíveis às mudanças e adaptados a hábitats específicos. Os anfíbios são especialmente suscetíveis por causa de sua pele permeável. Por exemplo, sapos já foram encontrados contendo pesticidas tóxicos utilizados décadas atrás em áreas agrícolas localizadas a mais de 100 quilômetros de seus hábitats. O mundo perdeu cerca de duzentas espécies de sapos desde 1970. De modo similar, uma em cada cinco espécies de répteis está em risco de extinção. Os números para os peixes de água doce são ainda mais impressionantes, com alguns cientistas os chamando de "o mais ameaçado grupo de animais", devido ao impacto da poluição produzida em lagos e cursos de água pelos dejetos agrícolas.

Os peixes de água doce, que superam os marinhos em número de espécies (compõem 51% das espécies conhecidas de peixes), já têm 20% das espécies ameaçadas de extinção[6]. As populações das espécies migratórias, como o salmão e o esturjão (peixe do hemisfério norte cujas ovas constituem o caviar), se reduziram em cerca de 76% desde os anos 1970. Fala-se muito sobre os peixes marinhos, mas os peixes de água doce são tão importantes quanto eles, para os ecossistemas e para a alimentação humana. Em muitas regiões do mundo, como na Amazônia, constituem a principal fonte de proteína da população. Os peixes de água doce são ameaçados pela poluição, construção de barragens, assoreamento dos rios, pesca predatória, espécies invasoras, além das mudanças ambientais causadas pelo aquecimento global.

Animais maiores frequentemente requerem hábitats mais extensos, assim como maiores territórios e quantidades de comida. Animais como raposas, coiotes, lobos, onças e muitos outros dependem de comida saudável e áreas extensamente conectadas para sobreviverem. As reservas naturais que as fazendas são obrigadas a manter preservam alguma vida selvagem, mas são muito pequenas para sustentar mamíferos maiores, principalmente se não houver "corredores" silvestres que as conectem. Além disso, a extinção dos animais menores pode deixar os animais maiores sem suas fontes de alimentação.

ANFÍBIOS

Contarei a seguir, com mais detalhes, a história dos anfíbios, que representam um dos grupos mais ameaçados pela atual crise da biodiversidade[7]. Esta é uma história obrigatória para quem discute a extinção de espécies, pois, além de trazer mais uma perspectiva sobre o fenômeno, ela também ilustra a tragédia silenciosa que ele representa. Ou seja, a maior parte da grande extinção está ocorrendo longe dos nossos olhos, mas isso não quer dizer que não seja menos grave, como o exemplo dos anfíbios (e dos insetos, no próximo capítulo) vai deixar muito claro. Os anfíbios que vivem hoje pertencem todos à classe *Amphibia* (naturalmente), e também à subclasse *Lissamphibia*, e incluem sapos (Ordem *Anura*, com 5.600 espécies conhecidas, salamandras (Ordem *Caudata,* 570 espécies) e cobras-cegas (Ordem *Apoda*, 175 espécies). A maior parte das informações sobre o declínio dos anfíbios vem do estudo de sapos, que são os mais numerosos. Não damos muita atenção a eles, não é mesmo? Mas a verdade é que eles são sinalizadores da saúde dos ecossistemas. E para nós, no Brasil, são particularmente importantes porque a Mata Atlântica, que estamos desesperadamente tentando preservar, possui a maior diversidade de anfíbios do mundo!

Como eu já disse, quando falamos em extinção de espécies, geralmente pensamos nos grandes animais, ou nos bichinhos fofinhos que todos nós adoramos (os biólogos os chamam de "espécies carismáticas"). Quem não ficaria comovido se soubesse que os coalas estão ameaçados. E os pandas, então! Mas quando falei para minha mulher que os sapos estão desaparecendo, ela, que tem horror a sapos e rãs – mais do que a cobras! – deu um sorriso aliviado (segundo ela, é por causa de um trauma da infância, desde quando um primo – que hoje é um respeitado médico de Salvador – jogou um sapinho no seu colo). Eu, por outro lado, como quase todo o mundo, tenho medo de cobras! Mas a questão não é se gostamos ou não das espécies ameaçadas, e sim o que seu desaparecimento significa para os ecossistemas do qual todos dependem, inclusive nós. Racionalmente, eu sei que você concorda com isso, mas o fato é que, talvez até mais que os demais tópicos deste livro, a questão da extinção de espécies é sempre avaliada de uma forma muito emocional, e o índice de "fofura" da espécie tem um grande peso.

O alarme sobre a sexta extinção foi acionado pela primeira vez justamente pelos estudiosos dos anfíbios, ao verificar que o desaparecimento de espécies dessa classe de organismos está ocorrendo em taxas muito superiores às que poderiam ser consideradas normais. Isso é particularmente espantoso porque os anfíbios têm se mostrado um grupo muito resistente, pois sobreviveram às últimas quatro grandes extinções (não existiam na primeira).

Como vimos, a maior de todas as extinções em massa foi a do limite Permiano-Triássico, há 251 milhões de anos, quando 95% de todas as espécies (tanto marinhas quanto terrestres) desapareceram, incluindo 53% de famílias marinhas, 84% dos gêneros marinhos, e 70% das plantas, insetos e vertebrados terrestres. Do ponto de vista da vida na Terra, foi uma grande calamidade. A causa mais provável dessa extinção foi, como já vimos, um aquecimento global extremo, com todas as suas consequências, provocado pela liberação de gases de efeito estufa por uma série de eventos vulcânicos que ocorreram onde hoje é a Sibéria. A maior parte dos vertebrados terrestres desapareceu, mas entre os que resistiram estão três ordens de anfíbios que sobrevivem até hoje – por enquanto. Foram justamente os anfíbios que deram o alerta de que algo extremamente grave está ocorrendo com a vida no planeta. Por nossa causa.

Primeiro observou-se o desaparecimento de espécies de sapos nos Estados Unidos. Na Sierra Nevada, na Califórnia, por exemplo, das sete espécies que ocorrem acima de 1.500 metros, cinco estão em risco de extinção. No Parque Nacional Yosemite, no norte da Califórnia, os sapos desapareceram de 32% dos sítios históricos. Nesse último caso, as causas da redução das populações foram identificadas: poluição do ar, doenças e a presença de trutas – uma espécie invasora. No caso das doenças, a mais devastadora é causada por um fungo. A doença se chama quitridiomicose. E o fungo é o *Batrachochytrium dendrobatidis* (abreviado para Bd). Pois o Bd foi descoberto primeiro na Austrália, mas hoje está distribuído pelo mundo todo, certamente por causa da ação humana[8]. Pelo menos no seu deslocamento intercontinental. Uma vez chegando a um novo continente, outros animais, como pássaros, e mamíferos, que, assim como os humanos, não ficam doentes, mas podem ser hospedeiros, participam da disseminação do fungo. O Bd causou a extinção ou representa ameaça de extinção para mais de duzentas espécies de anfíbios.

Embora tenham sido sobreviventes no passado, há razões para pensar que os anfíbios estão muito mais vulneráveis agora. Considere o caso dos sapos. Seu ciclo de vida envolve o desenvolvimento aquático de ovos e larvas, e a atividade terrestre dos adultos. Portanto, seu ciclo de vida requer a estabilidade de diversos ambientes. As larvas dos sapos são tipicamente herbívoras, e os adultos, carnívoros. Isso significa exposição a uma grande variedade de tipos de comida, predadores e parasitas. Os anfíbios têm a pele úmida, e a sua respiração cutânea é tão importante quanto a respiração pulmonar. A pele úmida e altamente vascularizada os coloca em íntimo contato com o ambiente externo. Espera-se, portanto, que eles sejam vulneráveis a variações da qualidade da água e do ar resultantes da presença de poluentes.

Anfíbios são termoconformadores, ou seja, alteram a temperatura do corpo em função da temperatura externa (nós, humanos, somos termorreguladores, mantemos a temperatura interna a despeito da temperatura externa, até certos limites). Isso é particularmente importante para espécies que vivem nas montanhas tropicais, pois ali há pouca variação de temperatura. De qualquer modo, todas as espécies de anfíbios vivem em áreas particularmente pequenas, exatamente por causa da adaptação a várias condições ambientais específicas.

Uma avaliação global dos anfíbios realizada em 2004 (há outra em andamento) concluiu que 32,5% das espécies conhecidas estão "globalmente ameaçadas"; e 43% apresentam populações em declínio. Dados mais atualizados incluem novas espécies, cuja distribuição não é bem conhecida. Isso reduz a proporção de espécies sabidamente ameaçadas. De qualquer forma, as indicações são de que, mesmo considerando as novas espécies, a proporção de espécies ameaçadas continuará, no mínimo, acima dos 20%.

O NOVO PANGEIA

A disseminação de fungos que está dizimando os sapos também está afetando outros grupos. Populações de morcegos, por exemplo, têm sido afetadas por uma doença chamada Síndrome do Nariz Branco[9], causada pelo fungo *Geomyces destructans*, que já tirou a vida de milhões de morcegos na América do Norte. Esse fungo é europeu, onde os morcegos são resistentes a ele. Mas, uma vez chegando às Américas, transportado em navios e aviões, encontrou morcegos sem nenhuma defesa. Os morcegos prestam importantes serviços aos ecossistemas. Por exemplo, são um dos maiores disseminadores de sementes. Embora não percebamos, a redução no número de morcegos é algo muito grave para o meio ambiente.

Esses casos dos fungos são exemplos do conceito do "novo Pangeia". Pangeia foi um supercontinente que existiu de 335 a 200 milhões de anos atrás, e representou uma fase da história geológica do planeta em que todos os continentes estavam conectados, formando uma massa de terra contínua. Sendo assim, todas as espécies terrestres podiam migrar livremente por todas as terras emersas. Hoje em dia, para algumas espécies, devido ao cada vez mais intenso tráfego intercontinental de carga e passageiros, é como se as barreiras continentais não mais existissem, e a Terra visse surgir novamente aquele supercontinente. Enquanto afetar sapos e morcegos, o espalhamento dos fungos pode não causar maiores temores para os seres humanos. Mas existem muitos fungos que podem nos afetar, e que podem estar escondidos no interior das florestas mais remotas ou congelados no *permafrost* que está derretendo. A possibilidade de um fungo agressivo aos seres humanos ser liberado na natureza e disseminado pelo mundo é cada vez mais real. Contra fungos não há vacinas. Teríamos que contar com os fungicidas atualmente disponíveis ou desenvolver novos, mais específicos. E um fungo, diferentemente dos vírus e bactérias, leva muito tempo para ser removido do organismo. Se for muito mortal, não haveria tempo para o tratamento, mesmo com fungicidas eficazes.

Mas mesmo a disseminação de vírus e bactérias pode ser favorecida pelo efeito do "novo Pangeia". A rapidez com que a covid-19 se espalhou pelo mundo não deixa de ser um exemplo disso. E a covid-19, mesmo com todas as mortes que causou, não foi uma das SARS (sigla em inglês para Síndrome Respiratória Aguda Grave) mais agressivas. Imagine se um vírus muito mais mortal se espalhasse tão rapidamente. Seria uma catástrofe ainda maior.

Não são só os germes que estão se disseminando pelo mundo. Desde há muito, quando os humanos iniciaram suas rotas de comércio internacional, primeiro por terra, depois também pelo mar, e mais recentemente pelo ar, pólens e esporos de plantas, pequenos animais e outros seres foram transportados de uma região para outra e, ao ocupar novas áreas, muitas vezes causaram a extinção das espécies nativas. Os humanos também fizeram isso de forma proposital, transplantando plantas e animais. Coqueiros, mangueiras e muitas outras árvores frutíferas são exemplos disso, assim como um grande número de plantas ornamentais, que se espalharam pelos campos e florestas, transformando os ecossistemas que invadiram, além de praticamente todas as espécies hoje utilizadas na agricultura, que, quando não foram transportadas de um continente, foram profundamente modificadas pela seleção genética artificial. Hoje nós nem nos damos conta disso. Você já imaginou a Europa sem batata, tomate (a Itália sem molho de tomate!) ou milho? Pois todos são oriundos das Américas. Não existiam na Europa antes de Cristóvão Colombo. Por outro lado, já pensou na Bahia sem coco? Pois quando Pedro Álvares Cabral aqui chegou não havia coqueiros. A visão das praias tropicais era algo diferente da que temos hoje. Nós também transplantamos animais, como os cavalos, que não existiam nas Américas. E o gado.

De qualquer forma, as migrações ou transplante pelos humanos de plantas e animais foram relativamente lentas, dando tempo para avaliar suas consequências para a flora e a fauna locais. Eu disse relativamente lentas porque, em alguns casos, como os vírus da varíola e da própria gripe, trazidos pelos europeus, causaram uma grande mortandade às populações originais das Américas. No entanto, agora, com a intensificação do comércio e do turismo internacional, o efeito Pangeia está se acelerando mais do que nunca. Mesmo que muitos cientistas e ambientalistas estejam estudando o problema, a disseminação de espécies invasoras está muito rápida, comprometendo ecossistemas já bastante abalados pelas demais transformações que vimos neste livro.

Não temos como evitar a formação do novo Pangeia. Podemos até reduzir o tráfego internacional de navios e aviões, o que já será difícil, mas não o faremos de forma significativa. E muitas plantas e animais serão levados de um continente para outro de forma proposital, com vistas a ganhos comerciais. Não há como impedir isso. Assim, as espécies mais competentes e adaptativas vão continuar a se espalhar pelo mundo, modificando os ecossistemas. O que temos que fazer é monitorar seu efeito, tentando controlar os danos que ocorrerem. Em alguns casos, as mudanças são até mesmo bem aceitas pela maioria das pessoas – ou alguém acha que o pessoal vai aceitar de bom grado ficar sem tomar água de coco na praia? A intervenção, quando necessária, pode ser feita tanto ao se buscar eliminar a espécie invasora, o que é geralmente muito difícil, quanto introduzindo outras espécies que produzam um melhor equilíbrio nos sistemas. No entanto, como desconhecemos a complexidade da maior parte dos ecossistemas, a interferência direta pelos humanos, na busca de corrigir problemas, muitas vezes termina por agravá-los.

O SUPERPREDADOR

Do ponto de vista ecológico, os humanos podem ser considerados como um "superpredador". O maior que já existiu na história da Terra, atacando inclusive predadores que antes estavam no topo da cadeia alimentar (como leões, tigres, onças e tubarões), e tendo efeitos nas cadeias alimentares naturais de todo o mundo. Vimos que há 50 mil anos estamos dizimando espécies e destruindo ecossistemas. No entanto, a situação nunca foi tão grave quanto nas últimas décadas. E está ficando cada dia pior. Extinções têm sido documentadas em todos os continentes e ilhas, e em todos os oceanos.

Estudos têm sugerido que se a atual taxa de redução da biodiversidade causada pela atividade humana continuar, metade das formas de vida da Terra não existirá mais em 2100. O estudo publicado pela ONU em 2019, que mencionei no início do capítulo, estima que cerca de 1 milhão de espécies de plantas e animais corre o risco de ser extinto nas próximas décadas. É difícil calcular o limite crítico para a perda da biodiversidade. Mas muitas evidências sugerem que estamos de fato adentrando a sexta extinção. Uma crise da biodiversidade que o planeta não vê há pelo menos 60 milhões de anos. E temos que considerar que essa verdadeira tragédia ecológica não significa apenas um planeta mais pobre e vazio de espécies de animais e plantas. A extinção que está acontecendo agora pode ser uma das ameaças ambientais mais sérias à persistência da civilização.

As pesquisas mostram que essa extinção causada pelos humanos é uma ameaça que pode nos alcançar mais rapidamente que as mudanças climáticas. Ainda que se estime que hoje existem apenas 2% de todas as espécies que já existiram, o número absoluto de espécies é maior agora do que jamais foi. E foi nesse mundo biologicamente diverso que os humanos evoluíram. E é esse mundo diverso que nós estamos destruindo. Todos sabemos que há uma interdependência na natureza. Inclusive para nós. Ao destruirmos a biodiversidade num grau nunca visto há muito tempo, podemos chegar a um ponto em que a rede viva da qual dependemos, talvez até mesmo sem sabermos, se desfaça. Essa é mais uma das muitas transformações silenciosas, provavelmente a mais grave, que podem nos atingir enquanto estamos ocupados vasculhando os céus com medo da próxima tempestade.

O termo extinção em massa se refere a um substancial incremento na taxa de extinções, ou quando a Terra perde mais de três quartos das espécies num curto período geológico. Até agora, como vimos, houve cinco grandes extinções em massa na história da Terra. A sexta, que estamos em via de causar, é chamada de Extinção Antropocênica. As extinções anteriores foram causadas por "alterações catastróficas" do meio ambiente, tais como extensas erupções vulcânicas, acidificação ou depleção do oxigênio dos oceanos ou colisão de fragmentos espaciais. Após cada um desses eventos, o planeta levou muitos milhões de anos para ganhar um número de espécies equivalente ao que existia antes.

Se não agirmos de imediato, nós vamos legar um planeta cada vez mais desolado e monótono para nossos filhos, netos, e para muitas gerações que ainda virão. Mas não é apenas isso. Uma extinção em massa irá prejudicar muitas funções dos ecossistemas (as funções ou serviços dos ecossistemas são o que eles fazem, não apenas para o equilíbrio do planeta, mas também para nós: purificação do ar e das águas, renovação dos solos e polinização são apenas alguns exemplos), assim como a sua resiliência (ao se perder, por exemplo, espécies que são fundamentais para as cadeias alimentares naturais), assim como reduzir a diversidade funcional (que é crítica para os ecossistemas responderem ao choque e ao estresse), além da diversidade genética que cumpre uma importante função no desenvolvimento de novos remédios, materiais e fontes de energia.

A natureza tem uma enorme capacidade de recuperação. Se agirmos de maneira imediata e ampla, muitos ecossistemas podem ser recuperados. Mas precisamos entender que, ao provocar a extinção maciça de espécies, estamos abalando todos os ecossistemas do planeta, muitos dos quais dependemos para respirar, nos alimentar e nos mantermos saudáveis. E compreendemos muito pouco como a biosfera funciona. Nesse caso, embora não possamos ser tão específicos quanto nas mudanças climáticas – onde também há incertezas –, todo o nosso conhecimento indica que não vamos escapar ilesos do extenso dano à biodiversidade que estamos causando. Ou seja, não são apenas as questões morais envolvidas em promover tanta destruição, ou o fato de estarmos transformando um planeta belo e rico em vida num lugar feio e degradado, mas a noção de que certamente seremos atingidos de alguma forma, talvez tragicamente.

A crise da biodiversidade não vai apenas fazer com que muitos dos animais com os quais convivemos no planeta desapareçam. Ela vai nos atingir diretamente não só de formas que podemos prever, mas também de formas que ainda nem imaginamos. É importante frisar que, em todas as grandes extinções, as espécies mais adaptadas ao ambiente que existia antes do evento foram as mais atingidas. A espécie mais bem adaptada ao planeta, como ele é hoje, somos nós! Vários pesquisadores têm se referido à extinção atual como o "nosso problema ambiental mais sério", uma vez que a perda de espécies será permanente. Ou seja, podemos retirar o excesso de CO_2 do ar (e consequentemente das águas), podemos reduzir a intensificação química (que veremos no capítulo 10), podemos controlar a poluição. Mas recriar espécies desaparecidas, principalmente as muitas que nem chegamos a catalogar, recriar os complexos ecossistemas dos quais eram parte inerente, será muito difícil. A sexta extinção será definitiva. Será nosso principal e triste legado para o planeta.

9.

A teia invisível: os pequenos seres que dão suporte (e ameaçam) nossas vidas

Quando morávamos nos Estados Unidos, nos anos 1990, fomos uma vez visitar o zoológico de Denver, capital do estado do Colorado (que fica não muito longe de onde vivíamos). Havia lá uma área dedicada à floresta tropical. É estranho pensar nisso numa região em que em boa parte do ano cai neve e no resto do ano o clima é muito seco. Mas a exibição era muito bem-montada. Espessas cortinas e jatos fortes de ar a separavam do ambiente externo. Dentro, o ambiente era quente e úmido. Árvores, trepadeiras e samambaias formavam um intricado mosaico verde, pássaros coloridos voavam soltos, pequenos macacos também andavam soltos. Lembro que a primeira sensação que tive ali, segundos depois de entrar, foi sentir o cheiro inconfundível das matas brasileiras. Foi como se tivesse voltado "para casa". Visitar uma floresta tropical é uma experiência que nos toca profundamente. A riqueza e a diversidade da vida nos atingem em todos os sentidos. Mas, ainda assim, por mais completa que essa experiência pareça, também ali, como em todas as matas, campos e até mesmo desertos de todo o mundo, há muita vida que não vemos. O mundo dos muito pequenos. Não sei dizer o quanto autossustentável era a pequena floresta tropical do zoológico de Denver, se os solos ali eram ricos como os de uma floresta tropical verdadeira, ou se as plantas eram alimentadas por adubos artificiais. Uma coisa me chamou a atenção: havia poucos insetos. Mesmo sem repelente, não sofri nenhuma picada, o que dificilmente aconteceria numa floresta tropical verdadeira. Além disso, posso afirmar sem receio de estar errado que não havia ali nada mais que uma pequena parcela dos microrganismos – fungos, bactérias e até mesmo vírus – encontrados em nossas florestas. Sem microrganismos e sem insetos, a floresta tropical de Denver era apenas uma fantasia. Muito real, mas ainda assim uma fantasia.

Quando falamos sobre extinção em massa e crise da biodiversidade, geralmente, como eu já mencionei, pensamos em plantas e animais maiores. Se formos muito atentos, incluiremos pequenos répteis e peixes menores. Eu poderia parar por aqui, e você provavelmente concordaria que a crise da biodiversidade foi devidamente descrita. Seria um erro, seu e meu, pois a maior massa de vida no planeta corresponde a uma miríade de seres pequenos que pouco consideramos ao abordar a crise da biodiversidade. E o fato é que eles não apenas correspondem à maior parte da biomassa do planeta, mas também são tão ou, muito provavelmente, mais essenciais para a estabilidade dos ecossistemas, e para a nossa sobrevivência, do que os seres maiores.

Chamei esse mundo muito pequeno, em parte ainda visível, como o caso dos insetos, e em parte de fato invisível, como as bactérias, fungos, vírus e outros microrganismos, de "a teia invisível". A crise de biodiversidade e o desequilíbrio ecológico dessa teia invisível que, espalhada por todo o planeta, sustenta a vida na Terra, e a nós mesmos, constitui uma das maiores ameaças para nossa sobrevivência. Embora saibamos e pensemos pouco sobre isso.

Nos casos que vamos ver neste capítulo, nossa ignorância é ainda maior do que em todos os tópicos anteriores. Se ainda sabemos pouco sobre as mudanças climáticas, ou sobre os oceanos, ou ainda sobre as consequências da intensificação química, sabemos muito menos sobre o papel dos insetos nos ecossistemas do planeta, e menos ainda sobre os muitos papéis que os micróbios exercem no planeta, e até mesmo dentro de nós. Há alguns anos, ficou famosa a frase de Donald

Rumsfeld, secretário de Defesa de George W. Bush, que afirmou mais ou menos o seguinte: "Há coisas que sabemos que sabemos, coisas que sabemos que não sabemos, e coisas que não sabemos que não sabemos". Mais recentemente ficou muito conhecido o livro *A lógica do cisne negro*, de Nassim Taleb, este mais voltado para a área de investimentos, mas cujo raciocínio se aplica a todas as áreas. A história do cisne negro é a seguinte: até meados do século XVII, todos os cisnes, por definição, eram brancos. Até que foram encontrados na Austrália cisnes de cor preta. A partir daí mudou-se a definição do que era um cisne. O termo foi originalmente criado pelo filósofo escocês David Hume, para ressaltar os equívocos de nosso raciocínio indutivo, sempre baseado em fatos passados (tipo: "todas as vezes que choveu, a grama ficou molhada, então, se chover amanhã, a grama ficará molhada").

Taleb aplicou a lógica do cisne negro aos investimentos financeiros, propondo uma carteira que fosse à prova de "eventos imprevisíveis" (a pandemia da covid-19 e seu impacto nos investimentos seria um deles). Até onde eu sei, a carteira dele não tem feito muito sucesso. Mas a lógica é correta. Muitas vezes, por causa do nosso desconhecimento, não temos como prever o que vai acontecer. A lógica do cisne negro, ou das coisas que "não sabemos que não sabemos", tem permeado as páginas deste livro. Usei com frequência as palavras "incertezas", probabilidade" e tantas outras que descrevem nossa ignorância dos sistemas naturais e sua complexidade, e o porquê de ser tão difícil prever o que irá acontecer. Mas, como veremos, esse conceito se aplica mais do que em qualquer outra coisa aos componentes da "teia invisível". E estamos rompendo essa teia de várias maneiras: eliminando espécies que dependem umas das outras, destruindo os ecossistemas ou mesmo todo o ambiente onde vivem, ou simplesmente as exterminando diretamente. E não temos uma visão nem mesmo minimamente razoável do que estamos provocando. Sabemos que estão sendo alterados e, em alguns casos, sabemos o que está acontecendo, mas em muitos não sabemos, o que torna difícil prever as consequências de nossas ações. Por isso, fiz o possível neste capítulo para descrever os danos que estamos causando aos insetos e micróbios, e suas possíveis e amplas consequências. Mas devemos sempre considerar que há muito que não sabemos que não sabemos.

INSETOS

Vou começar esta análise então pelos seres que não são exatamente invisíveis, mas que, com poucas exceções, consideramos irrelevantes, ou até indesejáveis. Refiro-me aos insetos. Já falei sobre eles em capítulos anteriores, mas o desaparecimento dos insetos é algo tão grave que merece ser revisitado aqui numa abordagem mais completa. Se vimos no capítulo anterior que os anfíbios são os "sinalizadores" de que algo vai muito mal, esse é um outro grupo que está sendo também muito afetado, e de um modo que, provavelmente, vai nos atingir profundamente. Vários estudos recentes têm apontado para uma tendência que contraria nossa percepção: os insetos estão desaparecendo em todo o mundo, sem que ninguém saiba exatamente por quê. Ou melhor, já sabemos algumas causas. O que está surpreendendo é a velocidade com que esse desaparecimento está ocorrendo. Dessa vez não é minha mulher que tem uma primeira reação de alívio – por causa dos sapos, como mencionei antes –, mas eu mesmo que, por ser alérgico a picada de insetos, tive a mesma reação instintiva ao saber que haveria menos mosquitos por aí. Mas eu não deveria sentir alívio nenhum. O sumiço dos insetos pode causar um colapso sem precedentes nos ecossistemas naturais. Segundo estudos recentes, 40% das espécies de insetos estão com as populações declinando, e cerca de 30% já estão ameaçadas de extinção. A taxa de extinção dos insetos é oito vezes mais rápida do que a dos mamíferos, pássaros e répteis. A massa total de insetos está diminuindo 2,5% ao ano, o que sugere que eles podem desaparecer em menos de um século. Isso não deve acontecer, pois parte deles deve ser capaz de se adaptar às novas condições. Mas muitos, incluindo espécies que são fundamentais para a viabilidade de muitos ecossistemas, não conseguirão.

O progresso da sexta extinção, considerando apenas o desaparecimento de animais maiores, é mais fácil de documentar. Mas os insetos são de longe os mais variados e abundantes animais das terras emersas. Sua massa total é dezessete vezes maior que a dos humanos. Eles são essenciais para manter os ecossistemas planetários funcionando, de tantas e variadas formas, que estamos apenas começando a entender algumas delas.

Os insetos existem há 400 milhões de anos, quando seus ancestrais deixaram o mar para colonizar os continentes muito antes dos dinossauros aparecerem. Eles têm sido enormemente bem-sucedidos, evoluindo para uma diversidade impressionante, com mais de 1 milhão de espécies conhecidas e, estima-se, 4 milhões ainda não descritas pela ciência. Somente de besouros existem mais de 300 mil tipos diferentes (uma vez, quando perguntaram a um naturalista inglês do século XIX se Deus existia, ele respondeu: "Não sei, mas se existe ele adora besouros"!). E o mundo não funcionaria sem essas pequenas criaturas[1]: eles polinizam as plantas, controlam as pestes, reciclam todo tipo de material orgânico, de fezes a corpos, troncos de árvores e folhas, mantêm o solo saudável, dispersam sementes, e muito mais. Eles são uma fonte vital de alimentação para criaturas maiores, como pássaros, morcegos, lagartos, anfíbios e peixes, os quais, por sua vez, prestam serviços essenciais aos ecossistemas planetários.

Portanto, deveria preocupar a todos nós o fato de que os insetos estão desaparecendo a uma taxa alarmante. Recentemente, uma análise de mais de setenta estudos foi realizada para avaliar o declínio dos insetos. As borboletas e as mariposas estão entre os mais atingidos. Por exemplo, o número de espécies comuns no Reino Unido caiu 58% nas fazendas entre 2000 e 2009. Um estudo mais recente mostrou que o número de insetos encontrados esmagados nas placas dos carros do Reino Unido (os cientistas usam cada fonte de dados!) caiu 64% de 2004 a 2022. Os números no Reino Unido são muito altos. Mas talvez somente porque é um dos países em que esse assunto é mais estudado. Na Dinamarca, um estudo semelhante encontrou uma redução de pelo menos 54%. Na Alemanha, o número de insetos voadores foi reduzido em 76% nos últimos 26 anos. Esses são apenas alguns exemplos. O problema é mundial.

Outro fenômeno muito grave é a redução das populações de abelhas. Por exemplo, em 2013 foi encontrada somente a metade das espécies de abelhas que existiam em Oklahoma, nos Estados Unidos, em 1949. O número de colônias de abelhas era de 6 milhões em 1947, mas 3,5 milhões foram perdidos desde então. No caso das abelhas, conforme veremos adiante, o motivo já identificado é o uso abusivo de agrotóxicos denominados neonicotinoides. Mas uma avaliação precisa do efeito dos neonicotinoides sobre as abelhas é complicada pelo fato de que elas são criadas pelos humanos. A maior parte dos dados atuais sobre as populações de abelhas se refere às criadas pela apicultura, ou envolvidas diretamente na polinização de lavouras. Muitas abelhas que prestam serviços à agricultura são produzidas pelos humanos, em esquemas muitas vezes industriais, e é difícil avaliar como estariam sendo afetadas no ambiente natural.

Nos Estados Unidos, por exemplo, a indústria da polinização se caracteriza por enormes caminhões cheios de colmeias de abelhas cruzando o país e "alugando" suas abelhas para os fazendeiros na época da polinização de suas lavouras. Se as abelhas morrem por causa de inseticidas, os humanos criam novas colônias. Não há nada natural nisso. Não duvido que essa "solução" seja utilizada em outros casos em que os polinizadores naturais desapareçam. Uma completa distorção ambiental. Mesmo em locais onde as criações são fixas, como no Brasil, a ação humana na criação de abelhas pode distorcer a avaliação da estabilidade de suas populações. Ainda assim, as abelhas selvagens – e não as espécies europeias e africanas – são importantes polinizadoras tanto de lavouras humanas e árvores frutíferas diversas como de plantas das matas e cerrados naturais. E essas populações, segundo dados coletados mais recentemente, estão se reduzindo rapidamente, assim como outros polinizadores.

No Brasil, há centenas de espécies de abelhas selvagens. Muitas delas do tipo sem ferrão, que têm atraído a atenção porque podem ser criadas domesticamente, sem o risco de ter que lidar com ferroadas. Uma das mais conhecidas é a jataí, que produz mel de alta qualidade, e muito caro (cerca de 500 reais o litro!). Ficará muito mais barato se mais pessoas começarem a criar essas abelhas, que não são interessantes para os grandes apicultores por causa de sua baixa produtividade. De qualquer forma, o principal papel das abelhas nativas é a polinização da flora selvagem. Sua sobrevivência é fundamental para um grande número de plantas dos nossos bosques e florestas. E suas populações também estão em rápida redução.

No caso dos insetos em geral, aí incluindo as espécies de abelhas nativas, as causas de sua extinção são variadas e complexas. Ainda assim, podemos dizer que a maior causa do declínio dos insetos é a intensificação agrícola. O processo mais comum começa com a eliminação de árvores e arbustos que normalmente existiam próximo às lavouras. De modo que o que sobra são campos com monoculturas tratadas cada vez mais intensamente com fertilizantes artificiais e pesticidas. No entanto, mesmo em pequenas propriedades ou fazendas maiores em que diferentes tipos de plantas são cultivados, também se registra o aumento do desmatamento e o uso cada vez maior de agrotóxicos.

O declínio dos insetos começou no início do século XX, acelerou-se nos anos 1950 e 1960, e atingiu proporções alarmantes no século XXI. As novas classes de inseticidas introduzidas nos últimos vinte anos, incluindo os neonicotinoides e o fipronil, são particularmente danosas também aos insetos nativos, pois têm sido usadas de forma rotineira e persistente no ambiente. Os inseticidas esterilizam o solo, matando todas as larvas. Isso afeta inclusive as áreas protegidas fora das lavouras. Na Alemanha, por exemplo, 75% das perdas de insetos foram registradas em áreas protegidas.

Já sabemos que o mundo precisa mudar a forma como produz alimentos – vimos diversas razões nos capítulos anteriores. No caso dos insetos, as fazendas orgânicas, por exemplo, têm mais insetos e nem por isso sua produtividade é mais baixa. Até mesmo os pesticidas usados no passado não causaram o nível de declínio observado nas últimas décadas. A menos que mudemos nossas formas de produzir alimentos, todos os insetos podem desaparecer em algumas décadas. As repercussões para os ecossistemas do planeta serão catastróficas. E, mais diretamente, para nossas cadeias alimentares. Os insetos exercem papel central em praticamente todas as cadeias alimentares, tanto por seu papel como polinizadores quanto por servirem de alimento para animais maiores. É melhor começarmos a cuidar deles.

Nas regiões tropicais ainda não sujeitas à agricultura intensiva, o aquecimento global é considerado outro fator significante para a extinção de insetos. As espécies tropicais estão adaptadas a condições muito estáveis e têm pouca capacidade de mudança – característica que é também comum a muitas espécies de plantas e outros animais. No outro extremo, os insetos estão migrando para áreas mais frias, ao norte ou ao sul. Essa rápida migração (que também ocorre com plantas e animais maiores) causa severos desequilíbrios ambientais, com a extinção das espécies nativas, cujo papel nos ecossistemas não será necessariamente desempenhado pelas espécies invasoras.

É relevante falar um pouco mais sobre os polinizadores: pássaros, morcegos, borboletas, mariposas, moscas, besouros, outros pequenos mamíferos e, principalmente, as abelhas, domésticas ou selvagens. É difícil estimar o quanto eles representam de toda a comida que consumimos. Os números variam grandemente. Numa estimativa conservadora, podemos dizer que os animais polinizadores são responsáveis por pelo menos 30% das plantas que consumimos (outras plantas são polinizadas pelo vento ou se autopolinizam). Mas existem estimativas que dizem que, em 75% das plantas, os animais polinizadores aparecem em alguma etapa do ciclo reprodutivo.

Mesmo que tomemos a estimativa mais conservadora, ainda assim 30% é um número significativo para um mundo cada vez mais carente de alimentos. Os animais polinizadores viajam de planta a planta carregando pólen nos seus corpos, numa interação vital que permite a transferência de material genético crítico para o sistema reprodutivo da maioria das espécies com flores. Algo entre 75% e 95% de todas as plantas com flores na Terra precisam da ajuda dos polinizadores. Eles prestam serviços a mais de 180 mil espécies de plantas e mais de 1.200 tipos de lavouras. Se considerarmos o valor comercial, os polinizadores adicionam cerca de 217 bilhões de dólares à economia global, sendo que as abelhas são responsáveis por algo entre 1,2 e 5,4 bilhões de dólares em produtividade agrícola somente nos Estados Unidos. Além disso, a polinização é fundamental para a estabilidade dos ecossistemas naturais. O colapso dos polinizadores afetará muitos dos serviços que prestam à natureza e a nós, tais como – e nunca é demais relembrar – regulação do ciclo hidrológico e do clima, assim contribuindo para evitar secas e outros eventos extremos; aumento da qualidade do ar, a partir do sequestro de carbono; contenção da erosão; contenção da sedimentação e assoreamento dos cursos d'água; purificação e qualidade da água; controle do fluxo de água, reduzindo a ocorrência de enchentes. Esses serviços não são prestados em algum lugar distante. Eles acontecem até mesmo no seu jardim ou no parque próximo da sua casa.

Só que as populações de polinizadores estão mudando. Muitas

estão em declínio, que é atribuído de forma mais severa à perda dos hábitats onde se alimentam e se reproduzem. Poluição, uso abusivo e agroquímicos, doenças e mudanças nos padrões climáticos. Tudo isso está contribuindo para o encolhimento e a transformação das populações de polinizadores. E algo preocupante é que existem poucos dados sobre o que realmente está acontecendo com eles.

Pelo que vimos, torna-se necessário reforçar o que disse antes: precisamos nos preocupar com o desaparecimento dos insetos. Um planeta sem insetos não é um planeta funcional. Sem os insetos, ou com uma grande redução de suas populações, os humanos não vão sobreviver[2]. Sabemos que a intensificação agrícola, com o uso de novos pesticidas, antibióticos e fertilizantes químicos, é uma das razões. Mas pode haver outras, que precisam ser mais bem investigadas. Também sabemos de muitos serviços que os insetos prestam aos ecossistemas e às cadeias alimentares, como a polinização das plantas, a decomposição da matéria orgânica e servirem de alimento para muitas outras espécies, mas também há muitas coisas relacionadas com os insetos que ainda não sabemos. E, definitivamente, não estamos prestando a devida atenção.

MICRORGANISMOS E MICROBIOMAS

A teia invisível é ainda muito mais ampla. Há outro sistema que é de fato invisível – os microbiomas, comunidades de microrganismos que existem na atmosfera, nos solos, nos oceanos, nas mais extremas condições de temperatura e pressão, nas nossas casas e dentro de nós. É importante registrar, antes de continuarmos, a diferença entre os termos microbiota e microbioma. Microbiota se refere ao conjunto de microrganismos que é encontrado num determinado ambiente, seja nas águas do mar, seja no seu intestino. O termo microbioma descreve não apenas os organismos presentes, mas as relações entre eles, e também as relações com o ambiente em que vivem e com seu hospedeiro.

Recentemente foi constatado que boa parte de você não é humana, e sim composta pelos micróbios que vivem dentro do seu corpo. As estimativas de quanto representam da nossa massa variam entre 40% e 60%. Ou seja, há uma boa probabilidade de que a maior parte de você não seja de fato humana[3]. Os microrganismos constituem cerca de 60% da biomassa da Terra. E são fundamentais para a saúde dos oceanos, dos solos e de nós mesmos. São essenciais para a saúde da nossa pele, para o nosso processo de digestão, para nosso sistema imunológico e, como mais recentemente sugerido, pela nossa saúde mental (da próxima vez que você pensar em alguma coisa, considere a possibilidade de que esse pensamento seja uma construção realizada em conjunto por células humanas e "eles").

Quem são "eles", afinal? A definição mais simples é de seres que só podem ser identificados com o auxílio de um microscópio. As bactérias, os vírus, os fungos e os protozoários são os mais conhecidos. Mas existem outros. As arqueas, por exemplo, das quais só ouvi falar recentemente, são um grupo tão numeroso quanto o das bactérias. Tempos atrás eram confundidas com bactérias, a ponto de serem denominadas arqueobactérias (bactérias antigas). Mas, embora morfologicamente semelhantes, genética e bioquimicamente, são tão diferentes das bactérias como você e eu somos delas. As arqueas são caracterizadas por suportarem condições extremas de pressão e temperatura, mas podem ser encontradas perto de você no sistema digestivo das vacas, por exemplo, produzindo o famigerado metano, o poderoso gás de efeito estufa. E os príons? Não, não é o nome de um novo carro elétrico. Os príons são semelhantes aos vírus, mas são diferentes destes por não possuírem ácidos nucleicos (DNA e/ou RNA). São agentes infecciosos compostos por "proteínas aberrantes". Os príons são mais conhecidos por causarem a doença conhecida como "o mal da vaca louca". Felizmente, ainda não se documentou nenhuma grande epidemia ou endemia humana causada por eles.

De qualquer forma, a maior parte dos microbiomas do planeta é composta por bactérias, vírus, fungos e protozoários, que exercem funções essenciais nos mais diferentes ecossistemas. Costumamos associar esses pequenos seres a doenças. Mas, na verdade, uma fração pequena dos microrganismos são patógenos, ou seja, seres causadores de doenças. Nas bactérias, por exemplo, somente 5% das espécies são patogênicas. As demais são, na maior parte, assim como os outros microrganismos, essenciais para a vida e a estabilidade do planeta. E os microbiomas estão ameaçados. Não que os microrganismos vão desaparecer. Pelo menos para a maioria deles, a sexta extinção não é uma ameaça. Mas os microbiomas podem ser alterados de formas que sejam prejudiciais para nós. "Pode ser" é uma expressão otimista, pois já temos muitas evidências de que isso de fato está acontecendo. E em tantos aspectos que fica difícil decidir sobre o que falar. Como em todos os casos neste livro, vou me limitar aos aspectos mais críticos e aos que envolvem os ecossistemas do planeta. Em suma, vou falar novamente sobre os microbiomas nos oceanos, nos solos, e em outros animais, que já foram brevemente abordados em capítulos anteriores, e focar mais especificamente em como as mudanças desses microbiomas afetam os humanos.

Os microrganismos suportam a existência de todas as outras formas de vida. Para compreender como essas formas de vida, inclusive nós, vão se adaptar às transformações do planeta, é fundamental incorporar conhecimento sobre os micróbios, que formam essa comunidade invisível que constitui a maior parte da massa viva da Terra, e talvez a mais relevante. Ainda que invisíveis a olho nu e, portanto, um tanto intangíveis para nós (talvez um pouco menos depois da pandemia), a abundância e a diversidade dos microrganismos formam a base para explicar seu papel essencial em manter o ecossistema global saudável e equilibrado. Não custa enfatizar: o mundo microbial constitui o sistema de suporte à vida no planeta. Modificá-lo significa transformar todos os demais biomas de maneira profunda, dos quais só entendemos uma pequena parte. Embora os efeitos da atividade humana sobre os micróbios sejam menos óbvios e certamente menos conhecidos, uma grande preocupação é a de que mudanças na biodiversidade e outras características das comunidades microbiais vão afetar a capacidade de todos os outros organismos de se adaptarem às transformações do planeta.

Os microrganismos exercem papel fundamental na reciclagem de carbono e nutrientes, na saúde de animais (incluindo os humanos) e plantas, na agricultura e na rede global de produção de alimentos. A mim parece desnecessário dizer que modificar qualquer um desses papéis pode ser muito perigoso para todos nós. Os microrganismos vivem em todos os ambientes da Terra onde organismos macroscópicos (ou seja, maiores do que eles) existem, e eles constituem a única forma de vida em outros ambientes, como, por exemplo, zonas profundas de subsuperfície e ambientes com temperaturas e pressões extremas, como as zonas abissais marinhas e o interior dos vulcões. Os microrganismos foram os primeiros seres vivos a surgir na Terra, há cerca de 3,8 bilhões de anos. Ainda que eles sejam cruciais na regulação das mudanças climáticas, os microrganismos raramente são considerados nos estudos relativos a isso, muito menos no desenvolvimento de políticas sobre o problema. Na realidade, isso pode ser dito sobre a maioria dos papéis exercidos pelos microrganismos. E haja espaço para descrever todos eles.

O fato é que os microrganismos não podem continuar como o "gigante invisível". A menos que passemos a reconhecer e buscar entender melhor os seus vários papéis, nós ficaremos limitados ao conhecimento da biosfera e da sua resposta às muitas transformações pelas quais o planeta está passando. Por isso, a princípio, pode parecer estranho incluir um capítulo sobre microbiomas neste livro. Mas espero que ao final você concorde comigo que é um tópico fundamental.

Microrganismos marinhos

Comecemos pelos oceanos. Aqui vou incluir não apenas os micróbios propriamente ditos, mas também outros seres microscópicos geralmente referidos como fitoplâncton – principalmente algas – e zooplâncton – pequenos animais. Já falamos um pouco sobre eles no capítulo sobre os oceanos, mas a ênfase aqui é o seu papel nos ecossistemas planetários e nas características dos microbiomas mais importantes. Os microrganismos estão presentes em todos os ecossistemas marinhos, que cobrem cerca de 70% da superfície da Terra e abrangem tanto estuários costeiros, manguezais e recifes de coral como os oceanos abertos. Organismos fototróficos (ou seja, que fazem fotossíntese) usam a energia do Sol nos 200 metros superiores da massa de água, enquanto a vida marinha em zonas mais profundas usa compostos químicos orgânicos e inorgânicos para obter energia (como fizeram as primeiras formas de vida). Em adição à luz solar, a disponibilidade de outras formas de energia, assim como a temperatura da água (que varia de aproximadamente -2°C em oceanos cobertos por gelo até mais de 100°C nas fontes hidrotermais), influencia a composição das comunidades marinhas.

O aumento da temperatura não afeta apenas os processos biológicos (vimos o caso do branqueamento dos corais por causa da morte das bactérias simbióticas no capítulo sobre os oceanos), mas também reduz a densidade da água e, consequentemente, sua estratificação e circulação, que afetam não só o clima do planeta, como já vimos, mas também a distribuição dos organismos e o transporte de nutrientes. Precipitação, salinidade e ventos também afetam a estratificação, a mistura e a circulação das águas. A introdução de nutrientes a partir do ar, dos rios e dos fluxos estuarinos também influi na composição e função das comunidades microbianas. As mudanças climáticas, para começar por elas, afetam todos esses fatores físicos. Vamos ver então como as mudanças já detectadas e as previstas impactam os microbiomas e seu papel nos ecossistemas marinhos.

A relevância dos microrganismos pode ser apreciada levando-se em conta que representam cerca de 90% da biomassa marinha. Além desse número impressionante, os microrganismos executam funções essenciais nos diversos ecossistemas marinhos. Ao fixar o carbono e o nitrogênio, e remineralizar a matéria orgânica (ou seja, transformar a matéria orgânica em compostos minerais não orgânicos, fixando o carbono no fundo marinho – um dos processos fundamentais para a absorção de carbono pelos oceanos), os microrganismos marinhos formam a base das cadeias alimentares dos oceanos e, assim, dos ciclos globais de carbono e nutrientes.

Já é fato bem documentado que os microrganismos marinhos, entre muitos outros efeitos, afetam o clima do planeta. Os fitoplânctons (algas e cianobactérias) executam metade da fixação fotossintética de CO_2 do planeta, e metade da produção de oxigênio (não apenas oxigenando as águas, mas também liberando oxigênio para a atmosfera), apesar de perfazerem somente 1% da biomassa global de plantas. São números impressionantes. Em comparação com as plantas terrestres, o fitoplâncton marinho está distribuído sobre uma área superficial muito maior, é exposto a menos variações sazonais e tem ciclos de vida muito mais curtos do que as árvores (dias *versus* décadas). Em consequência, o fitoplâncton responde rapidamente, numa escala global, às mudanças climáticas. Essas características são importantes quando se está avaliando a contribuição do fitoplâncton à fixação do carbono e à produção de oxigênio. Por isso, estimar como essa produção pode mudar em resposta a perturbações climáticas é algo que tem que ser considerado em qualquer modelo de clima. Determinar os efeitos das mudanças climáticas na produtividade primária (ou seja, na produção de matéria orgânica a partir de matéria inorgânica – como na fotossíntese) é complicado pelos ciclos de proliferação do fitoplâncton, que são afetados tanto por controles das profundezas (por exemplo, a disponibilidade de nutrientes essenciais e mistura vertical) como por fatores superficiais (como seu consumo por animais e a ação de vírus).

A elevação da irradiação solar, da temperatura e da incorporação de água doce às águas superficiais (por causa do degelo) aumenta a estratificação dos oceanos e, consequentemente, reduz o transporte de nutrientes das águas profundas para as águas superficiais, o que diminui a produtividade primária. Por outro lado, níveis de CO_2 mais elevados podem aumentar a produtividade primária do fitoplâncton, mas somente se a disponibilidade de nutrientes não for um limitador. Não sabemos como esses fatores vão interagir. Portanto, apesar de sabermos que tem um papel relevante, é difícil, por enquanto, prever como o fitoplâncton vai reagir às mudanças climáticas. Mas posso citar pelo menos dois exemplos: as diatomáceas e os microbiomas dos recifes de coral.

As diatomáceas são algas microscópicas com parede celular composta por sílica opalina (a mesma composição da opala – pedra semipreciosa), que representam de 25% a 45% da produtividade primária nos oceanos, por causa, principalmente, de serem as mais abundantes nas águas abertas dos oceanos, onde a biomassa do fitoplâncton atinge seu máximo. Relembrando, produção primária é a produção de matéria viva a partir da fotossíntese, ou qualquer outro processo químico que transforme matéria inorgânica em orgânica. Como as diatomáceas, ao morrerem, afundam mais rapidamente (por serem compostas de sílica – lembrando que o vidro e a maior parte da areia dos rios e praias são compostos por sílica), elas representam cerca de 40% das partículas de carbono (que compõe a parte viva da alga) acumuladas no fundo marinho. Proliferações de diatomáceas são comuns em certas épocas do ano. As mudanças climáticas vão afetar esses ciclos, alterando a época e a duração das proliferações, e diminuindo sua biomassa, o que vai reduzir a produtividade primária e a absorção de CO_2.

Dados de sensoriamento remoto sugerem que houve um declínio global de diatomáceas entre 2010 e 2014. Isso surpreendeu os cientistas, pois, a princípio, por serem formadas por sílica, não seriam afetadas pela acidificação. O que ocorre é que, com as águas mais ácidas, as carapaças das diatomáceas dissolvem mais devagar, afundando mais rapidamente, e assim reduzindo a disponibilidade de sílica nas águas mais superficiais[4]. Com menos sílica disponível, fica mais difícil para as diatomáceas formarem suas carapaças. Ou seja, os primeiros dados indicam a existência de mecanismos de retroalimentação que causam a redução da produtividade de todo o fitoplâncton, o que, por sua vez, vai intensificar as mudanças climáticas (devido a menor fixação de carbono e menor produção de oxigênio). Lembrando que águas com menos oxigênio suportam menos vida marinha.

As mudanças climáticas perturbam a interação entre as espécies, por isso são forçadas a se adaptarem, migrarem e serem substituídas por outras, ou se extinguirem. O aquecimento dos oceanos, a acidificação, a eutrofização e o uso descontrolado (pela pesca e pelo turismo) causam o declínio dos recifes de corais e podem provocar mudanças nos ecossistemas para macroalgas e tapetes de cianobactérias. A capacidade dos corais de se adaptarem às mudanças ambientais é fortemente influenciada pela resposta dos seus microrganismos, incluindo, como vimos no capítulo 6, as microalgas simbiontes e bactérias. E há mais. As centenas e até milhares de espécies microbiais que vivem nos corais são fundamentais para sua saúde, por serem, entre outras coisas, recicladoras de lixo biológico e químico, provedoras de nutrientes essenciais e ajudarem os sistemas imunológicos a combater os patógenos (aliás, como mostrarei a seguir, os mesmos papéis que exercem dentro de nós). Mas as perturbações ambientais e o branqueamento dos corais podem mudar os microbiomas dos corais muito rapidamente, contribuindo para seu progressivo desaparecimento – e de boa parte das espécies ligadas a eles –, como está se observando em todo o mundo.

Evidentemente, o papel dos micróbios nos ecossistemas marinhos é muito mais amplo. Eles estão envolvidos na calcificação e em grande parte dos sistemas digestivos dos animais marinhos, desde os pequenos crustáceos até os peixes maiores. Como essas relações simbióticas serão afetadas pelo aquecimento, acidificação e menos oxigenação das águas? Não sabemos. Mas é sensato prever que as relações biológicas, uma vez destruídas, levarão muito tempo para se recuperar.

Microbiomas dos solos

Nas terras emersas, há cerca de cem vezes mais biomassa do que nos oceanos, e as plantas terrestres representam uma grande parte da biomassa total da Terra. As plantas terrestres produzem cerca de metade de toda a produção primária global, ou seja, de massa viva a partir de componentes inorgânicos. Os solos armazenam cerca de 2 trilhões de toneladas de carbono orgânico, o que é mais do que o carbono armazenado na atmosfera e em todas as plantas. A biomassa de microrganismos nos solos é cerca de dez vezes maior que a dos oceanos[5]. Os microrganismos dos solos regulam o total de carbono orgânico armazenado no solo e liberado novamente para a atmosfera, e influenciam indiretamente o armazenamento de carbono nas plantas e nos solos por proverem nutrientes que regulam a produtividade (nitrogênio e fósforo). A destruição dos solos e dos seus microbiomas representa, portanto, outro mecanismo de retroalimentação que contribui para a aceleração das mudanças climáticas e para a queda da produtividade agrícola.

Vejamos um pouco mais sobre esta última. As plantas fornecem uma quantidade substancial de carbono para seus chamados fungos micorrízicos simbiontes[6] (são fungos que ajudam a absorção de nutrientes pelas raízes – o termo micorrizal pode parecer estranho, mas é a composição de *mykos*, que em grego significa fungo – daí você pegar micoses – com *rízes* que, também em grego, significa raízes). Cientistas adoram termos gregos. Pois em muitos ecossistemas os fungos micorrizais são responsáveis por grande parte da quantidade do nitrogênio e do fósforo absorvidos pelas plantas. O uso de pesticidas pode afetar esse tipo de fungo, consequentemente levando à redução na absorção de nitrogênio e fósforo, o que obriga os agricultores a usarem ainda mais fertilizantes, que, com absorção deficiente, acabam poluindo os rios e os lençóis freáticos. Esse círculo vicioso, que empobrece os solos e os torna cada vez mais dependentes de fertilizantes, com efeitos danosos aos ecossistemas, está ocorrendo em muitas áreas agrícolas do mundo.

Os micróbios metanogênicos produzem metano em ambientes anaeróbicos (pobres em oxigênio) naturais e artificiais (sedimentos, solos saturados de água, arrozais, trato intestinal de animais – principalmente ruminantes, estações de tratamento de esgoto e usinas de biogás). Além disso, a queima de combustíveis fósseis também emite metano. Um importante processo envolvido no equilíbrio do metano na atmosfera é a oxidação microbiana, que ocorre na própria atmosfera, e também nos solos, nos sedimentos e na água. A destruição dos solos, da mesma forma de outros processos, como o aumento das zonas anaeróbias nos rios, lagos e oceanos, reduz o processo de oxigenação bacteriana. Os níveis atmosféricos de metano aumentaram de forma aguda em anos recentes. As razões disso ainda não estão claras. Mas devem envolver o aumento de emissões pelos organismos metanogênicos, pelas indústrias de combustíveis fósseis e uma redução na oxidação microbiana de metano, na atmosfera, nos solos e nas águas. Além disso, a liberação de metano pelo derretimento do *permafrost*, os solos congelados na região ártica, aparentemente também é mediada por microrganismos. Ou seja, a ação direta ou indireta de micróbios está diretamente ligada ao aumento de metano – na atmosfera, que é, como sabemos, um poderoso gás de efeito estufa. Se esse aumento continuar, vai dificultar ainda mais o controle do aquecimento global.

A morte das florestas causada pelas secas ou pelo excesso de calor pode ser exacerbada por patógenos. Em lavouras, uma variedade de fatores inter-relacionados é importante quando se considera a resposta a patógenos, incluindo-se aí os níveis de CO_2, a saúde das plantas e relações específicas da relação planta-patógeno em cada espécie. Uma grande variedade de microrganismos causa doenças nas plantas (fungos, bactérias, vírus, entre outros). Uma avaliação de mais de seiscentas pestes de lavouras (nematoides e insetos) e patógenos desde 1960 encontrou uma expansão de todos eles no sentido dos polos, o que é atribuído ao aquecimento global. Isso é muito preocupante, pois as plantas das áreas para onde as pragas migram devido ao aquecimento muitas vezes não têm proteção contra esses invasores, o que aumenta a possibilidade de doenças tanto das plantas silvestres como das lavouras.

Todas essas observações remetem a uma conclusão: as mudanças climáticas e outras transformações do planeta causadas pelos humanos afetam os microrganismos, que são essenciais para nossas florestas e lavouras. Ou seja, provocam mudanças que pioram ainda mais a crise alimentar, que, como vimos em capítulos anteriores, é um dos grandes desafios que enfrentaremos a partir de meados do século XXI.

Microbiomas dos humanos

Talvez as questões mais relevantes e preocupantes, cujas respostas são as menos conhecidas em relação aos microbiomas, sejam sobre os microrganismos que vivem dentro de nós. Na verdade, como eu disse anteriormente, esses pequenos seres compõem entre 40% e 60% do nosso corpo. Ou seja, somos mais uma comunidade de micróbios e tecidos humanos do que propriamente um único indivíduo isolado. Nossos corpos são continuamente construídos e reformados pelas bactérias que vivem dentro de nós. Nossa relação com elas não é uma troca pontual, mas uma negociação contínua. Os micróbios influenciam o desenvolvimento dos nossos intestinos e outros órgãos, mas eles não descansam depois que esse trabalho é realizado. Dá trabalho manter o corpo de um animal funcionando. Como disse Oliver Sacks[7], "Nada é mais crucial para a sobrevivência e independência de um organismo, seja ele um elefante ou um protozoário, do que a manutenção de um ambiente interno constante". Já pensou nisso? Seu corpo é mantido constante, e não só na temperatura ou na pressão sanguínea, mas em toda uma série de condições físicas e químicas que ocorrem desde o interior das células, na sua pele, até os sucos gástricos do seu estômago. Um mínimo desequilíbrio, por exemplo, uma pequena variação no pH do seu estômago já causa problemas. E, para manter tal constância, os micróbios são cruciais. Eles afetam o armazenamento de gordura. Eles

Planeta hostil

ajudam a renovar o revestimento dos intestinos e da pele, substituindo células danificadas ou mortas por novas. Eles garantem a efetividade da barreira entre sangue e cérebro – uma rede de células fortemente compactadas que permitem que nutrientes e pequenas moléculas passem do sangue para o cérebro, mas evitam que substâncias maiores e células vivas passem. Eles até mesmo influenciam a incansável renovação do esqueleto, em que novos ossos são formados e os velhos são reabsorvidos.

Em nenhum lugar a influência dos micróbios é mais clara do que no sistema imunológico: as células e moléculas que coletivamente protegem nossos corpos de infecções e outras ameaças. O sistema imunológico é absurdamente complicado. Você já deve ter visto as imagens dos componentes de um avião. Agora imagine um maquinário extremamente complexo, muito mais complexo do que um avião. Como sabemos, no caso do avião, todos os componentes têm que funcionar perfeitamente, senão ele cai. O mesmo acontece com seu organismo. Agora imagine que a maior parte desses componentes é mal-acabada, mal conectada, ou mesmo feita pela metade. É assim que parece o sistema imunológico, por exemplo, de ratos criados sem micróbios. Tal experiência foi realizada muitas vezes. Conforme comentou um cientista, "Esses animais seguem pela vida com um sistema imunológico imaturo, muito mais sujeitos a todo tipo de doenças e males a que são expostos". Essa é uma lição importante. A maioria dos animais, nós inclusive, sobreviveria algum tempo sem micróbios no corpo, mas não muito.

Isso também nos diz que o genoma de um animal não fornece tudo que ele necessita para criar um sistema imunológico maduro. Ele também precisa da contribuição de um microbioma. Centenas de artigos científicos sobre espécies tão variadas quanto ratos, moscas e peixes demonstraram que micróbios ajudam a desenvolver o sistema imunológico de alguma maneira. Eles influenciam a criação de todo um conjunto de classes de células imunes, e o desenvolvimento de órgãos que fabricam e armazenam essas células. Eles são especialmente importantes no início da vida, quando a máquina imunológica é inicialmente construída e se ajusta ao vasto e, para um organismo imaturo, estranho mundo. E mesmo depois, quando essa máquina está funcionando a contento, os micróbios continuam a calibrar suas reações a ameaças, pois nosso sistema imunológico deve ser constantemente adaptado a novas condições internas e externas.

O que ocorre é que estamos atacando nosso microbioma das mais diversas formas, algumas das quais veremos na próxima seção. Mas, como estamos apenas começando a entender o papel dos micróbios que vivem dentro de nós, na nossa saúde e bem-estar, inclusive o mental, também estamos somente começando a entender como os estamos agredindo. Por outro lado, mesmo com nosso conhecimento limitado, sabemos que muitas coisas que estamos fazendo, principalmente pela intensificação química (descrita no capítulo 10), pelo uso exagerado de antibióticos e da sanitização, afetam nosso microbioma, e isso deveria nos preocupar. Destruir os microbiomas que nos servem das mais diversas maneiras, sem compreender como isso vai nos afetar, pode ser a receita para mais um desastre.

A questão dos antibióticos

Nós estamos modificando nosso microbioma de maneira perigosa. Além das questões relacionadas ao uso exacerbado de produtos químicos, nós nos acostumamos a considerar um ambiente saudável como sinônimo de ambiente "limpo", ou seja, desinfetado. O uso intensivo de desinfetantes nas ruas, nas casas e nos nossos corpos (já bochechou hoje com aquele produto que mata 99% dos germes da sua boca?), nos levou a criar ambientes cada vez mais estéreis. Não estou falando, obviamente, de não ter os cuidados e serviços sanitários básicos, mas do excesso de sanitização. Ao tentar eliminar completamente todos os possíveis agentes patogênicos, eliminamos também os microrganismos que são úteis, para não dizer essenciais, para nossa saúde. Lembro que as mães do meu tempo de infância, quando viam uma criança se sujar no chão, diziam que ela estava tomando "vitamina S". Não podiam estar mais certas. Isolar uma criança do contato com os microrganismos da natureza dificulta o desenvolvimento do seu sistema imunológico, entre outras consequências nocivas que só agora estão sendo identificadas. O aspecto mais visível desse excesso de sanitização é a profusão de doenças autoimunes que vêm acometendo a humanidade, e aqui sua incidência é maior nos países ou segmentos sociais mais ricos. Alergias, doenças como hipertireoidismo, lúpus, diabetes, artrite reumatoide e muitas outras são causadas por disfunções do sistema imunológico, cujo funcionamento, como vimos, depende de termos um microbioma saudável.

Como se não fosse o bastante reduzir nossos micróbios pelo excesso de sanitização, nós ainda usamos os maiores matadores de todos, os antibióticos. Os micróbios têm usado essas substâncias para combater uns aos outros desde que começaram a existir. Os humanos só se deram conta desse arsenal em 1928 por acaso. Ao retornar ao seu laboratório depois de um feriado no campo, o químico britânico Alexander Fleming notou que um bolor havia tomado conta de uma de suas culturas, que resultou numa grande mortandade das bactérias que existiam na cultura. A partir do bolor, Fleming isolou um composto químico que ele denominou penicilina. Cerca de doze anos depois, Howard Florey e Ernst Chain conseguiram produzir a substância em grandes quantidades, tornando esse obscuro químico de fungos o salvador de incontáveis soldados aliados durante a Segunda Guerra Mundial. Assim começou a era moderna dos antibióticos. Rapidamente, os cientistas produziram uma classe de antibióticos depois da outra, tornando muitas doenças mortais curáveis com remédios fáceis de se obter.

Antes de continuar, uma observação: o que vou falar sobre antibióticos (que matam bactérias) vale também para os fungicidas (que matam fungos). Os fungos têm também, como já vimos, papel relevante no ambiente e, ainda que não na abrangência das bactérias, também nos nossos corpos. E podem produzir patologias ainda mais difíceis de curar do que as bactérias. Na verdade, uma pandemia criada por fungos, como mencionei no capítulo anterior, seria muito mais avassaladora do que as originadas por vírus ou bactérias.

Voltando aos antibióticos, tem sido observado que o aparecimento de bactérias resistentes está ocorrendo no mundo todo, ameaçando a eficácia dos antibióticos, cujo uso transformou a medicina e salvou milhões de vidas. Quase um século depois de os primeiros pacientes serem tratados com antibióticos, as infecções por bactérias voltaram a ser uma ameaça. Olhe à sua volta. No Brasil, é comum as pessoas demorarem mais tempo nos hospitais ou mesmo morrerem por causa de infecção hospitalar. A crise da resistência a antibióticos tem sido atribuída ao uso excessivo ou equivocado desses medicamentos, assim como à falta de desenvolvimento de novas drogas pela indústria farmacêutica, devido à insuficiência de incentivos econômicos e ao excesso de regulamentações.

Eu lembro que, quando vivíamos nos Estados Unidos, com as crianças pequenas, toda vez que elas pegavam um resfriado, gripe ou outra virose, o pediatra receitava antibióticos. Todas as vezes. As crianças adoravam, porque eram xaropes com gosto de morango ou banana – você podia escolher. Era uma medida preventiva, bem--intencionada, para o caso de pegarem uma infecção bacteriana associada à virose. Só que, na maior parte das vezes, não havia infecção bacteriana, por isso o antibiótico seria inútil. Ou melhor, danoso para um sistema imunológico em formação e para o trato digestivo das crianças. Esse é um dos tipos de procedimento que levaram à crise atual. Estudos confirmam que a indicação de tratamento, a escolha do remédio e a duração da terapia por antibióticos é incorreta em cerca de 30% a 50% dos casos. Embora o que eu relatei sobre nossas crianças se refira ao início dos anos 1990, vários estudos recentes mostram que a situação mudou pouco por lá. No Brasil houve progresso na redução de antibióticos. Mas ainda é comum vê-los sendo receitados para gripes e resfriados. Novamente, mesmo que seja por precaução, não é uma boa ideia. Por outro lado, sua utilização na agropecuária, como veremos adiante, é um problema cada vez mais grave.

O uso indiscriminado está levando a uma crise global de resistência aos antibióticos (chamada de AMR na sigla em inglês, que significa *antimicrobial resistence*). Recentemente, o Centro para Controle e Prevenção de Doenças (CDC na sigla em inglês) dos Estados Unidos classificou um número significativo de superbactérias que já representam ameaças urgentes, sérias e preocupantes, muitas delas já sendo responsáveis por colocar considerável pressão clínica e financeira sobre o sistema de saúde, seus pacientes e suas famílias. Um estudo publicado em 2022, na tradicional revista médica *Lancet,* estimou que, em 2019, cerca de 4,95 milhões de pessoas morreram no mundo devido à resistência aos antibióticos[8].

Os antibióticos são, evidentemente, muito úteis à saúde humana. Eles não apenas salvam as vidas de pacientes com infecção bacteriana. Eles têm desempenhado um papel fundamental nos grandes avanços na medicina e na cirurgia. Eles preveniram ou trataram infecções em pacientes submetidos a quimioterapia, doenças crônicas, como diabetes, doenças renais graves, artrite reumatoide, ou que foram submetidos a cirurgias complexas. Os antibióticos, certamente, são um dos fatores fundamentais para o aumento da expectativa de vida em todo o mundo (junto com a melhora na nutrição, diagnósticos, prevenção e tratamento de doenças graves). Em 1920, nos Estados Unidos, a expectativa de vida era de 56,4 anos. Agora, no entanto, a expectativa é de cerca de 80 anos. No Brasil, a expectativa de vida, em 1940, era de 45,5 anos. Agora é de 76,8. Mesmo nos países mais pobres da África, por exemplo, a expectativa de vida subiu de cerca de 32 anos em 1950 para cerca de 60 anos em 2010.

Mas há excesso de uso, não apenas na saúde, mas em situações que nós nem mesmo imaginamos. É principalmente por isso que incluí esta seção sobre antibióticos num livro que versa sobre o planeta. Tanto nos países desenvolvidos como nos países em desenvolvimento, os antibióticos são utilizados em humanos e em animais, no tratamento de infecções (um uso justificado), na prevenção (o que tende a ser excessivo) e, pasme, como suplemento de crescimento em animais. Estima-se que 80% dos antibióticos vendidos nos Estados Unidos são usados em animais, primariamente para promover o crescimento e prevenir infecções. Tratar os animais com antibióticos resulta, assim se pensa, em melhora na saúde dos animais, acelerando o crescimento e produzindo produtos de melhor qualidade. Mas há consequências.

Os antibióticos usados nos animais podem ser ingeridos pelos humanos quando eles consomem carne, ovos ou laticínios. O risco nesse caso é pequeno, desde que os alimentos sejam cozidos, pois a maior parte dos antibióticos não é resistente ao calor. O problema maior é outro: o surgimento de superbactérias. A transferência de bactérias resistentes aos antibióticos para humanos a partir dos animais de fazendas foi primeiramente observada há mais de 30 anos, quando altas taxas de resistência a antibióticos foi encontrada na flora intestinal de animais e de fazendeiros. Mais recentemente, métodos de detecção molecular demonstraram que as bactérias resistentes a antibióticos estão chegando aos consumidores por meio do consumo de carne. O processo se dá da seguinte maneira[9]: 1) os antibióticos usados nos animais matam ou suprimem as bactérias que são suscetíveis, permitindo que as bactérias resistentes a antibióticos proliferem; 2) as bactérias resistentes são transmitidas para os humanos através da alimentação, contato com os animais ou por água contaminada; 3) essas bactérias podem causar infecções graves, e são até mortais em humanos.

O uso de antibióticos na agricultura também afeta os microbiomas do meio ambiente. Até 90% dos antibióticos fornecidos aos animais são excretados na urina ou nas fezes, e depois altamente dispersados nos solos, águas superficiais e subterrâneas. Além disso, tetraciclina e estreptomicina, dois poderosos antibióticos, são borrifados em árvores frutíferas para agir como pesticidas. Uma vez no solo ou nas águas, os microrganismos de diferentes ecossistemas são expostos a esses agentes, que matam ou inibem o crescimento das larvas, alterando o equilíbrio ecológico e aumentando a proporção dos microrganismos resistentes, em comparação com os suscetíveis. Isso está acontecendo no mundo inteiro, e nós não temos ideia de suas consequências. Podemos começar com solos perdendo sua fertilidade, afetar a produtividade das lavouras e, em situações mais extremas, contribuir para o desenvolvimento ou disseminação de microrganismos que sejam patógenos para os seres humanos. Não sabemos de onde virá a próxima pandemia. Ou melhor, sabemos: virá de onde menos se espera.

Os produtos antibacterianos vendidos para fins higiênicos ou de limpeza (que viraram uma febre na recente pandemia da covid-19) também podem contribuir para o problema, porque limitam o desenvolvimento de imunidades aos antígenos ambientais em crianças e adultos (ainda estamos avaliando o que o isolamento e o uso ainda mais intenso de produtos desinfetantes durante a pandemia pode ter causado em adultos, e também, e aí a situação pode ser grave, em crianças). A versatilidade dos sistemas imunológicos, que já vinha sendo comprometida por muitos anos de abuso no uso de desinfetantes, pode ter sido ainda mais afetada nos anos recentes. Isso pode aumentar a gravidade e a mortalidade por infecções que normalmente não seriam virulentas.

E as indústrias farmacêuticas não têm contribuído. O desenvolvimento de novos antibióticos não é considerado por elas um investimento atraente. Como os antibióticos são usados por um curto período de tempo, e são cada vez mais controlados, e ainda por cima curam, eles não são tão rentáveis quanto as drogas que tratam condições crônicas, como diabetes, desordens psiquiátricas, asma ou refluxo gástrico. Um recente estudo de custo x benefício calculou que o valor presente líquido de um novo antibiótico é de apenas 50 milhões de dólares, comparado com 1 bilhão de dólares para um remédio usado, por exemplo, para tratar uma doença neuromuscular. Imagine o que são 50 milhões de dólares para uma indústria que lucrou dezenas de bilhões de dólares desenvolvendo, em curto tempo, as vacinas contra a covid-19.

As infecções causadas por bactérias resistentes aos antibióticos já são comuns em todo o mundo. Muitas organizações de saúde têm descrito essa rápida disseminação de bactérias resistentes como uma "crise global", ou "um cenário de pesadelo", que pode ter consequências catastróficas. Já em 2013, o Centro de Controle de Doenças dos Estados Unidos declarou que a humanidade está agora na era "pós-antibióticos", e em 2014 a Organização Mundial da Saúde advertiu que a crise sobre a resistência aos antibióticos está se tornando dramática. A pandemia de 2020-2022 desviou a atenção desse problema, mas não o tornou menor. De fato, muitas vítimas da covid-19 morreram devido ao aparecimento de infecções bacterianas. Além disso, muitos morreram devido ao descontrole do sistema imunológico, que pode estar ligado às alterações dos microbiomas humanos, que podem afetar o sistema imunológico.

As infecções por bactérias resistentes a antibióticos ocorrem geralmente em hospitais em razão da alta concentração de pacientes vulneráveis, uso intensivo de técnicas invasivas e alta taxa de uso de antibióticos nesses locais. Nos Estados Unidos, cerca de 2 milhões de pessoas contraem infecções hospitalares todos os anos, resultando em 99 mil mortes. As duas infecções mais comuns são a sepse (que chamávamos de septicemia ou infecção generalizada) e a pneumonia. No Brasil, estima-se que as infecções hospitalares atinjam 14% dos pacientes – número muito alto –, resultando em 55 mil mortes por ano. Um número ainda mais assustador. Voltando aos Estados Unidos, o custo da sepse mais pneumonia de causa hospitalar foi estimado em 8 bilhões de dólares por ano. O custo total para a economia das infecções por bactérias resistentes pode chegar a 20 bilhões de dólares na saúde propriamente dita, e a 35 bilhões de dólares em perda de produtividade.

A rápida emergência de bactérias resistentes ameaça, portanto, os extraordinários benefícios que foram conseguidos com os antibióticos. A crise é global e muito séria, refletindo o uso excessivo de antibióticos pelos humanos e em seus animais e lavouras. A disseminação das superbactérias e fungos nos ambientes humanos e na natureza, as deficiências no controle do seu uso, aliadas à falta de desenvolvimento de novos remédios pelas indústrias farmacêuticas, estão ameaçando que voltemos à condição em que se vivia num mundo sem antibióticos. É preciso um esforço coordenado, liderado pelos governos e pelas organizações transnacionais de saúde, para que se retome a pesquisa, se reduza a utilização excessiva e se compreendam os efeitos dos antibióticos na saúde humana e nos ecossistemas do planeta.

PRECISAMOS NOS PREOCUPAR COM OS PEQUENOS SERES

Se considerarmos como insetos e micróbios estão, literalmente, enredados numa intrincada rede que suporta não apenas as nossas vidas, mas boa parte dos ecossistemas da Terra, e o modo como estamos perturbando esse sistema, devemos ao menos suspeitar que algo muito grave pode acontecer. E nos preocupar, e monitorar, e procurar entender melhor o papel desses seres no planeta e em nossas vidas. Estamos extinguindo espécies de insetos numa taxa ainda maior do que qualquer outro grupo de plantas ou animais. E estamos perturbando profundamente microbiomas que parecem fundamentais em coisas tão variadas, como as mudanças climáticas, a fertilidade dos solos, a potabilidade das águas e o equilíbrio interno do nosso organismo.

Desconhecemos muito do que está acontecendo no mundo dos seres muito pequenos. Eu não posso – ninguém pode – prever com alguma precisão o que pode acontecer. O que o conhecimento atual me permite é dizer: olhe, isto aqui é importante, perturbar esse sistema muito provavelmente terá consequências nefastas, algumas nós sabemos, outras nós especulamos e outras ainda simplesmente não sabemos. Mas, se olharmos para o passado, toda vez que sistemas assim foram perturbados, as consequências foram, de fato, danosas. É melhor tratarmos com muita atenção os seres muito pequenos e a delicada teia de vida que eles sustentam, pois sua perturbação pode ter consequências graves e inesperadas, nos pegando completamente despreparados.

10.

Química a serviço da vida - ou da morte? Intensificação química descontrolada

No livro *The handmaid's tale* (O conto da aia, na tradução para o português), escrito em 1985 por Margaret Atwood, que depois virou filme e, mais recentemente, uma série de um canal de *streaming*, o meio ambiente é contaminado de tal forma por produtos tóxicos que, entre outros efeitos, torna a maior parte das pessoas estéreis. O livro, sendo de 1985, fala, naturalmente, sobre o futuro. Um futuro sombrio. A crise de natalidade e outras (o livro não entra em muitos detalhes – deixa para nossa imaginação tentar conceber o que aconteceu) fazem com que a sociedade americana entre em colapso, e um grupo de ultradireita (conservador e religioso) tome o poder, instalando um estado totalitário. Poucas mulheres engravidam e, mesmo entre as que engravidam, muitas têm abortos espontâneos. Dos poucos bebês que nascem, a maioria tem sérias deficiências e morrem, ou são eliminados em poucos dias. As mulheres férteis são valiosas, de modo que são isoladas e mantidas quase em cativeiro (podem sair em dupla – para uma vigiar a outra –, mas só para fazer compras ou ir ao médico), para servir de reprodutoras para os homens da elite dominante. São as "aias" (*handmaids* em inglês). Não ficamos sabendo que produto químico, ou produtos, causaram a intoxicação coletiva, nem como ela aconteceu. Mas teria sido algo avassalador, para chegar ao ponto de transformar a mais rica democracia do mundo num estado totalitário. Margaret Atwood escreveu o livro um pouco depois de Rachel Carson escrever *A primavera silenciosa*, um livro que foi um poderoso alerta sobre a poluição química causada principalmente pelo uso de pesticidas nas lavouras. Hoje em dia, *O conto da aia* serve para ilustrar o que organizações de extrema direita, caracterizadas pelo reacionarismo e pela intolerância religiosa, podem fazer com a sociedade. Mesmo que *O conto da aia* nos apresente uma visão extrema, ele mostra muito bem como essas coisas acontecem aos poucos, florescendo numa sociedade quando um número cada vez maior de pessoas se sente excluída. Tudo isso é muito atual, pois estamos, como no livro, enfrentando condições cada vez mais hostis para nossa sobrevivência, num contexto em que as soluções propostas por grupos radicais atraem um número crescente de pessoas.

A situação referida no livro, de progressiva intoxicação química das pessoas e do meio ambiente, está de fato ocorrendo. Certamente, ainda não ao ponto em que deve ter ocorrido na ficção de Margaret Atwood, mas ainda assim de forma bastante acentuada. E, o mais alarmante, progressiva. Embora a poluição química esteja conosco desde os primórdios da humanidade, quando os humanos começaram a usar metais pesados, como o chumbo, por exemplo, para fabricar diversos utensílios, passamos a viver um período de "intensificação química" sem precedentes. Trilhões de toneladas de material quimicamente ativo têm sido descarregados no ambiente por atividades ligadas à mineração, processamento mineral, agropecuária, construção civil e produção de energia. As indústrias de utensílios domésticos e alimentação, como veremos, também estão nessa lista. Além da dispersão antropogênica de químicos naturais, os humanos já sintetizaram mais de 140 mil produtos químicos e misturas de produtos químicos, a maioria inteiramente artificial. Na verdade, análises mais recentes indicaram que esse número pode ser até maior do que 350 mil. E novos compostos sintéticos continuam sendo desenvolvidos. Apenas nos Estados Unidos, cerca de 1.500 novas substâncias são produzidas todos os anos[1]. Muitas dessas substâncias são conhecidas por serem tóxicas mesmo em pequenas doses, às vezes em combinação com outros poluentes, ou por sua decomposição por organismos, ou por processos físicos diversos.

Não estamos dando importância a isso talvez porque as mudanças climáticas sejam hoje o problema mais grave, ou mais visível. Mas há quem defenda que a ameaça da intensificação química é tão séria e urgente quanto a das mudanças climáticas. Mas ela ocorre de forma muito mais insidiosa, porque, na maioria dos casos, os diversos químicos estão se acumulando lentamente nos nossos corpos e no ambiente, e atuam muitas vezes em interações complexas com outros químicos naturais e artificiais, de modo que é muito mais difícil, na maior parte dos casos, detectar os seus efeitos. Mas há muitas evidências de que a intensificação química, ou seja, o desenvolvimento e utilização descontrolada de produtos químicos pelos humanos, é uma ameaça muito grave à nossa saúde a até mesmo à nossa sobrevivência. Neste capítulo vamos ver por quê.

Química a serviço da vida! Esse é o *slogan* de uma grande empresa química. E eles têm razão. Além dos remédios, que também são produtos químicos, mas não serão tratados aqui, hoje em dia há milhares, para não dizer milhões, de produtos químicos sintéticos que foram desenvolvidos para que possamos viver melhor e com mais conforto, que permitem que nossos carros e aviões sejam cada vez mais rápidos e seguros, e que estão envolvidos em muitos processos e produtos que você nem sequer imagina. Novos produtos químicos possibilitam que você frite ovos sem grudar na frigideira, que usemos tintas impermeáveis com secagem rápida, protetores solares que não saem na água, plásticos com diferentes propriedades e uma infinidade de outras aplicações que tornam nossa vida mais fácil, prática e agradável. Mas, como em quase todos os casos relatados neste livro, há o outro lado da moeda. A química, ainda que de modo involuntário – pelo menos na maior parte das vezes –, também está a serviço de doenças e mortes. A nossa exposição cada vez maior a produtos químicos, muitos deles cujos efeitos só vão se manifestar depois de muito tempo, está causando problemas ao meio ambiente e à nossa saúde de uma forma nunca vista. E o pior aspecto é que são "silenciosos". Exatamente por esse efeito cumulativo.

Quando há liberação de produtos químicos que causam intoxicação aguda, e há inúmeras tragédias bem conhecidas ilustrando isso, geralmente tomam-se medidas drásticas imediatamente. Mas um produto químico que se acumula lentamente no seu organismo sem que você note que há algo errado, até que anos, ou até décadas depois, aparece um câncer, um distúrbio hormonal sério ou qualquer outro problema de saúde cuja origem é difícil de determinar, esse muitas vezes continua causando doenças nas pessoas por muito tempo até que seu efeito seja – quando o é – identificado, e alguma ação seja tomada. Vamos ver muitos exemplos de casos assim a seguir.

Antes de continuar, alguns esclarecimentos. Como eu disse, não vou falar sobre remédios (a não ser os antibióticos no capítulo anterior), pois isso exigiria entrar no campo da medicina, onde sou decididamente ignorante – ainda que, por ser um pouco hipocondríaco (minha família diria que sou muito, mas isso é exagero!), sei alguma coisa, pelo menos sobre os meus problemas de saúde (e posso lhe garantir, provavelmente não estaria vivo se não fossem os remédios). Você talvez note que também não vou falar sobre os compostos químicos normalmente usados para realçar o sabor, ou sobre adoçantes, ou sobre conservantes. Nem mesmo sobre compostos que sabidamente são cancerígenos se consumidos em grande quantidade, como os nitritos usados para conservar embutidos. A razão é simples. Esses compostos, além de serem úteis (afinal, é melhor ingerir um conservante do que uma bactéria botulínica!), já foram muito estudados, e quase todos só são perigosos se consumidos em quantidades que uma pessoa normal não consome. Além disso, a maior parte deles é eliminada pelo organismo e se degrada no meio ambiente depois de certo tempo.

Também não vou falar sobre as intoxicações agudas causadas por altos níveis de poluentes químicos no interior das instalações industriais e na vizinhança das fábricas, ou sobre a poluição atmosférica, tanto na forma de compostos químicos quanto de partículas, que continua matando milhões de pessoas todos os anos em todo o mundo. Ou sobre o problema dos esgotos, que continua muito sério em muitos países do mundo, inclusive no Brasil. Eu sei que o fato de um problema ser antigo não significa que ele desapareceu. Todos continuam relevantes.

Mas, para cobrir todos esses tópicos, seria necessário não um livro, mas vários. E há muitas referências disponíveis sobre esses assuntos.

Então, escolhi aqui me concentrar naqueles menos conhecidos, e que são ainda mais graves do que os que já mencionei. Na verdade, representam a maior ameaça química para nossa saúde e bem-estar, além de estarem contaminando o meio ambiente. Trata-se dos chamados poluentes químicos persistentes, que na sua maioria são compostos orgânicos artificiais, ou seja, compostos químicos formados à base de carbono, que são sintetizados pelas indústrias químicas. São poluentes que, uma vez despejados no ambiente, levam muitos anos para se decompor (por isso são também chamados de "poluentes eternos"). Estamos despejando poluentes persistentes com grande intensidade pelo menos desde meados do século XX. E eles vão ficar nos contaminando por muito tempo. Por serem "silenciosos", como veremos a seguir, temos dificuldade para perceber a gravidade. Mas eles já estão dentro de nós.

Para conhecer os principais poluentes químicos persistentes e seus efeitos, será preciso entrar em mais detalhes sobre, naturalmente, química. Nomes e conceitos estranhos vão aparecer. Mas conhecê-los e entendê-los é fundamental para compreendermos os problemas e as possíveis soluções. Vou procurar fazer essa abordagem da maneira mais simples possível. Mas, por outro lado, não podemos ser simplórios. Vou ter que adentrar alguns conceitos mais aprofundados e difíceis. Mas, quando você souber dos malefícios que esses compostos podem causar, eu penso que vai concordar comigo que valeu a pena.

Os três principais tipos de poluentes químicos persistentes que requerem nossa atenção são os metais pesados, os poluentes orgânicos persistentes e os pesticidas. Vou começar com os metais pesados, que acompanham a civilização humana desde seus primórdios, mas não deixaram de ser uma grande ameaça à nossa saúde e ao meio ambiente. Não são compostos orgânicos, mas têm as características de poluentes persistentes e efeitos semelhantes a todos os demais.

METAIS PESADOS

Há muitos anos, li a história de uma família americana que durante as férias no México comprou uma moringa de cerâmica para colocar água, que ali ficava fresca e agradável para beber. Então, algum tempo depois, a família começou a adoecer. Os sintomas começaram leves, primeiro com dor de cabeça e náusea, depois foram se agravando, chegando a problemas renais e hepáticos. Depois de muitos exames, veio o diagnóstico: envenenamento por chumbo. A história é antiga, mas o envenenamento por chumbo utilizado em cerâmicas e outros produtos artesanais ainda é um problema no México. Mais recentemente, vi um filme nigeriano em que uma mulher é envenenada lentamente por um desafeto, uma pessoa invejosa de seu casamento feliz e bem-sucedido, também por chumbo. A mulher, por causa desse envenenamento, desenvolve problemas neurológicos semelhantes à esquizofrenia e tem a vida destruída. O filme se baseia em uma história real. Há muitos metais pesados que causam intoxicação aguda ou progressiva e que continuam contaminando o meio ambiente e os seres humanos. Exemplos incluem o cromo, o cádmio, o arsênio, entre outros. Mas vou me concentrar aqui nos que considero mais relevantes: o chumbo e o mercúrio.

Chumbo

A intoxicação por chumbo causa inúmeros problemas. Ele pode destruir os sistemas motor, cognitivo, hepático, renal e visual. Crianças expostas ao chumbo geralmente apresentam queda de mais de 10 pontos no QI. Evidentemente, os efeitos são mais sérios quanto maior é a exposição. O problema é que somente na segunda metade do século XX, mais especificamente depois das décadas de 1960 e 1970, os danos da exposição acumulativa ao chumbo ficaram aparentes. Isso é comum na história da maior parte dos compostos químicos nocivos. A humanidade os utiliza por muitos anos até descobrir os seus efeitos maléficos. Devemos ter isso em mente quando verificamos a enorme quantidade de compostos químicos que estão sendo introduzidos no mercado todos os anos.

O chumbo ainda é muito usado em cerâmicas e louças, como componente do esmalte. Esse tipo de contaminação pode ainda estar acontecendo aqui mesmo no Brasil. E em diferentes partes do mundo. Nos Estados Unidos, foi verificado recentemente que louças provenientes da China continham teores de chumbo muito acima do permitido. Sugiro não comprar cerâmica que não seja certificada para chumbo (e outros metais, como o cádmio), principalmente se for para armazenar água ou alimentos. O chumbo é usado também em tintas – como pigmento (sendo que seu uso só foi regulamentado no Brasil em 2016 – o que significa que há muita tinta com excesso de chumbo nos locais em que moramos e trabalhamos) – e em encanamentos – esta última utilização praticamente abandonada atualmente.

Mas o maior problema com o chumbo foi (e ainda é pelas consequências) o seu uso na gasolina. Nesse caso, o que se utilizava era o chumbo tetraetila, que servia para melhorar a performance do motor e reduzir o seu desgaste. Uma coisa ótima! Não fosse o chumbo emitido pelo escapamento dos carros, contaminando tudo à sua volta. Apesar de os cientistas terem demonstrado os malefícios do uso de chumbo na gasolina desde a década de 1970, o primeiro país a bani-lo foi o Japão, em 1980. O Brasil baniu em 1989; os Estados Unidos, em 1996; e a Argélia, último país a fazê-lo, em 2021.

O caso do chumbo é emblemático no que se refere aos chamados poluentes persistentes. O chumbo, quando contamina o solo, pode ficar aí retido por até 2 mil anos. Na medida em que se move para dentro e através dos ecossistemas, muitos efeitos adversos podem ocorrer. Concentrações de chumbo de 10 a 40 mil ppm, que não são incomuns próximo a rodovias, ainda são tóxicas para os seres humanos, e podem destruir populações de bactérias e fungos dos solos. Atualmente, as concentrações de chumbo na água e nos solos do Brasil está bem mais baixa. Nosso maior problema é a contaminação pelo manuseio inadequado de baterias contendo chumbo, que ainda são comuns no Brasil.

O chumbo é extraído de seu principal minério, um mineral chamado galena, que também contém arsênio, estanho, antimônio e prata. De fato, a maior parte da mineração de galena, inicialmente, era feita para se obter a prata, utilizada na confecção de moedas. O chumbo era um subproduto. Mas logo se descobriu que era um metal maleável e útil para a fabricação dos mais diversos produtos. Nos tempos do Império Romano, era usado para maquiagem, agente de coloração em tintas, potes para preservação de comida e vinho, diversos utensílios domésticos, encanamento, moedas, isolante em casas e navios e um grande número de outras aplicações, algumas surpreendentes, como em remédio para controle da natalidade (exterminador de esperma). E até mesmo como tempero!

Tanto o chumbo como os demais componentes da galena são tóxicos. Uma das vantagens do chumbo é que ele derrete a baixas temperaturas, o que o torna muito útil na fabricação de objetos. Mas esse processo gera vapores tóxicos, que eram inalados pelos trabalhadores. O chumbo é também facilmente absorvido pela pele e pelo sistema digestivo. Assim, seu uso doméstico causa envenenamento aos usuários. Os sintomas mais comuns do envenenamento pelo chumbo são dor de cabeça, náusea, diarreia, desmaios e cólicas.

O chumbo também é um disruptor endócrino, ou, usando um termo mais apropriado em português, um desregulador endócrino. Essa característica é provavelmente a que mais preocupa atualmente. Os desreguladores endócrinos atuam no organismo por meio da imitação dos hormônios naturais (como o estrogênio, por exemplo). Dessa forma, ocorre um bloqueio da ação hormonal natural e alterações significativas no equilíbrio hormonal. Mais à frente veremos que, além do chumbo, estamos atualmente expostos a uma grande quantidade de desreguladores endócrinos.

Os romanos conheciam os efeitos do envenenamento pelo chumbo por causa das doenças que atingiam os trabalhadores das minas. Mas como eles eram escravos, isso não era considerado um problema. Não era tido como perigoso para o uso doméstico. E assim, muitos cidadãos romanos foram envenenados por chumbo sem saber. Há estudiosos que especulam que as atitudes extremadas de Calígula e Nero tenham sido causadas por intoxicação por chumbo. E alguns especulam que até mesmo a queda do Império Romano pode ter sido causada pelo envenenamento coletivo. E os romanos não eram os únicos afetados. Por exemplo, amostras do esmalte dos dentes de indivíduos – romanos, anglo-saxões e vikings – que viviam na Inglaterra no período romano e no início do período medieval mostravam em média teores de chumbo em torno de 10 ppm, que hoje em dia seria considerado uma doença de trabalho (aquela que se desenvolve por causa das condições do local de trabalho). Os valores nos humanos atuais estão em torno de 3 ppm e vêm caindo. Ainda assim, esse teor de chumbo nos humanos atuais é muito maior do que o registrado nos indivíduos do Neolítico, que viveram antes do uso de metais, e cujos dentes apresentam teores da ordem de 0,3 ppm. Ou seja, todos nós ainda estamos contaminados por chumbo.

Mercúrio

O mercúrio é outro metal extremamente tóxico que tem sido bastante comentado no Brasil nos últimos anos em razão do seu uso na extração de ouro. O caso do mercúrio é especialmente relevante não apenas porque se trata de um atual e, principalmente, futuro grande problema no Brasil, mas também porque seus efeitos ilustram o que pode acontecer com os demais tipos de poluentes menos conhecidos, sobre os quais vou falar ao longo do capítulo. A mais interessante propriedade do mercúrio é que se apresenta em estado líquido, em temperatura ambiente. Atualmente, em escala mundial, o mercúrio é utilizado principalmente em instrumentos de medida, lâmpadas fluorescentes, medicamentos, corantes, pilhas e como catalisador em reações químicas. Sendo este último uso o que tem provocado mais danos à saúde humana. O mercúrio não é um bom condutor de calor, mas é bom condutor de eletricidade. É insolúvel em água. Estabelece liga metálica facilmente com muitos outros metais, como o ouro ou a prata, produzindo amálgama. Quando a temperatura é aumentada, transforma-se em vapores tóxicos e corrosivos mais densos que o ar. É um produto perigoso quando inalado, ingerido ou mesmo em contato, causando irritação nos olhos e vias respiratórias.

O mercúrio foi descoberto na Grécia Antiga. Seu nome homenageia o deus romano que era o mensageiro dos deuses. Essa homenagem é devida à fluidez do metal. Foi um dos primeiros elementos estudados e tem sido de interesse para os estudantes de Química desde os dias da alquimia até hoje. O mercúrio está presente em várias formas: metálico, orgânico e inorgânico. Tanto os humanos como os animais estão expostos a todas as formas através do ambiente.

O mercúrio metálico ou elementar existe na forma líquida em temperatura ambiente, é volátil e liberta um gás perigoso: o vapor de mercúrio. Este é estável, podendo permanecer na atmosfera por meses ou até anos. Quando se combina com elementos como o cloro, enxofre ou oxigênio, obtém-se os compostos de mercúrio inorgânico, também designados de sais de mercúrio. Por outro lado, se um átomo de mercúrio se ligar a pelo menos um átomo de carbono, dá origem a compostos de mercúrio orgânico.

O minério mais importante do mercúrio é o cinábrio, cujas maiores reservas minerais são encontradas na Espanha. No entanto, o maior produtor mundial é atualmente a China, com uma produção de 3.600 toneladas por ano. Na Península Ibérica, onde se localizam as minas mais antigas, cientistas encontraram as primeiras evidências de envenenamento por mercúrio em ossos humanos, com 5 mil anos, devido à exposição a níveis altos desse elemento no corpo. Geralmente, quem é intoxicado pelo vapor de mercúrio pode apresentar sintomas como dor de estômago, diarreia, tremores, depressão, ansiedade, dentes moles com inflamação e sangramento na gengiva, insônia, falhas de memória, fraqueza muscular, nervosismo, agressividade e até demência. Mas as pessoas podem se contaminar também através da ingestão, uma situação que, como veremos daqui a pouco, é cada vez mais preocupante. No sistema nervoso, o produto tem efeitos desastrosos, podendo dar causa a lesões leves e até mesmo vida vegetativa ou morte, conforme a concentração. Há muitos casos de contaminação por mercúrio registrados no mundo. Mas vou falar de três deles, que ilustram a magnitude do problema: (1) uns pobres pescadores japoneses, (2) você ou seu parente que adora comer peixe e (3) daquele que é o mais grave e urgente para os brasileiros, o seu uso nos garimpos.

1. Minamata é uma cidade da costa ocidental da Ilha de Kyushu, no Japão. Na década de 1950, era uma pequena e tranquila cidade de pescadores. Em 21 de abril de 1956, uma criança com disfunções no sistema nervoso deu entrada no Hospital Shin Nihon Chisso. Pouco tempo depois, quatro pacientes com sintomas similares apareceram no centro de saúde pública de Kumamoto. Os

médicos ficaram confusos com os sintomas que os pacientes tinham em comum: convulsões severas, surtos de psicose, perda de consciência e coma. Mais tarde, com febre muito alta, todos os quatro pacientes morreram. Este último caso acabou sendo a data oficial da descoberta do "mal de Minamata".

Uma indústria lançava dejetos contendo mercúrio desde 1930. Mas somente duas décadas depois começaram a surgir sintomas de contaminação: peixes, moluscos e aves morriam. E logo depois a contaminação atingiu seres humanos. Mas, a princípio, ninguém sabia o que estava acontecendo. Os médicos ficaram chocados pela alta mortalidade da nova doença: ela foi diagnosticada em treze outras pessoas, incluindo alguns de pequenas aldeias pesqueiras próximas de Minamata, que morreram com os mesmos sintomas, assim como animais domésticos e pássaros. Foi descoberto que o fator comum às vítimas era que todas comiam grandes quantidades de peixe da Baía de Minamata. Pesquisadores da Universidade Kumamoto chegaram à conclusão de que o mal não era uma doença, mas sim envenenamento por substâncias tóxicas. Tornou-se claro que o envenenamento estava relacionado à fábrica de acetaldeído e PVC de propriedade da corporação Chisso, uma companhia que produzia fertilizantes químicos. Mas falar publicamente contra a companhia não era recomendado na cidade, já que era uma grande empregadora. Com o tempo, a equipe de pesquisa médica chegou à conclusão de que as mortes foram causadas por envenenamento com mercúrio mediante consumo de peixe contaminado; o mercúrio era utilizado no complexo Chisso como catalisador. Era então lançado ao rio com os outros dejetos industriais, chegava ao mar e contaminava os peixes e outros frutos do mar que as pessoas comiam.

A Síndrome de Minamata demora vinte anos para se manifestar após o início da contaminação. O mercúrio, portanto, é um típico poluente químico persistente. Por isso, quando se manifesta pela primeira vez em uma determinada área, às vezes já é tarde demais, e um grande número de pessoas já está contaminado. O mercúrio em Minamata era lançado na sua forma orgânica (metilmercúrio). Esse composto é bastante solúvel, e pode alcançar elevados níveis de concentração em peixes e mariscos. Estes, para absorver oxigênio e para se alimentarem, filtram grandes quantidades de água, o que aumenta a concentração de mercúrio em seus corpos.

Em Minamata morreram 1.435 pessoas e mais de 20 mil foram vítimas diretas da contaminação pela fábrica da Chisso. No início, a Chisso compensou algumas pessoas. Mas, na medida em que o número aumentava, a empresa foi aos tribunais para negociar as indenizações. O processo causou uma grande comoção no Japão, e se arrastou até 1973, quando mediante o trabalho do novo diretor da Agência Ambiental Miki, um acordo foi alcançado, o que levou ao pagamento de indenizações às referidas 20 mil pessoas. Por outro lado, estima-se que mais de 2 milhões de pessoas tenham sido contaminadas por metilmercúrio no Japão.

2. O caso da Baía de Minamata, por mais trágico que tenha sido, não evitou que a contaminação dos frutos do mar continuasse em todo o mundo, ainda que de forma menos intensa. O mercúrio é liberado no ar e na água pela queima do carvão, mineração e em diversos outros processos industriais. Se examinarmos uma indústria específica, vão dizer que a quantidade é pequena. Mas a soma dos rejeitos de todas as indústrias não é pequena e, se considerarmos a contribuição do garimpo – que será discutida adiante – e que o mercúrio se acumula no organismo, podemos estar diante de uma intoxicação em massa sendo preparada silenciosamente.

De fato, peixes que vivem em águas com apenas 1 ppt (parte por trilhão) de mercúrio podem conter concentrações de metilmercúrio (o composto mais nocivo à saúde) em quantidades danosas aos seres humanos. Um estudo recente do Darmouth College, nos Estados Unidos, demonstrou que a concentração de mercúrio pode aumentar em 10 milhões de vezes na medida em que ascende na cadeia alimentar, de pequenas algas microscópicas até os peixes maiores. O mesmo estudo mostrou que as concentrações de mercúrio em lagos e rios de todos os 50 estados americanos estão acima do tolerado para animais e humanos. O mesmo provavelmente ocorre na maior parte dos rios, lagos e mares de boa parte do mundo. Na verdade, a maior parcela do mercúrio ingerida pelos americanos é pelo consumo de atum e peixe-espada, que são espécies oceânicas. As informações sobre os malefícios dos frutos do mar, como vimos no capítulo sobre pesca predatória, são difíceis de se obter e cheias de controvérsias (boa parte delas claramente negacionista, plantadas por interesses escusos). Diante dessas evidências, é mais seguro consumir peixes e frutos de mar de maneira no mínimo moderada.

3. No Brasil, assim como em alguns outros países em desenvolvimento, esse problema é agravado pelo garimpo ilegal. A poluição por mercúrio é comum em áreas de garimpo, afetando vastas regiões do Brasil. Os garimpeiros usam o mercúrio para coletar ouro dos concentrados na forma de um amálgama e recuperam o ouro metálico "queimando-o", vaporizando o mercúrio, o qual é levado pelo vento, e logo se deposita no solo, rios e lagos. É nesses ambientes, quando em contato com a matéria orgânica, que se transforma no nosso conhecido metilmercúrio. Dessa forma, a Amazônia, com a disseminada exploração de ouro e uso de mercúrio, pode estar se transformando numa Minamata gigante, cuja tragédia só vai acontecer de fato daqui a dez, vinte anos. Novamente, quando se manifestar, será tarde demais para evitar dezenas de milhares de mortes e centenas de milhares de pessoas parcialmente incapacitadas pelo resto da vida. Se você mora na Amazônia, assim como no resto do Brasil, não pode mais comprar termômetro com mercúrio na farmácia, porque, explicam os atendentes, "ele é perigoso para a saúde". Na Amazônia, a proibição dos termômetros com mercúrio não fará nenhuma diferença.

POLUENTES ORGÂNICOS PERSISTENTES

Denominamos substâncias orgânicas todos os compostos químicos baseados em carbono, que é o átomo da vida. O carbono deve ter vencido a competição da seleção natural como o átomo preferencial para compor os tecidos vivos por ser extremamente versátil. Pode constituir diferentes tipos de ligações químicas e formar moléculas com as mais diversas estruturas. Pelas mesmas razões, tem grandes aplicações industriais. Os poluentes orgânicos persistentes (conhecidos tanto em português como em inglês pela singela sigla POPs) são substâncias químicas orgânicas, mas sintéticas, diferenciadas de outras substâncias químicas por possuírem uma combinação particular de características físicas e químicas, tais como: semivolatilidade (que os torna mais móveis, aumentando seu potencial de contaminação), persistência, bioacumulação e elevada toxicidade. Há uma ampla gama de POPs, que são utilizados das mais diferentes maneiras pela indústria, e estão se acumulando no meio ambiente e em nossos corpos de uma maneira assustadora. A maioria dos POPs, como os demais compostos orgânicos, tem nomes "estranhos". Talvez você se lembre das aulas de Química Orgânica e da tortura que era memorizar todos aqueles nomes. Mas há uma dica: os tais nomes estranhos descrevem a composição da molécula, ou seja, ao vermos o nome, já temos uma ideia do que contém. Por exemplo, o ácido perfluoroctano sulfônico (que é um tipo de PFA, descrita adiante) tem um nome de fato assustador. Mas o nome já nos diz que é um ácido, portanto contém hidrogênio, contém flúor, tem oito átomos de carbono (octano) e contém enxofre (que em latim se denomina *sulphur* – por isso o "S" é o símbolo do enxofre na tabela periódica). Assim, ao nos depararmos com esses nomes complicados, se entendermos um pouco o que eles significam, ficamos um pouco menos assustados.

A Convenção de Estocolmo sobre Poluentes Orgânicos Persistentes[2] (convocada pelo Programa das Nações Unidas sobre o Ambiente) de 2001 (ratificada por 50 países – inclusive o Brasil – em 2004) classificou 21 conjuntos de compostos químicos como "poluentes orgânicos persistentes" (POPs). Como o nome sugere, trata-se de compostos tóxicos que, por serem muito estáveis, tendem a persistir no ambiente (por isso são também chamados de "químicos eternos") e sua progressiva acumulação pode causar morte ou deficiência permanente nos humanos. A exposição humana aos POPs mais comumente se dá pela ingestão de alimentos (principalmente peixe, carne e laticínios). A exposição também ocorre pela inalação e absorção pela pele, embora estas sejam menos comuns. As duas propriedades que mais agravam o papel dos POPs na saúde humana e no meio ambiente são a persistência e a bioacumulação[3].

Persistência é a tendência de uma substância em permanecer no ambiente pela resistência à degradação química e biológica, inclusive aos efeitos dos processos microbianos. A persistência é medida como meia-vida. Isso significa o tempo necessário para que metade da substância seja degradada em horas, dias, meses ou até mesmo em muitos anos. A meia-vida de um POP varia em diferentes meios, ar, água e solo, e com outros fatores, como a temperatura. Mas a maioria dos POPs tem meia-vida da ordem de vários a dezenas de anos, alguns muito mais do que isso. Ou seja, os POPs ficarão no meio ambiente por muitos anos, mesmo se sua produção for substancialmente reduzida, o que não deve acontecer nos próximos anos ou décadas.

A bioacumulação é o fenômeno pelo qual uma substância química atinge uma concentração maior nos tecidos de um organismo do que no ambiente ao redor (ar, água, solo), por meio da captação principalmente pela via respiratória e pela dieta. A magnitude da bioacumulação é influenciada pela insolubilidade da substância química em água, propriedade que interfere na eliminação corporal do contaminante por meio de excreção ou biotransformação. A maior parte dos POPs é solúvel em gordura, o que facilita ainda mais sua concentração nos organismos. Assim, como os organismos têm dificuldade de excretar os POPS, há uma tendência de que eles se acumulem progressivamente no sentido do topo da cadeia alimentar. No mar há maiores concentrações de POPs nos grandes peixes e mamíferos. Nas terras, no topo da cadeia alimentar, estamos nós!

Principais tipos e efeitos dos POPs

POPs são agentes tóxicos que podem causar sérios problemas à saúde, inclusive alguns tipos de câncer, malformações de nascença, disfunções nos sistemas imunológico e reprodutivo, maior suscetibilidade a doenças e diminuição da capacidade mental. A seguir vou detalhar alguns desses efeitos, dos quais o mais grave me parece ser como desreguladores endócrinos. É importante ler essa descrição tendo em mente que, como vou relatar na próxima seção, nós vivemos cercados por POPs, e eles estão se acumulando em nossos corpos numa taxa nunca registrada antes.

Um ponto muito importante: muitos POPs, assim como outros compostos aqui apresentados (inclusive o chumbo), têm propriedades endócrino-disruptivas. É importante aprofundar um pouco mais aqui a descrição dessa propriedade porque muitos de seus efeitos só agora estão sendo estudados. E muito ainda há para ser compreendido. Os chamados disruptores endócrinos ou, para evitar o anglicismo (é a tradução de *endocrine disruptors*), desreguladores endócrinos, são uma gama de substâncias químicas que interferem no sistema hormonal, alterando a forma natural do sistema endócrino e causando distúrbios na vida humana e na vida animal (domésticos e selvagens). Os desreguladores endócrinos atuam no organismo por meio da imitação dos hormônios naturais (como o estrogênio). Dessa forma, ocorre um bloqueio da ação hormonal natural e alterações significativas no equilíbrio hormonal.

Os desreguladores endócrinos agem, por exemplo, através do estrogênio e dos receptores relacionados com o estrogênio. O estrogênio é o principal hormônio sexual feminino, sendo responsável, entre outras funções, pelas características sexuais secundárias, como o tamanho dos seios e o controle da ovulação, bem como do crescimento do endométrio do útero, preparando-o para a fertilização e pela distribuição da gordura no corpo feminino. Nos homens, os níveis de estrogênio são mais baixos, mas o hormônio contribui na regulação da saúde dos ossos e no metabolismo da gordura e carboidratos. Os hormônios estão envolvidos em quase todas as funções do corpo humano, de modo que a ação dos desreguladores endócrinos é muito mais abrangente.

Os desreguladores endócrinos também induzem o estresse oxidativo e um processo chamado de metilação do DNA (que produz defeitos genéticos). Tanto o estresse oxidativo como a metilação do DNA podem levar a uma grande gama de doenças ou defeitos de desenvolvimento, inclusive câncer de mama, próstata e testículos, diabetes, obesidade, autismo, doença de Parkinson, mal de Alzheimer, esclerose múltipla amiotrófica, redução da fertilidade e endometriose. Nessa lista de doenças e condições de saúde, notei um aumento nos casos entre familiares e amigos, particularmente no que se refere a Parkinson, Alzheimer, cânceres não associados ao cigarro, esclerose múltipla, hipotireoidismo (quase uma epidemia) e, surpreendentemente, casos de autismo. É claro que uma observação pessoal não tem valor científico, o aumento de casos teria que ser corroborado por estudos científicos para ser tomado como real, pois o que eu observei pode ser apenas coincidência. Mas é difícil evitar de me perguntar até que ponto a intensificação química em geral e a exposição aos poluentes orgânicos persistentes que, sabidamente, são associados a esses tipos de casos, não têm a ver com isso.

Devemos lembrar também que os poluentes orgânicos persistentes estão se acumulando na natureza, de modo que os mesmos malefícios que causam aos humanos também causam aos animais. Aliás, como vimos, uma parte significativa do problema da disseminação dos POPs ocorre pela sua concentração na cadeia alimentar. Os POPs que são liberados no meio ambiente são absorvidos pelos seres da base da cadeia alimentar, insetos e vermes na terra, crustáceos e outros pequenos animais no mar, e são progressivamente incorporados aos animais maiores, onde vão aumentando sua concentração. É por isso que boa parte do que entra em nossos corpos acontece por meio da alimentação.

Vejamos a seguir alguns dos poluentes orgânicos persistentes mais disseminados e perigosos. Vou descrever aqueles que estão mais presentes no nosso dia a dia. Há muitos produtos industriais (como o benzeno, por exemplo) que estão se acumulando na natureza, e de alguma forma também chegarão até nós – além de já estarem contaminando trabalhadores e moradores vizinhos das indústrias. Você pode consultar a lista completa no site da Convenção de Estocolmo. Há ainda outros tipos de POPs, presentes nos pesticidas, que serão descritos na próxima seção. Além disso, no capítulo sobre a poluição plástica, vou mencionar mais alguns tipos, e é importante descrever outras substâncias presentes nos plásticos, que atuam como desreguladores endócrinos.

A seguir, a minha seleção dos piores (se achar enfadonho, você pode ignorar os detalhes químicos – não resisti em colocar alguns – e passar diretamente para seu uso e malefícios, muitos dos quais, inclusive, são comuns a vários tipos de POPs).

Substâncias perfluorquiladas (PFAs)

Nesses meados da década de 2020, as PFAs são os poluentes orgânicos que têm merecido mais atenção, a ponto do então candidato Joe Biden ter se comprometido, durante a campanha de 2019, a "eliminar as PFAs da água que os americanos bebem" (isso mesmo, há décadas os americanos tomam água com teores de PFAs muito acima do que é considerado seguro). Isso também acontece na Europa. As PFAs constituem uma família de milhares (isso mesmo, milhares) de substâncias químicas sintéticas amplamente utilizadas em toda a sociedade e encontradas no ambiente[4]. Todas contêm, como o nome já indica, ligações carbono-flúor, que é uma das ligações mais fortes na química orgânica. Isso significa que resistem à degradação tanto durante a sua utilização quanto depois de liberadas no ambiente. Observou-se que, frequentemente, as PFAs contaminam as águas subterrâneas, as águas superficiais e os solos. A limpeza de locais contaminados é tecnicamente difícil e cara. Se sua liberação continuar, as PFAs estarão cada vez mais incorporadas aos ciclos naturais, e continuarão a se acumular no ambiente, inclusive na água potável e nos alimentos.

Uma das preocupações com relação aos malefícios das PFAs é com mulheres grávidas, com as que querem engravidar e com as crianças. Estudos com animais, apoiados em pesquisas com humanos, indicam que a exposição a determinadas PFAs pode resultar em uma série de riscos para a saúde. Entre eles, baixo peso em bebês recém-nascidos, aumento da pressão arterial da mulher durante a gravidez, interferência no desenvolvimento do feto, aumento do risco de câncer, danos ao sistema imunológico, aumento dos níveis de colesterol. Apesar de serem usados há décadas, estudos sobre os impactos negativos de produtos com PFAs para a saúde do ser humano e para o ambiente se tornaram mais intensos e recorrentes apenas nos últimos anos. Geralmente, quando um tipo de PFA é claramente identificado como nocivo, logo aparece outro para substituí-lo. Como eu já disse, no caso da avaliação dos malefícios dos produtos químicos, estamos sempre correndo atrás do prejuízo.

As PFAs mais comuns são o ácido perfluoroctanoico (PFOA) e o perfluoroctanossulfonato (PFOS). Os Estados Unidos estão reduzindo progressivamente a produção dessas PFAs, e a EPA, Agência de Proteção Ambiental americana, estabeleceu limites máximos para sua presença na água das torneiras. Mencionei linhas atrás a frase de Biden sobre as PFAs na água. Na verdade, em seu programa de campanha, a proposta é mais ampla. O documento lista uma série de ações imediatas que seriam necessárias para a redução na fabricação e uso dos principais tipos de

PFAs[5]. O problema é que, como eu disse, enquanto os mais conhecidos são proibidos, novos tipos de PFAs são introduzidos todos os anos.

Mas, afinal, para que servem as PFAs? Você pode nunca ter visto esta sigla, contudo é bem provável que tenha tido contato com os produtos desse segmento hoje mesmo. Esses compostos têm uma grande gama de propriedades físicas e químicas que são importantes para a indústria. Eles podem ser gases, líquidos ou polímeros sólidos de alto peso molecular. Sua principal característica é exatamente a que os torna tão perigosos: são extremamente estáveis, inclusive sob intenso calor. E onde há calor perto de você? Na cozinha. Isso mesmo, as PFAs estão, por exemplo, naquele revestimento maravilhoso das suas panelas e frigideiras, que evita que você fique horas removendo as crostas de alimentos que são o pesadelo de qualquer cozinheiro, nos frascos que podem ir ao micro-ondas e numa série de outros utensílios da cozinha.

As PFAs estão presentes também em embalagens de comidas industrializadas e até mesmo nas indústrias automotivas, de aviação, construção civil, têxtil, eletrônica e de combate a incêndios. Desde a década de 1940, os produtos com PFAs têm sido comercializados livremente. As principais vias de contaminação pelas PFAs são os produtos antiaderentes da cozinha, o revestimento de embalagens, os itens de higiene pessoal (como os cosméticos – estima-se que mais de 50% dos produtos cosméticos dos Estados Unidos contêm PFAs), roupas (inclusive os fantásticos casacos corta-vento tão admirados por quem faz trilhas e caminhadas), móveis, tapetes e alimentos cultivados em solos contaminados, ou transportados em embalagens com PFAs.

E o que estamos fazendo para evitar a contaminação pelas PFAs? O caso dos revestimentos antiaderentes é emblemático. Alguns países proibiram o uso de produtos químicos dessa classe já há décadas devido aos riscos. Mas, como a lista é muito grande (mais de 4 mil tipos de compostos), os fabricantes de utensílios domésticos, por exemplo, podem usar novos tipos de PFAs cujos riscos ainda são pouco conhecidos. Isso vale não só para as PFAs, mas também para os compostos químicos em geral. Todo ano, cerca de 2 mil novos compostos químicos são introduzidos no mercado. Passam-se anos antes que seus riscos possam ser avaliados. E quando o são, então os compostos são eventualmente proibidos, ou seu uso limitado, e novos compostos já foram introduzidos. Para termos uma ideia melhor dessa situação, nos Estados Unidos estima-se que a Agência de Proteção Ambiental vai levar séculos (você não leu errado) até regulamentar todos os químicos não regulamentados que já estão no mercado.

Bifenilas policloradas (PCBs)

As bifenilas policloradas, conhecidas como PCBs, são hidrocarbonetos aromáticos (o termo aromático significa que a molécula é estruturada na forma de "anéis" de moléculas de carbono, também chamados de anéis de benzeno, como sua professora de Química Orgânica cansou de explicar). Já que estamos animados em saber o porquê do nome das moléculas, o termo bifenila se deve ao fato de a molécula ter dois daqueles "anéis", e são cloradas porque os anéis apresentam átomos de cloro em suas terminações. A família das bifenilas policloradas é formada por 209 bifenilas policloradas individuais, embora somente 130 tenham sido registradas em formulações químicas comerciais. A sua forma varia de líquidos oleosos a sólidos cristalinos. Por sua toxicidade, as bifenilas cloradas estão entre os poluidores orgânicos prioritários para banimento. A solubilidade em água é extremamente baixa (o que, como vimos, dificulta a excreção pelos organismos, facilitando sua concentração nos tecidos gordurosos). O resultado é que, mesmo proibidas, continuam presentes nas cadeias alimentares e se concentrando principalmente nos animais maiores.

As misturas contendo PCBs possibilitam seu emprego em vários segmentos industriais, como fluidos dielétricos em capacitores e transformadores elétricos, turbinas de transmissão de gás, fluidos hidráulicos, resinas plastificantes, adesivos, sistemas de transferência de calor, aditivo antichama e lubrificantes. Embora não sejam (em tese) produzidas de forma intencional, ainda são subprodutos comuns em incineradores, fornos industriais, na produção de celulose e em métodos de branqueamento.

A Convenção de Estocolmo restringe severamente a utilização das PCBs. Seu uso foi proibido há mais de 40 anos em muitos países, inclusive no Brasil. Ainda assim, estudos mostraram que no Canadá, por exemplo, as PCBs continuam presentes em muitos equipamentos ainda em utilização. E assim contaminando pessoas que operam esses instrumentos e os produtos fabricados por eles. A exposição humana às PCBs pode ocorrer por via oral, respiratória e dérmica. A ingestão de alimentos é a principal via de introdução no organismo. A exposição crônica às PCBs causa alterações hepáticas, imunológicas, oculares, dérmicas e na tireoide, efeitos neurocomportamentais, redução do peso ao nascer, toxicidade reprodutiva e aumento na incidência de tumores. A Agência Internacional de Pesquisa em Câncer (IARC) classifica as PCBs como cancerígenas para o ser humano.

Infelizmente, apesar da proibição, há muitas evidências de que as PCBs continuam sendo usadas – e fabricadas – em várias partes do mundo. Esse é o caso de um composto extremamente nocivo, cujo uso e mesmo sua produção de maneira não intencional deveriam ser rigorosamente banidos e fiscalizados.

Dioxinas

As dioxinas[6] também são POPs organoclorados, semelhantes às bifenilas cloradas. Estão entre as substâncias mais tóxicas conhecidas atualmente. As dioxinas são produzidas pela incineração de diversos produtos, durante a fabricação de produtos químicos clorados, especialmente o PVC, e em outros processos que utilizam o cloro, como o branqueamento do papel. Na década de 1990, a Agência de Proteção Ambiental dos Estados Unidos descobriu que nesse país cerca de 40% das emissões de dioxinas na atmosfera provinham da incineração de produtos de serviços de saúde. Uma das causas mais importantes era a grande proporção de PVC presente nesse tipo de resíduo. O cloro contido no PVC é o ingrediente fundamental para a formação de dioxinas.

As dioxinas são reconhecidamente cancerígenas, e também afetam o sistema imunológico, o sistema reprodutivo, o crescimento, o sistema hormonal (são, portanto, desreguladoras endócrinas) e causam outros problemas de saúde, como diabetes e outros.

As dioxinas podem permanecer no ambiente durante milhares de anos e ser transportadas por todo o planeta por via aérea ou aquática (são talvez o exemplo mais vistoso do que podemos chamar de "envenenamento global"). Dissolvem-se em gordura, como a maior parte dos POPs, e, como o corpo as elimina muito lentamente, acumulam-se na cadeia alimentar. Como consequência, os predadores superiores, que incluem os seres humanos, podem ter concentrações muito elevadas dessa substância. Elas são também transferidas de mães para filhos, através da placenta e pelo leite materno.

A Convenção de Estocolmo já baniu a fabricação e o uso de um grande número de compostos organoclorados (vamos ver mais sobre isso na seção sobre pesticidas). Mas, como as dioxinas não são produzidas intencionalmente, não podem ser banidas. A única maneira de reduzir sua disseminação é através de um rigoroso controle dos processos de incineração, o que não ocorre em muitos países. Continuar a produzir dioxinas significa que elas vão continuar a se espalhar por todo o planeta.

Os compostos apresentados nas linhas anteriores são apenas alguns exemplos de centenas de tipos de poluentes orgânicos persistentes que fazem parte do nosso cotidiano. Os relatórios da Convenção de Estocolmo trazem a lista completa, assim como informações atualizadas sobre seus malefícios e os esforços de controle na fabricação e disseminação dessas substâncias que eu selecionei como os mais perigosos e mais disseminados. O ponto mais importante que ressaltei nesta seção é que a maioria dos POPs é cancerígena e desreguladora endócrina, dois malefícios com amplas implicações sobre a saúde humana. Finalmente, não custa ressaltar duas características dos POPs que apresentei no início da seção: sua bioacumulação, que significa que os POPs estão se acumulando continuamente na natureza e nos nossos corpos. Neste momento! A cada dia que passa você tem mais deles se acumulando no seu corpo, e nós ainda não entendemos todos os males que causam. Portanto, você deve, sim, se preocupar com eles. E muito!

Estamos cada vez mais submersos numa química que parece estar apenas a serviço de interesses comerciais. Cada vez mais deixando de servir à vida para servir às doenças e à morte.

Vou falar mais sobre os poluentes orgânicos persistentes e outros compostos orgânicos nocivos na próxima seção, que versa sobre pesticidas, e no capítulo sobre a poluição plástica.

LAVOURAS QUE ALIMENTAM E ENVENENAM

Os pesticidas, ou agrotóxicos, que o agronegócio chama eufemisticamente de "defensivos agrícolas", e os fertilizantes artificiais, sobre os quais já falei em capítulos anteriores, são uma das maiores fontes de contaminação química de plantas, animais e seres humanos no planeta. Já relatei em detalhes os problemas relativos ao uso e aos efeitos dos fertilizantes artificiais. Mas é relevante aqui se aprofundar um pouco mais sobre suas características químicas e os principais modos de utilização dos pesticidas.

Na agropecuária moderna, a produção intensiva de plantas e animais para alimentar a maior parte do mundo depende da aplicação de 5 milhões de toneladas de pesticidas e 200 milhões de toneladas de fertilizantes, que contêm nitrogênio, fósforo e potássio concentrados (chamados de NPK – já vimos a questão da eutrofização no capítulo sobre os oceanos e a contaminação dos solos por nitrogênio no capítulo sobre as terras inóspitas). Vou a seguir entrar em mais detalhes sobre os pesticidas. Boa parte deles são poluentes orgânicos persistentes e atuam como disruptores endócrinos. Não vou repetir aqui os detalhes sobre seus efeitos, já mencionados na seção anterior, mas me concentrar no seu padrão de utilização.

De acordo com dados da FAO[7], o volume total de pesticidas usado no mundo em 2018 era de 4,12 milhões de toneladas, sendo os maiores usuários a China (1,77 milhão), os Estados Unidos (408 mil) e Brasil (377 mil). A Ásia é responsável por mais de 50% da utilização mundial. Há uma grande variedade de tipos, todos tendo em comum o fato de conterem compostos químicos muito danosos ao ambiente. Apenas nos Estados Unidos, o número de componentes químicos ativos em vários pesticidas é de mais de quatrocentos. No Brasil, que é o terceiro maior consumidor de agrotóxicos do mundo (dados mais recentes sugerem que já ultrapassamos os Estados Unidos), e tem uma legislação muito branda para seu controle, são usados vários pesticidas proibidos em outros países, como veremos adiante.

O fato é que, enquanto a maioria dos países desenvolvidos tem aumentado o controle e as restrições ao uso de pesticidas, o uso de compostos químicos artificiais na agricultura tem aumentado nos países em desenvolvimento, como a China, que é agora o maior produtor e consumidor de agroquímicos (ou seja, fertilizantes e pesticidas), representando, respectivamente, 36% e 25% da demanda mundial por fertilizantes e pesticidas químicos.

Como já mencionei, muitos produtos químicos que agora são considerados poluentes eram tidos como benéficos quando da sua introdução. Por exemplo, os inseticidas organoclorados (um tipo de poluente orgânico persistente) foram desenvolvidos nos anos 1950, e sua aplicação principal era controlar os insetos que representavam pestes para a agricultura ou eram carreadores de doenças. E eles foram muito bem-sucedidos no curto prazo. No entanto, com a publicação do livro que já mencionei, e que se tornou referência na defesa do ambiente, denominado *Primavera silenciosa*, lançado por Rachel Carson em 1962, o mundo começou a reconhecer que estava enfrentando problemas severos devido à persistência dos organoclorados no ambiente, resultando na exposição cumulativa da vida selvagem e dos humanos. Embora os organoclorados tenham sido banidos desde então, a humanidade ainda está lidando com as consequências de sua utilização. Além disso, a produção clandestina e ilegal ainda é um problema em muitos países. E os organoclorados assim produzidos terminam nas águas dos rios e dos oceanos, afetando muito mais vidas além dos lugares onde são produzidos e utilizados.

O mais conhecido organoclorado é o DDT, que foi o primeiro a ser produzido. Sua descoberta rendeu a seu inventor, Paul Mueller, o prêmio Nobel de Fisiologia e Medicina, em 1948. A promessa era se livrar dos insetos prejudiciais às lavouras. No entanto, com sua contínua utilização, os insetos começaram a criar resistência, e quantidades cada vez maiores foram sendo necessárias. Até que seus malefícios (como os demais inseticidas organoclorados, além de ser cancerígeno, o DDT pode afetar o sistema neurológico e é um desregulador endócrino) de longe ultrapassaram seus benefícios. Outros organoclorados, como o dieldrin, endosulfano, heptacloro, dicofol e metoxicloro, são ainda muito usados em todo o mundo.

O DDT e boa parte dos inseticidas organoclorados são proibidos para uso na lavoura. Mas seu uso no combate a insetos transmissores de doenças, como, por exemplo, o mosquito da dengue, é permitido, o que torna difícil seu real controle. Os resíduos de organoclorados ainda são um problema no mundo todo. Hoje em dia é difícil encontrar algum lugar no mundo e alguma pessoa que não tenha pelo menos traços desses venenos. No meu caso, eu nem preciso ir muito longe. Em Duque de Caxias, município da Baixa Fluminense que é vizinho a Petrópolis, uma antiga fábrica de inseticidas do Ministério da Saúde, localizada na Cidade dos Meninos, desativada na década de 1950, abandonou ao ar livre uma quantidade elevada de inseticida, que tinha como principal constituinte o BHC (outro tipo de organoclorado). O poluente atingiu o solo e a vegetação. Recentemente, foram encontrados traços do veneno até na água de coco do local, e escavações comprovaram que o lençol freático também está contaminado.

A preocupação com agrotóxicos é especialmente relevante para o Brasil, onde a legislação é muito liberal para o uso de uma grande variedade de compostos químicos, e a fiscalização, muito deficiente. Os principais tipos de agrotóxicos utilizados no Brasil são os inseticidas (que, obviamente, combatem os insetos), os fungicidas (que combatem fungos), os herbicidas (que combatem ervas daninhas), os desfoliantes (que combatem folhas indesejadas), e os fumigantes (que combatem bactérias no solo). Todos eles fazem, em maior ou menor grau, mal à saúde humana. E todos eles, ao serem aplicados nas lavouras, contaminam não apenas os produtos alimentícios que chegarão à sua mesa, como também o solo e o lençol freático.

A maior utilização de agrotóxicos se dá nas monoculturas, como a soja, por exemplo. Isso porque plantar uma única espécie torna a lavoura mais suscetível à ocorrência de pragas e doenças. No Brasil, as produções agrícolas que mais utilizam agrotóxicos são, nesta ordem: soja, cana-de-açúcar, milho e algodão. Por outro lado, muitos pequenos agricultores utilizam agrotóxicos, muitas vezes em grande quantidade, pois há necessidade de quebrar o ciclo das pragas e diminuir o risco de danos à plantação. Só que seu uso indiscriminado e muitas vezes inadequado aumenta a possibilidade de ocorrência de mais pragas e outros danos às lavouras.

O nível de agrotóxicos presente nos alimentos tem preocupado cada vez mais a sociedade e as organizações que se posicionam contra o uso desses compostos na agricultura. Essa preocupação deveria ser de todos nós. A Agência Nacional de Vigilância Sanitária (Anvisa), por meio do Programa de Análise de Resíduos de Agrotóxicos em Alimentos (Para), divulgou uma pesquisa, feita entre os anos de 2013 e 2015, que avaliou mais de 12 mil amostras de alimentos.

Os alimentos com maior potencial de risco devido ao uso de agrotóxicos foram: laranja – de 744 amostras, 90 apresentavam potencial de risco agudo; abacaxi – de 240 amostras, 12 apresentavam potencial de risco agudo; couve – de 228 amostras, 6 apresentavam potencial de risco agudo; uva – de 224 amostras, 5 apresentavam potencial de risco agudo.

Essa pesquisa mostra duas coisas. Primeiro, que há um risco muito significativo desses produtos no Brasil. Se de cada cem pessoas que consomem uma laranja ou um abacaxi, uma vai sofrer intoxicação aguda, isso é muito grave. Por outro lado, a pesquisa se refere a intoxicações que vão ocorrer num período de 24 horas. E o problema mais grave com relação aos agrotóxicos são, da mesma forma que vimos na seção anterior, os riscos associados ao consumo acumulado. Praticamente todos os testes e limites considerados seguros para uso e exposição aos agrotóxicos se referem a períodos curtos. Pouco se fala sobre seus efeitos acumulativos, embora em alguns casos estes já estejam bem documentados.

Os pesticidas organofosforados surgiram como alternativas aos organoclorados, pois seriam mais "ecológicos". Incluem uma grande variedade de agrotóxicos, dos quais o mais conhecido é o glifosato. Essa classe inclui também outros agrotóxicos, como o malathion (que é bastante popular no Brasil), o parathion e o dimetoato (vetado na Europa, mas livremente utilizado no Brasil). Todos esses compostos agem como desreguladores endócrinos. Mas é o glifosato que merece mais atenção, por ser o herbicida mais utilizado no Brasil e no mundo. Promovido como pouco tóxico e menos danoso ao ambiente, o glifosato mata praticamente qualquer planta que entra em contato com ele. Por isso sua aplicação deve ser cuidadosamente seletiva. No entanto, depois de contaminar as plantas pelas folhas, o glifosato é levado até suas raízes, e daí para o solo e o lençol freático. A ingestão de glifosato tem sido associada a desordens gastrointestinais, obesidade, diabetes, doenças cardíacas, depressão, infertilidade, câncer, mal de Alzheimer, mal de Parkinson, microcefalia, intolerância ao glúten e alterações hormonais. No entanto, muitas dessas pesquisas ainda estão em andamento, já que o uso generalizado desse agrotóxico é relativamente recente. Por isso, e por causa de um intenso *lobby* do agronegócio (em todo o mundo), o uso do glifosato ainda está liberado na maioria dos países. Mas, como não posso deixar de ressaltar novamente, em quase todos os casos de agrotóxicos agora proibidos, passaram-se anos até que seus malefícios fossem devidamente comprovados. Enquanto isso, traços de glifosato têm sido encontrados em quase tudo que você come. E, no Brasil, a lei permite que a contaminação da água por glifosato seja 5 mil vezes superior ao máximo que é permitido na água potável dos países da União Europeia. Para o feijão e a soja, a quantidade é 400 e 200 vezes superior. Eu não tenho receio de dizer que isso vai dar problemas.

Entre os agrotóxicos muito utilizados no Brasil estão os carbamatos, que incluem compostos como o aldicarb, carbofuran e carbaryl, e são usados principalmente como fungicidas (um deles, um ditiocarbamato, é o terceiro agrotóxico mais usado no Brasil). E as triazinas, em cujo grupo de compostos está a atrazina, que é o quarto agrotóxico mais usado no Brasil. Ambos são desreguladores endócrinos.

Há ainda o agrotóxico conhecido como 2,4-D. É o segundo mais utilizado no Brasil, principalmente por causa da sua eficácia em remover as ervas daninhas das pastagens. Há algum tempo, li numa revista ligada ao agronegócio que, "apesar das polêmicas", o 2,4-D tem uma folha de serviços prestados inigualável dentro da agricultura brasileira". Então, que polêmicas são essas? Novamente, já está comprovado que o 2,4-D também é um desregulador hormonal. Os estudos sugerem que o 2,4-D impede a ação normal do estrogênio, do androgênio e, no mais conclusivo deles, dos hormônios da tireoide.

Embora os defensores da agricultura orgânica defendam de forma veemente que ela por si só consegue alimentar o mundo, eu, sinceramente, acho difícil que consigamos isso, considerando o aumento da população mundial e o esgotamento de muitos solos férteis, sem o uso de certa quantidade de compostos químicos para o controle de pragas e sem o uso de fertilizantes sintéticos, pelo menos para a correção dos solos. O fato é que, se forem utilizados de maneira apropriada, e indústrias e governos financiando desenvolvimentos tecnológicos que os tornem cada vez mais eficientes e seguros, e os agricultores forem cuidadosos e responsáveis na sua utilização, grande parte dos problemas pode ser evitada. Só é difícil acreditar nisso.

INTENSIFICAÇÃO QUÍMICA DESCONTROLADA

Uma das principais observações deste capítulo é que estamos sofrendo uma grande intensificação química. E que ela está fora de controle. O fato, como mencionei no início do capítulo, de milhares de novos compostos químicos serem introduzidos anualmente, sendo adicionados a um total de, estima-se, mais de 350 mil tipos de compostos químicos artificiais, muitos deles não tendo seus efeitos sobre os seres humanos e o meio ambiente devidamente testados, significa que estamos numa espiral ascendente de efeitos cada vez mais imprevisíveis. Muitos deles potencialmente mortais. Estamos passando também por uma intensificação plástica, como veremos no próximo capítulo. Tudo isso implica que nossos organismos, assim como todo o meio ambiente, estão sujeitos a uma exposição cada vez maior a agentes tóxicos acumulativos cujos efeitos são simplesmente desconhecidos, mas potencialmente graves. Como falamos aqui basicamente de poluentes persistentes e acumulativos, quando a acumulação nos nossos organismos – ou no meio ambiente – chegar a um ponto crítico, um grande número de doenças poderá se manifestar ao mesmo tempo. Se é que já não está. O aumento de casos de câncer em pessoas mais jovens, demência, problemas hormonais, entre outros, pode indicar que seus efeitos já estão acontecendo. Só que ainda não foram associados a seus causadores. O que pode levar muito tempo. E quanto mais tempo passar sem se fazer essa associação, mais pessoas vão ser expostas e adoecer. Não posso ser menos enfático quanto a isso: estamos aceitando essas doenças como inevitáveis quando, na verdade, nós é que as estamos introduzindo através da exposição química cada vez mais intensa e descontrolada.

Vimos que a exposição aos poluentes químicos persistentes pode se dar diretamente, por meio dos utensílios que usamos, do ar, da água e, o que é mais comum, via consumo de alimentos, em que os pequenos organismos absorvem inicialmente os produtos, que vão sendo concentrados nos animais maiores, até chegarem aos humanos. Na cadeia alimentar industrial, a contaminação se dá em várias etapas. Ambas criam riscos diretos aos humanos pela ingestão de comida contaminada. O risco pode ser passado para as próximas gerações pelo leite materno, onde já foram associados a danos cognitivos e outras desordens de saúde, ou através dos genes. Os efeitos adversos dos poluentes no microbioma do trato intestinal foram mencionados no capítulo "A teia invisível", e acendem alertas sobre os potenciais efeitos de longo prazo na imunidade e no metabolismo.

Na cadeia alimentar industrial, os alimentos podem ser contaminados em vários estágios antes do consumo – nas lavouras e na produção animal, ou depois da colheita e abate, durante a armazenagem, processamento e transporte. Metais pesados, pesticidas, dioxina, PCBs, antibióticos, hormônios de crescimento, resíduos de embalagens, conservantes e resíduos de fertilizantes já foram encontrados em doses excessivas em alimentos de todo o mundo. Isso afeta vegetais, grãos, peixes e carnes em geral por contaminação nos solos, águas superficiais, águas subterrâneas e deposição aérea.

Essa contaminação dos alimentos tem impactos crônicos na saúde humana. Um estudo recente sobre pesticidas revelou que 64% das terras agricultáveis do mundo apresentam risco de estarem contaminadas pelos ingredientes ativos dos pesticidas. Os riscos incluem efeitos adversos na comida, na qualidade da água, na biodiversidade e na saúde humana.

Podemos dizer que, hoje em dia, há uma corrida entre os malefícios que os compostos poluidores – que se acumulam em quantidades nunca vistas na natureza e nos nossos corpos – podem causar, e a velocidade com que a medicina consegue detectar e tratar esses males. De certa forma, até aqui, podemos dizer que a medicina está ganhando (embora isso seja questionável em casos como câncer, desordens hormonais e, possivelmente, várias desordens neurológicas). Mas, primeiro, essa corrida obriga a medicina a um desenvolvimento contínuo, que pode, eventualmente, desacelerar. E se esses efeitos cumulativos, repentinamente, gerarem uma cascata de efeitos?

Um fenômeno que tem sido observado é o aumento alarmante do número de casos de câncer entre as pessoas com menos de 50 anos[8]. Como vimos aqui, praticamente todos os compostos descritos são cancerígenos. Mas quando os médicos são perguntados sobre o que está causando o aumento de câncer, a resposta, invariavelmente, é: estresse, alimentos processados e, frequentemente, bebidas alcoólicas. Ninguém fala sobre a intensificação química. Ou melhor, você tem que ir a publicações muito especializadas para encontrar referências a respeito. Aí você vê que os cientistas estão de fato muito preocupados. Alguns pensam que a ameaça da intensificação química é tão grave para as vidas humanas quanto as mudanças climáticas. Mas a maioria das pessoas está completamente desinformada sobre isso.

O caminho para se reduzir a intensificação química e seu impacto pode ser resumido em três palavras: avaliar, restringir, fiscalizar. A avaliação dos impactos dos novos produtos químicos, como vimos, está muito atrasada. Então, é preciso restringir seu uso até que isso seja feito. Além de, naturalmente, proibir o uso dos que forem comprovadamente nocivos. Para que isso de fato aconteça, é preciso um enorme esforço de controle e fiscalização. Nada disso está ocorrendo de forma minimamente aceitável. Nem no Brasil, nem em nenhum outro lugar do mundo. Nenhum! Existiria pressão das indústrias e empresas sobre os governos e a mídia para que não se divulguem os resultados de inúmeras pesquisas que estão revelando a gravidade da intensificação química? Eu penso que, por enquanto, não é algo que esteja acontecendo de forma ampla. Simplesmente porque o assunto é muito complexo, e existem muitas incertezas. E isso torna mais fácil refrear a ação governamental. E no caso da mídia, ela gosta de assuntos que permitam uma relação clara entre causa e efeito, como o aquecimento global e as mudanças climáticas, relação esta que fica cada vez mais nítida com as mudanças climáticas se desenvolvendo diante de nós. Não estou culpando a mídia. Ela se comporta assim porque as pessoas são assim. Não se sentem bem diante de muita complexidade e incertezas. Uma via possível para se chamar a atenção sobre o problema da intensificação química é agrupar, como eu fiz aqui: metais pesados, poluição plástica (e seu componente químico), agrotóxicos e, os piores e menos conhecidos, poluentes orgânicos persistentes. E mostrar que todas as pessoas, sem exceção, estão cada vez mais expostas a eles. Quer um exemplo? Vá à Dinamarca, um dos países com melhor qualidade de vida do mundo, e veja como eles gostam de mexilhões. Uma panela cheia de mexilhões cozidos acompanhada da melhor cerveja dinamarquesa. Haveria coisa melhor? Pois os mexilhões, como já mencionei, estão entre os animais que mais concentram mercúrio e POPs. Percebeu por que eu digo que ninguém está livre da intensificação química? Talvez, quando os POPs se tornarem "pop" (perdoem, não consegui resistir ao trocadilho), poderemos conscientizar as pessoas da gravidade do problema. Chamar a atenção para a acumulação persistente de mercúrio, principalmente na Amazônia, é outra questão particularmente importante no Brasil, pois ali pode se desenrolar uma grande tragédia.

Eu comecei este capítulo falando sobre *O conto da aia*. Pois bem, os males descritos no livro, que afligem mulheres e homens, envolvendo alterações das funções reprodutoras, são tipicamente causados pelos desreguladores endócrinos, dos quais vimos muitos exemplos aqui. Se num cenário apocalíptico, como o descrito em *O conto da aia,* um ou mais compostos com tais propriedades começarem a se acumular rapidamente, mas sem que seus efeitos sejam notados, até que se deflagrem com força total, uma situação como a descrita nessa história poderia de fato acontecer. A intensificação química é um problema real e pode produzir enormes estragos. Só que ataca de maneira muito silenciosa. É um inimigo quase invisível. Quando nos dermos conta de seu potencial de destruição, da vida humana e do meio ambiente, talvez seja tarde demais.

11.

O homem de plástico: plástico no ar, nas águas, e até dentro de você

Há coisas que acontecem quando você fica mais velho. Eu ainda me lembro de quando, sentado no sofá da sala da nossa casa, em Porto Alegre, há cinquenta anos, li no jornal que a TV Globo ia lançar um novo programa dominical chamado Fantástico. A música da introdução do programa, cuja letra não é mais cantada, dizia assim: "Da idade da pedra, ao homem de plástico". A frase, naturalmente, relacionava plástico com modernidade. E, de fato, quando os produtos plásticos foram lançados maciçamente no mercado, nos Estados Unidos e na Europa nos anos 1950, e no Brasil, na década de 1960, os plásticos eram sinônimo de modernidade. Toda dona de casa que se considerava "moderna" deveria ter sua cozinha entupida de peças de plástico. Era símbolo de status. Mais tarde, nos anos 1970, quando eu era adolescente, ficaram extremamente populares os "grupos de Tupperware". Tupperware, como quase todos sabem, é uma fabricante de embalagens e outros utensílios de plástico (que, por sinal, nesse início dos anos 2020, está enfrentando sérias dificuldades econômicas). Pois os tais "grupos de Tupperware" eram grupos de consórcio em que cada participante contribuía com um determinado valor e, de tempos em tempos, havia um sorteio e alguém do grupo poderia fazer uso do dinheiro acumulado para comprar produtos. Virou uma febre! Hoje em dia não se fala mais nisso, já que o plástico se tornou abundante em tudo que temos. Mas, para minha surpresa, ao fazer a pesquisa para este capítulo, descobri que os consórcios de Tupperware ainda existem! Eu sabia que a empresa ainda existe, claro, pois temos produtos deles em casa. Mas saber que os consórcios ainda estão ativos, essa foi uma surpresa.

E eu falei que era moda no passado? Pois mesmo hoje, na alta cozinha (sugiro dizermos *haute cuisine*, para sermos chiques também), um dos modismos é a chamada técnica *sous vide*, em que os alimentos são embalados a vácuo em sacos plásticos (!) e cozidos lentamente (a 55 graus), para conservar sua maciez e sabor. Quem disse que deixou de ser chique?

Já mencionei os plásticos em capítulos anteriores, inclusive sobre a poluição plástica nos oceanos e seu efeito na vida marinha. Mas o problema é tão sério que merece um capítulo específico. E é um problema muito difícil de ser combatido. Talvez o mais difícil de todos os discutidos neste livro. Quando falamos em plásticos, por um lado há o plástico "visível", que todos concordam (e enxergam), que é um problema grave de poluição, embora a maioria continue usando alegremente suas sacolas, seus potes e seus objetos feitos de plástico. Mas há muitos aspectos "invisíveis" dos plásticos. Um exemplo é o microplástico, pequenas partículas resultantes da degradação física e química das peças maiores. Nós não o enxergamos, mas o microplástico, como veremos adiante, está em toda parte, inclusive dentro de você. Outro aspecto são os produtos químicos, muito nocivos, que podem ser usados na sua fabricação, incorporados às peças de plástico e liberados durante seu uso ou depois de ser descartado na natureza. É um imenso problema para o meio ambiente e para a saúde humana, e pouca coisa concreta tem de fato sido feita. Veremos todos esses assuntos a seguir.

A SOCIEDADE PLASTIFICADA

Não há como negar isso: a sociedade humana, por conveniência e praticidade, escolheu se plastificar. O plástico é, de fato, um produto maravilhoso. A versatilidade do material, a possibilidade de aquecê-lo e até esterilizá-lo, a leveza e a flexibilidade o tornaram onipresente. Os plásticos se tornaram centrais para nossas vidas. Desde sua invenção, em 1907, quando o belga-americano Leo Baekeland introduziu a primeira resina totalmente sintética, a baquelite, eles têm sido usados e produzidos em abundância. Mas foi depois da Segunda Guerra Mundial que seu uso realmente se intensificou. Em 1950, a produção mundial de plásticos era de 1,5 milhão de toneladas; em 1976, 50 milhões de toneladas; em 2021, 390,7 milhões de toneladas[1]. Estamos inundando o mundo com plásticos.

Nós entramos numa era de consumismo desenfreado, com uma classe consumidora que hoje em dia corresponde a mais de 3,6 bilhões de indivíduos. E que, estima-se, vai crescer para 5,6 bilhões de indivíduos até 2030. Dessa forma, a produção de plástico deve aumentar 200% nos próximos vinte anos. Se nossos problemas com a poluição plástica crescerem na mesma grandeza, é difícil conceber como o meio ambiente e a saúde das pessoas e dos animais irão suportar essa quantidade toda de plásticos nos solos, rios e mares. E nos nossos corpos.

O plástico em si não é inerentemente nocivo. É uma invenção criada pelos humanos que gerou benefícios significativos para a sociedade. Os plásticos são incrivelmente versáteis, duráveis e baratos. Infelizmente, a maneira com a qual as indústrias e governos lidaram com o plástico, e a maneira com a qual a sociedade o converteu numa conveniência descartável de uso único, transformou tal inovação em um desastre ambiental mundial. Os plásticos contribuem para o aquecimento global não tanto pela sua degradação (e consequente liberação de carbono), mas principalmente porque eles têm um ciclo de vida intenso em carbono. A maior parte dos plásticos é fabricada pela indústria petroquímica. A extração e destilação de petróleo, a fabricação dos produtos, o transporte e a comercialização, todos esses processos emitem gases de efeito estufa, assim como seu descarte, incineração e reciclagem. Estima-se que, em

2015, as emissões do ciclo de vida dos plásticos produziram 1,8 bilhão de toneladas de CO_2, o que corresponde a cerca de 5% das emissões globais. Ainda assim, esse processo de produção de plástico pode chegar a ser "zero carbono" com o uso de tecnologias mais avançadas. O que até torna o plástico uma possível solução para a substituição do concreto e do aço.

O maior problema – ainda que não o único – com o plástico são os produtos de uso único. E seu descarte. Aproximadamente metade de todos os produtos plásticos que poluem o mundo hoje foi criada após 2000. Esse problema tem apenas algumas décadas e, ainda assim, 75% de todo o plástico produzido até hoje foi descartado. Plásticos descartáveis são atualmente usados para quase tudo, inclusive sacolas de supermercado, embalagem de alimentos, garrafas de bebidas, copos, utensílios de cozinha e outros tipos de uso doméstico. Segundo dados de 2018, somente 0,5% do plástico produzido no mundo é reciclado. De lá para cá, houve pouca evolução. Em 2021, os Estados Unidos, um dos campeões em reciclagem do mundo, reciclou apenas 5% do seu plástico. A quantidade é tão baixa que um estudo recente[2] chamou a reciclagem de plástico de "um conceito que fracassou". Além disso, os métodos atuais de reciclagem, baseados na fragmentação ou mesmo pulverização dos materiais, geram microplástico e liberam parte dos químicos nele contidos. Definitivamente, a reciclagem não é a solução para o problema.

Criado como uma solução prática para a vida cotidiana, mas agora difundido em todas as áreas da atividade humana, o plástico há muito vem chamando atenção pela poluição que gera, uma vez que o material, feito principalmente a partir de petróleo e gás, com aditivos químicos, demora aproximadamente quatrocentos anos para se decompor na natureza. Como já vimos, estimativas indicam que, desde 1950, mais de 160 milhões de toneladas de plástico foram depositadas nos oceanos de todo o mundo. Ainda assim, estudos do Programa das Nações Unidas para o Meio Ambiente (UNEP na sigla em inglês) indicam que a poluição por plástico nos ecossistemas terrestres pode ser pelo menos quatro vezes maior do que nos oceanos. A poluição por plástico gera mais de 70 bilhões de dólares de prejuízo à economia global, sendo 13 bilhões correspondentes aos ecossistemas marinhos[3]. No que se refere ao mar, os mesmos estudos apontam que os principais setores diretamente afetados pela poluição plástica são o pesqueiro (que, como vimos, também é responsável por parte significativa da introdução de plástico nos oceanos), o comércio marítimo e o turismo. Enquanto o lixo plástico nos oceanos prejudica barcos e navios utilizados na pesca e no comércio marítimo, o plástico nas águas vem reduzindo o número de turistas em áreas mais expostas, como Havaí, Ilhas Maldivas e Coreia do Sul. O Brasil não é exceção. Embora não haja dados disponíveis, certamente a poluição nas praias brasileiras vai afetar o turismo, num país que teria condições para ser um dos maiores polos turísticos do mundo (alta criminalidade, má qualidade dos serviços – incluindo a desonestidade – e as más condições de higiene são outros entraves). Já fico imaginando os *resorts* de luxo cercando suas águas com redes (já fazem isso para o caso de tubarões e outros peixes agressivos) para que seus hóspedes não tenham que mergulhar num mar cheio de plástico.

No caso do Brasil, apesar do destaque que se dá aos países do Leste Asiático (pelo menos no que se refere ao plástico que entra nos oceanos), nós somos o quarto maior produtor de lixo plástico do mundo, com 11,3 milhões de toneladas, ficando atrás apenas dos Estados Unidos, da China e da Índia. Desse total, mais de 10,3 milhões de toneladas foram coletados (91%), mas apenas 145 mil toneladas (1,28%) são efetivamente recicladas. Esse é um dos menores índices entre todos os países, bem abaixo da média global de reciclagem plástica, já muito baixa, que é de 9%.

Quanto ao lixo plástico coletado no Brasil, mesmo parcialmente passando por usinas de reciclagem, há perdas na separação de tipos de plásticos (por estarem contaminados, serem multicamadas ou de baixo valor). No final, o destino de 7,7 milhões de toneladas de plástico são os aterros sanitários. E outros 2,4 milhões de toneladas de plástico são descartados de forma irregular, sem nenhum tipo de tratamento, em lixões a céu aberto.

Esse é um ponto importante. Vamos ver que é urgente acabar com o plástico de uso único. Mas, se os demais artefatos de plástico forem coletados, e aqueles não reciclados forem devidamente descartados em aterros sanitários bem projetados, parte do problema pode ser resolvida. O que não se pode é descartar plásticos nos solos, em florestas, cursos de água ou diretamente em lagos e mares.

Em termos técnicos, o plástico é feito a partir do craqueamento térmico da nafta, que é uma fração leve do petróleo obtida a partir da destilação do petróleo ou da fração pesada do gás natural. Seu craqueamento forma o etileno e o propileno, que constituem os insumos básicos dos plásticos. Esse material passa por um novo processo de refinamento e transforma-se em petroquímicos finos. O polietileno, um dos primeiros plásticos artificiais, foi criado para insular cabos de radares durante a Segunda Guerra Mundial, na Inglaterra. O pouco peso do plástico permitiu que os aviões ingleses tivessem uma vantagem significativa sobre os alemães. Pouco a pouco, mais polímeros foram sendo criados. O termo polímero se refere às diferentes combinações que os átomos de carbono, e principalmente oxigênio e hidrogênio, podem apresentar. O número de átomos e a estrutura – principalmente a estrutura das moléculas – definem as propriedades básicas do material. Em muitos casos são ainda adicionados compostos químicos para se obter as propriedades desejadas. São esses compostos químicos que conferem a maior parte das propriedades tóxicas dos plásticos.

TIPOS DE PLÁSTICOS

A seguir, apresento os principais tipos de plásticos. Se você achar tedioso ler tantos termos e descrições químicas, passe os olhos só pelas propriedades, porque dão ideia da versatilidade desses produtos, razão pela qual, junto com o preço baixo, são tão utilizados.

Polietileno tereftalato – PET

É bastante conhecido pelas garrafas PET, que são um dos maiores poluidores plásticos de uso único. Trata-se de um material rígido e transparente, que se forma por lenta cristalização. Possui excelente resistência ao impacto e baixa permeabilidade aos gases (CO_2 por exemplo, que, como vimos, é usado nas bebidas gasosas). Mas as garrafas PET são apenas uma de suas muitas aplicações. São usados para fios de tecelagem, fitas magnéticas, filmes para radiografias, embalagens para cozimento e frascos para alimentos, cosméticos e produtos de limpeza.

Polietileno de alta densidade – PEAD (HDPE)

Material opaco devido a sua maior densidade e alto grau de resistência. É resistente a baixas temperaturas, leve, impermeável, rígido, com grande resistência química e mecânica. É utilizado em embalagens de produtos de limpeza mais corrosivos e produtos químicos. Utilizado também na fabricação de autopeças e outros equipamentos.

Policloreto de vinila – PVC

Esse material possui relevância devido a sua grande versatilidade, ou seja, com a adição de substâncias, como plastificantes, lubrificantes, estabilizantes, pigmentos, corantes, entre outros aditivos, torna-se possível obter uma infinidade de "grades" com propriedades muito diferentes para diversas aplicações. O caso do PVC ilustra bem, porque, embora os plásticos tendam a ser quimicamente inertes, geralmente são associados a compostos químicos tóxicos. O PVC é utilizado em embalagens de alimentos, cosméticos, medicamentos, mangueiras em geral, na construção civil, em tubos e conexões, em conduítes, em recobrimento de fios e cabos, em forração, em revestimento de pisos, em esquadrias e janelas, como "couro sintético", em acessórios médico-hospitalares, entre outras aplicações.

Polietileno de baixa densidade e polietileno de baixa densidade linear – PEBD e PEBDL

Material com baixa condutividade elétrica e térmica. É resistente ao ataque de produtos químicos. Flexível, leve e transparente (quando em baixas temperaturas). Muito utilizado em embalagens para alimentos e produtos de higiene pessoal, tubos para irrigação, isolamento de fios etc. O PEBDL é principalmente utilizado na produção de embalagens flexíveis para alimentos.

Polipropileno homopolímero – PPHomo

Material resistente a altas temperaturas, podendo ser esterilizado. Boa resistência química e poucos solventes orgânicos podem solubilizá-lo à temperatura ambiente. Em comparação ao polietileno de alta densidade, possui menor densidade, maior ponto de amolecimento, maior dureza superficial e maior rigidez. Material muito usado na fabricação de peças com dobradiças, autopeças, embalagens para alimentos, fibras, entre outros.

Polipropileno copolímero – PP Copo

Material transparente, mais flexível e resistente (mas com baixa resistência química) comparado com o homopolímero descrito no item anterior. Quando modificado com elastômeros (tipo de polímero que, quando deformado, volta rapidamente ao seu formato natural – usado para fabricar borrachas sintéticas), torna-se resistente ao impacto. Possui alta resistência mecânica a baixas temperaturas. Utilizado em equipamentos domésticos, frascos e embalagens em geral.

Poliestireno

O poliestireno é um homopolímero resultante da polimerização do monômero de estireno (hidrocarboneto que consiste num anel de benzeno ligado a uma molécula de CH_2 – em outras palavras, o poliestireno consiste em apenas uma série de moléculas de estireno conectadas). O poliestireno faz parte do grupo dos termoplásticos, cuja característica reside na sua fácil flexibilidade ou moldagem sob ação do calor. É a matéria-prima dos copos descartáveis e de várias outras peças de uso doméstico, além de embalagens. O isopor é também um tipo de poliestireno. O isopor é muito utilizado na construção civil, principalmente como isolante, e em uso doméstico e comercial, como na confecção de caixas térmicas para armazenamento de alimentos e bebidas. O poliestireno é relativamente inerte quimicamente, mas o estireno é um desregulador endócrino, e pode ser liberado pelos produtos feitos com poliestireno. Além disso, é comum que os produtos com estireno contenham BPA, cujos malefícios veremos adiante.

Há ainda o policarbonato, o acrílico, o acetal, o ácido polilático, o ABS e o náilon, que é usado não só em cordas e fios, mas nas nossas roupas. Poliéster e poliamida também são comuns em roupas para esporte e em toda a indústria da moda, principalmente na *fast fashion*.

A dependência do plástico pela sociedade está sendo revista. Mas, apenas para dar um exemplo recente, a pandemia da covid-19 mostrou que não é tarefa fácil substituí-lo. Sem contar as embalagens descartáveis de *delivery* a que tanto recorremos, é virtualmente impossível um ambiente hospitalar sem seringas, luvas, aventais e máscaras – todos com alguma dose de plástico em sua composição. Durante a pandemia, usamos cerca de 129 bilhões de máscaras, a maioria descartáveis, por mês. Só em 2020, 1,6 bilhão de máscaras foi parar nos oceanos, gerando 5,5 toneladas de poluição.

O lixo plástico visível, também chamado de "macroplástico", é um problema muito grave e, como vimos, não está sendo resolvido pelos esforços (malsucedidos) de reciclagem. Nos oceanos, inclusive, há empresas especializadas que estão se propondo a recolher o lixo plástico flutuante. Nos continentes, estamos nos afundando em lixo plástico. Se ele fosse devidamente recolhido e armazenado em aterros sanitários, ao menos resolveríamos parte do problema. Por outro lado, o lixo plástico pulverizado – o microplástico – é um problema ainda mais grave.

MICROPLÁSTICOS

Existem dois tipos de microplásticos, partículas plásticas inferiores a 5 milímetros. Os primários são fabricados nesse tamanho. Um exemplo são as microesferas adicionadas a alguns cosméticos, como esfoliantes faciais e creme dental. Os secundários vêm da degradação dos microplásticos, a partir da oxidação pela luz e da decomposição biológica. Com o tempo, uma sacola microplástica se transforma em nuvem de micros e nanopartículas de plástico nos mares e solos. Os secundários constituem a maior parte da poluição nos oceanos. Os principais polímeros relacionados à formação dos microplásticos são o polietileno tereftalato (PET), o polipropileno (PP), poliestireno (PS), poliuretano (PU), policloreto de vinila (PVC) e náilon).

Estima-se que sejam 24,4 trilhões de partículas de microplástico nos oceanos. Isso é o equivalente a 30 bilhões de garrafas plásticas de 500 ml[4]. Mais da metade dos peixes pescados no mundo contém microplásticos. Também já foram detectados em plânctons e corais e em muitos outros seres vivos. Seres humanos inclusos. Na nossa rede sanguínea, na placenta de mulheres grávidas e nos pulmões dos seres humanos também já foi documentada a presença de microplástico. Os estudos sobre a toxicidade das partículas ainda são recentes, e não conseguem comprovar se são inflamatórias ou danosas. Apenas apontam que sim, estamos ingerindo e inalando plástico e os químicos nele contidos.

Devemos observar que uma condição chamada inflamação crônica sistêmica, que somente agora os cientistas estão descobrindo ser responsável por um conjunto de doenças devastadoras, desde Alzheimer e Parkinson até diabetes e câncer, tem como uma das causas as toxinas do ambiente. Segundo alguns médicos que conheço, a inflamação crônica sistêmica está se tornando uma questão séria de saúde pública, ainda muito subnotificada. Além dos poluidores persistentes, vistos no capítulo anterior, me pergunto se a acumulação de plásticos em nossos tecidos e no sangue não pode desencadear uma resposta inflamatória semelhante.

O corpo humano se contamina com microplásticos por ingestão ou pelas vias aéreas. Inalando o pó das cidades, lavando roupas sintéticas, manuseando os objetos da nossa casa, como papel plástico para embrulhar e guardar comida. Tomando leite, usando sal, comendo peixes, carne. Bebendo água. Independentemente da sua escolha alimentar, mesmo que alguém seja vegetariano e consuma só alimentos orgânicos, a exposição ainda acontece. E os estudos que mapeiam as diversas maneiras de contaminação não apontam quais são as atividades de maior risco.

Microplásticos resultantes do desgaste de pneus de carros, poeira de casas e lavanderias, processos industriais e deterioração de superfícies cobertas por plástico que ocorrem em áreas urbanas e residenciais entram nas estações de tratamento de água (onde elas existem), mas não são eliminados pelos tratamentos convencionais. A água dos rios contaminada por plásticos é frequentemente utilizada para irrigar lavouras. Não se sabe a consequência disso para a sustentabilidade das cadeias alimentares, mas é muito provável que afete os ecossistemas do solo. O microplástico, assim como os compostos químicos que carrega (muitos deles sendo desreguladores endócrinos), pode afetar animais e humanos numa extensão ainda desconhecida, mas provavelmente séria.

PLÁSTICO NOS ANIMAIS

Já falei sobre isso em capítulos anteriores. É fato que todos os efeitos dos plásticos relatados nos seres humanos ocorrem também nos animais. Evidentemente, esses efeitos variam de acordo com o tamanho do animal e seus hábitos alimentares. O impacto ambiental mais comum está relacionado com a ingestão de plástico por animais aquáticos (seja de água doce, seja salgada), que pode levá-los à asfixia. Quando não causa asfixia, a ingestão desses plásticos leva a lesões em órgãos internos e ao bloqueio do trato intestinal. Já o microplástico, quando é absorvido pelo trato intestinal, se acumula nos tecidos, e será incorporado pelos animais maiores que se alimentam dos menores. Por exemplo, é comum que pequenos crustáceos e animais filtradores, como os moluscos, acumulem não só as partículas de microplásticos, mas também os compostos químicos tóxicos a eles associados. Esses animais são a base de muitas cadeias alimentares, tanto em águas doces como em marinhas (e mesmo nas terras, contaminando pássaros, por exemplo), e assim todos esses poluentes vão sofrendo bioacumulação, de modo que os animais maiores acabam concentrando grandes quantidades e sofrendo os piores efeitos dessa concentração.

POLUIÇÃO QUÍMICA ASSOCIADA AO PLÁSTICO

Na medida em que o plástico se degrada, não apenas as micropartículas, mas também os químicos nele presentes são liberados, criando uma grande ameaça à saúde humana. Mais de 10 mil tipos de compostos químicos são adicionados aos plásticos, sendo que destes, pelo menos 2.440 são perigosos à saúde[5]. Boa parte da contaminação humana se dá por meio da ingestão ou inalação de microplásticos. Vários estudos recentes estimaram que os americanos, por exemplo, consomem, em média, entre 40 mil e 50 mil partículas de microplásticos todos os anos. Essa estimativa aumenta para 75 a 121 mil quando se consideram os microplásticos inalados. Não há razão para supor que os brasileiros consumam menos, pois aqui o uso de plástico é tão ou mais intensivo que nos Estados Unidos. Consumir água de garrafas plásticas pode adicionar outras 90 mil partículas de microplásticos anualmente, comparadas com 4 mil partículas adicionais para água de torneira ou filtro. Evidentemente, ao ingerir ou inalar microplásticos, absorvemos os químicos que estão neles.

Existem evidências suficientes de que os constituintes do plástico já são abundantes no sangue e nas células humanas. Essas substâncias incluem parafinas cloradas de cadeias curtas e médias, e alquifenóis e desreguladores endócrinos, como os bisfenóis. Além disso, os polímeros plásticos acumulam outros poluentes que ocorrem no ambiente, incluindo PFAS, PCBs, dioxinas, DDTs e PAHs, que são carcinogênicos. Dessa forma, as partículas de plástico funcionam como um vetor, transferindo substâncias persistentes, bioacumulativas e tóxicas da água para os humanos. Mesmo sem toxinas adicionais, nanoplásticos podem atravessar as barreiras da placenta e o limite entre o sangue e o cérebro, induzindo a resposta imunotoxicológica, alterando a expressão dos genes e causando a morte de células.

As PFAs, cujos efeitos nocivos vimos no capítulo anterior, eram (o que é assustador) muito usadas em mamadeiras. Ou seja, há toda uma geração de bebês que foram, nas últimas décadas, sistematicamente expostos aos malefícios das substâncias perfluorquiladas. E continuam sendo, agora como adultos, pois, como vimos, essas substâncias são usadas, entre outras coisas, para revestir utensílios de cozinha.

Outro componente químico comum em plásticos é o BPA (Bisfenol A). O BPA é usado para fabricar plásticos claros e rígidos. No entanto, o BPA é um desregulador endócrino, como outros que vimos no capítulo anterior, e comprovadamente causa problemas no desenvolvimento infantil. Por isso, os Estados Unidos baniram seu uso em produtos para bebês que entram em contato com comida, como mamadeiras ou as embalagens de produtos alimentícios (fórmulas, papinhas etc.). Mas ele ainda é muito utilizado nesses produtos em todo o mundo. Na época, a FDA sinalizou que alguma exposição poderia ser bem tolerada por adultos. Mas outras agências de saúde, incluindo a da Comunidade Europeia, concluíram que mesmo os níveis considerados seguros para adultos nos Estados Unidos podem ter efeitos adversos. No início de 2022, a FDA avisou que está reconsiderando que quantidade de BPA é segura para adultos, anunciando suas orientações sobre o uso de BPA em plásticos que entram em contato com alimentos (assim como acontece com outros produtos químicos, quando resolverem que não é seguro, milhões de pessoas já terão sido contaminados).

Mas, se já há suspeitas sobre seus malefícios, por que a indústria química não o substitui por outro? O problema está na sua estrutura. O caso do BPA é emblemático para mostrar como essas coisas podem ser desafiadoras. Por isso vale a pena examinar esse caso com mais detalhes. Vai ser meio complicado, mas me atrevo a perguntar mais uma vez se a sua saúde ou de seu filho ou neto ou algum parente não vale o esforço.

O BPA é uma pequena molécula constituída de dois anéis de benzeno com um átomo de oxigênio e um de hidrogênio em cada ponta. O BPA pode reagir com outras moléculas baseadas em carbono para formar longas cadeias. Quase todo o BPA produzido no mundo é utilizado para fabricar plásticos, principalmente um tipo específico de plástico chamado policarbonato. Os policarbonatos derivados de BPA são transparentes, incrivelmente fortes, leves e não derretem ou perdem sua integridade estrutural a não ser quando expostos a temperaturas muito altas. Essas propriedades fazem dos policarbonatos excelentes para fabricar muitas coisas, desde óculos até garrafas de água. Além de servirem como revestimento para um grande número de produtos, incluindo as embalagens dos alimentos enlatados (que às vezes preferimos porque não são de plástico!).

O BPA está se disseminando rapidamente. Um estudo recente do Centro de Controle de Doenças dos Estados Unidos encontrou quantidades detectáveis de BPA em 93% das amostras de urina de americanos adultos examinadas no estudo. O BPA é um POP, ou seja, essa quantidade só vai aumentar na medida em que as pessoas continuarem a ser expostas a uma grande quantidade de produtos feitos com policarbonatos.

A razão para diferentes materiais plásticos terem diferentes propriedades (afinal, todos são compostos orgânicos constituídos de átomos de carbono, oxigênio, hidrogênio e mais alguns poucos outros elementos) é por causa de sua estrutura química. Os polímeros de BPA são rígidos porque os anéis de carbono nas suas moléculas também são rígidos. Se compararmos com o polietileno, material fino e flexível que é usado para fazer sacolas plásticas, veremos que as longas cadeias de moléculas que compõem o polietileno são muito flexíveis. Então, os plásticos que elas constituem são também muito flexíveis.

Mas como o BPA é liberado pelos plásticos? A maior parte acontece por causa de sua deterioração. Quando os policarbonatos com BPA são expostos à água e ao calor – um exemplo, você coloca uma garrafa plástica na lavadora de louça –, as ligações químicas que ligam as moléculas de BPA podem se romper, num processo chamado de hidrólise. Por causa de sua estrutura, os policarbonatos com BPA são mais suscetíveis à hidrólise do que plásticos como o polietileno.

Devido a efeitos negativos do BPA, e ao fato de que ele é liberado quando exposto à água, os químicos têm procurado encontrar substitutos para ele. O maior problema de se desenvolver novos tipos de plásticos (e isso vale para todos os produtos químicos) é que trocar uma molécula pela outra pode não nos livrar dos efeitos negativos (serve apenas para a indústria ganhar tempo – e lucros, até que o novo composto seja também considerado nocivo). Da mesma forma que a estrutura da molécula do BPA é que determina as propriedades do material, moléculas diferentes, mas com a mesma estrutura, podem causar o mesmo efeito.

Como todos os desreguladores endócrinos, a estrutura do BPA é similar à dos hormônios naturais, de modo que podem se ligar e ativar os receptores hormonais, como se fossem hormônios do corpo. Substituí-lo por compostos diferentes, mas com estrutura semelhante, não resolve o problema. Por exemplo, pesquisas recentes mostram que um composto que tem sido usado como substituto do BPA, denominado bisfenol F, tem os mesmos efeitos negativos na saúde humana. Mas não é fácil substituir o BPA, ou seus substitutos atualmente em uso, por uma molécula com estrutura diferente. Porque o plástico vai perder as características dos policarbonatos com BPA, que são a razão de seu largo uso na vida moderna. Devido exatamente à sua grande e variada utilização, a contaminação por BPA é, atualmente, um dos grandes problemas de poluição química em todo o mundo.

A queima ou incineração do plástico pode liberar na atmosfera gases tóxicos, alógenos e dióxido de nitrogênio e dióxido de enxofre, extremamente prejudiciais à saúde humana. O descarte ao ar livre também polui aquíferos, corpos de água e reservatórios, provocando aumento de problemas respiratórios, doenças cardíacas e danos ao sistema nervoso de pessoas expostas.

UM PROBLEMA DIFÍCIL DE RESOLVER

Criado como uma solução prática para a vida cotidiana e difundido na sociedade a partir da segunda metade do século XX, o plástico há muito vem chamando atenção pela poluição que gera, uma vez que o material, feito principalmente a partir de petróleo e gás, com aditivos químicos, demora aproximadamente quatrocentos anos para se decompor na natureza. Estudos mais abrangentes estão encontrando poluição plástica por toda parte: na chuva, na nossa comida, na água potável e até mesmo na placenta humana. Não há exagero em dizer que ele está nos envenenando e também a vida na Terra. Quando mencionei a chuva, é porque o microplástico carregado para a atmosfera volta à terra com a chuva. E é muito plástico. Cientistas dos Estados Unidos, por exemplo, descobriram que a chuva está inundando parques nacionais protegidos com mil toneladas de microplásticos a cada ano – isso equivale a despejar mais de 120 milhões de garrafas plásticas.

Portanto, o plástico não apenas pode conter produtos químicos tóxicos, mas também, mesmo quando isoladamente pouco tóxico, pode se combinar com outros químicos, e até remédios, resultando em efeitos nocivos aos organismos. Como os plásticos estão se acumulando continuamente em nossos corpos e em toda a natureza, os milhares de combinações possíveis entre essas substâncias tornam praticamente impossível prever o que está acontecendo em nossos corpos, nos animais, nas plantas e nos ecossistemas de maneira geral. E nunca é demais frisar isso – como boa parte desses efeitos é acumulativo, talvez, quando nos dermos conta do que estão acontecendo, suas consequências já sejam devastadoras e, em grande parte, irreversíveis.

Livrar o planeta das partículas também soa impossível, mesmo com programas para recolher resíduos em todo canto. Pode ser bonito para um documentário da TV alguém sair por aí com um barquinho recolhendo lixo pelas praias do mundo. Mas isso é extremamente ineficiente. Há o lado positivo de que se cria e traz consciência para o problema, sem dúvida. Mas essa limpeza, como outras iniciativas semelhantes, representa uma porcentagem ínfima do problema e ainda gasta muita energia. Não podemos banir totalmente os plásticos. Muita coisa, inclusive a saúde pública, depende desse material. Mas é necessário reduzir seu uso. Plásticos de uso único precisam ser banidos imediatamente, assim como praticamente todos os plásticos de uso doméstico. Teremos que manter, pela total falta de alternativas, parte do uso do plástico em áreas como a saúde e na produção de bens duráveis, que não entrem em contato direto e frequente com os seres humanos e animais, como veremos a seguir.

A substituição dos plásticos será uma tarefa extremamente difícil. Talvez seja a iniciativa mais difícil das mencionadas nesta obra. Não por não ser tecnicamente viável, mas porque os plásticos são muito práticos e baratos. Mas precisamos fazer isso se não quisermos transformar este planeta numa grande lixeira e entupido de plásticos e dos químicos a eles associados. Apesar das dificuldades, resolver o problema da poluição plástica está a nosso alcance, mas é necessário envolver todos os agentes: produtores, vendedores, consumidores, recicladores e, acima de tudo, agentes governamentais, responsabilizando cada um por sua parcela de contribuição à poluição plástica e os obrigando a assumir seu papel no esforço global para sua eliminação[6].

Algo já começou a se mexer na sociedade. Depois de iniciativas mais localizadas, como a proibição de canudos e sacolas plásticas (em alguns países), em março de 2022 representantes de 175 países se reuniram na Assembleia Geral Ambiental da ONU (Unea) para começar a elaborar um tratado internacional para acabar com a poluição por plásticos. O tratado, cujo texto ainda está em discussão, visa regular todo o ciclo de vida do plástico, incluindo produção, uso e descarte. Esse esforço está chegando tarde, e será de difícil implantação. Nós, certamente, passaremos um período em que tudo à nossa volta, incluindo nossos corpos, estará imerso em plásticos. As consequências disso são imprevisíveis, mas certamente serão graves. Nesse mesmo tempo, você e eu podemos deixar de usar plásticos descartáveis e fazer pressão em nossa municipalidade para que todo o lixo plástico seja coletado e a parte não reciclada, descartada em aterros sanitários bem projetados, e obrigar o Brasil a assinar e cumprir os acordos internacionais para o combate à poluição plástica. Não será fácil. Mas não é impossível.

O plástico, portanto, é um grande problema. Muito grave e muito urgente. Mas, paradoxalmente, pode ser também uma solução. Como se trata de um material muito versátil, pode ser cada vez mais utilizado para substituir o concreto e o aço, cuja fabricação, como vimos, gera enormes quantidades de CO_2. Quando utilizado em construções, veículos e outros equipamentos de longa vida útil, o carbono do plástico não será liberado na natureza. A partir daí se faz necessário definir procedimentos que garantam sua reutilização ou descarte apropriado, para garantir que não gere gases de efeito estufa nem poluição plástica. Por outro lado, friso novamente, é absolutamente necessário que se abandone o uso de plástico descartável. Isso precisa ser feito imediatamente. Não devemos ser enganados com falsas promessas de reciclagem, que boa parte da indústria do plástico continua espalhando por aí. Quem faz isso está nos enganando. Abandonar o uso de plásticos descartáveis e limitar seu uso a bens duráveis, aí sim garantindo sua reciclagem ou descarte apropriado, seria dar um uso mais nobre a esse material magnífico, cujo uso inadequado resultou em um pesadelo. Será difícil, mas podemos fazer isso.

EPÍLOGO

O lixão global e o otimismo realista

No filme *WALL-E*, de 2008, um robozinho passeia solitário pela Terra num futuro em que o planeta está transformado num imenso lixão. Muitos filmes, antigos e recentes, trazem essa visão. Será que estamos de fato condenados a isso? Se considerarmos a situação atual e a lentidão como estamos reagindo, parece que sim. Que não iremos conseguir. Vimos aqui os problemas que estamos tendo na atmosfera, nos oceanos e nas terras emersas. Até mesmo nossos corpos estão se entupindo de produtos químicos e plásticos. Como se não bastasse, as mudanças climáticas e outras agressões ao meio ambiente e à nossa saúde de fato dão margem para o pessimismo. É tanta coisa que de fato dá um desânimo. Somos tentados a simplesmente entregar os pontos e tentar cuidar de nossas vidas e daqueles que amamos da melhor forma possível. Mas isso seria uma opção muito equivocada. Ou melhor, esta opção, de cada um por si, simplesmente não existe. Ou todos nós nos envolvemos na busca de soluções, ou coisas tenebrosas irão realmente acontecer. E não poderemos dizer que não sabíamos.

Talvez devamos nos lembrar do personagem da música de Chico Buarque: "Até o fim" – o personagem começa dizendo que, quando nasceu "um anjo safado, um chato de um querubim", disse que ele estava predestinado "a ser errado assim". Mas ele afirma resoluto: "Mas vou até o fim". Lembra até que sua mãe disse que ele faz um bruto sucesso em Quixeramobim! Onde, por sinal, o calor anda insuportável. Precisamos de fato nos inspirar em personagens, cômicos ou trágicos, e pessoas reais, que nunca pensaram em desistir. Não estamos predestinados a ser "errados assim". Romain Rolland disse uma vez que o pessimismo da inteligência não deve substituir o otimismo da vontade. No caso dos problemas do planeta, precisamos de fato que o "otimismo da vontade supere o pessimismo da inteligência". Ou, na expressão de Ariano Suassuna: "Sermos realistas esperançosos". Ou, ainda, para usar uma expressão mais em voga: otimistas realistas (só cuide para não cair no conto dos gurus de autoajuda).

O fato é que, repetindo o que eu disse na Introdução, quando olhamos o futuro em meio às névoas dos anos 2020, este parece sombrio e ameaçador. Sabemos quatro coisas sobre as transformações do planeta. A primeira é que todas – mudanças climáticas, morte dos oceanos, crise da biodiversidade, intoxicação química dos humanos e do ambiente – são causadas por nós. A segunda é que não são algo remoto, meras especulações de cientistas que vasculham os futuros possíveis. Elas já estão acontecendo, e não em terras distantes. Acontecem à nossa volta. A terceira é que não estamos fazendo o suficiente, e não há perspectivas de fazer muito mais no curto e médio prazos. A quarta é que, se continuarmos assim, será uma catástrofe sem precedentes na história humana e, muito provavelmente, na história do próprio planeta. Está sendo difícil ser otimista, mesmo que com realismo.

O PESSIMISMO DA INTELIGÊNCIA

Espero ter lhe propiciado uma visão abrangente e realista do que está acontecendo. E não exagerei na descrição. Tudo é, de fato, muito assustador. Tão assustador que talvez estejamos preferindo ignorar. Fingindo, até para nós mesmos, que nos preocupamos, que fazemos alguma coisa. Mas, no fundo, cultivando a esperança de que não pode ser tão terrível assim, ou que alguém vai consertar para nós. E não adianta ficar procurando culpados: a indústria do petróleo (a vilã preferida de Hollywood), os políticos mentirosos, a agroindústria gananciosa. Há, claro, muita gente que está fazendo coisas que são muito ruins para o planeta e agindo de maneira muito irresponsável. Há muita gente má destruindo o planeta. Por ganância, sim, por unicamente pensarem no lucro e em si mesmos. Suicidas que vão descobrir que o dinheiro não vai salvá-los com suas famílias quando as terríveis consequências do aquecimento global, da poluição química ou das outras transformações do planeta baterem às suas portas. Mas, no balanço final, todos temos responsabilidade. Como disse David Wallace-Wells, a complacência é tão perigosa quanto o negacionismo.

A grande maioria dos cientistas climáticos afirma que as mudanças climáticas já estão ocorrendo, e que são causadas pela atividade humana. Mas o negacionismo climático não desapareceu. Basta haver uma desaceleração no aquecimento, que pode ser causada pela superimposição de ciclos naturais ou pela própria irregularidade da resposta atmosférica, que grupos hoje pequenos, mas ainda capazes de fazer muito barulho, voltam a atuar. Vimos isso recentemente no Brasil e nos Estados Unidos. E isso vai continuar. Se adicionarmos as demais transformações do planeta, como a morte dos oceanos e a poluição química e por plásticos, veremos grupos estridentes questionando todas elas, ou praticando hipocrisia ao fingir que se importam. E quanto mais for necessário interferir nas indústrias e demais empresas, ou no modo de vida que eles defendem, e com o qual lucram, mais agressivos se tornarão. E terão muitos recursos à sua disposição.

Um dos argumentos que misturam negacionismo com cinismo é o de que, já que não podemos evitar as mudanças climáticas, é melhor investir na adaptação a elas do que gastar com a mitigação, já que não vai fazer muita diferença. Afinal, prossegue esse argumento, os seres humanos já provaram que são capazes de se adaptar às mais diferentes e extremas condições e sobreviver. Esse é um argumento que está sendo cada vez mais usado por pessoas inescrupulosas para vender soluções milagrosas, algumas das quais serão impostas aos países pobres para que desperdicem nelas seus parcos recursos, e embolsar lucros astronômicos. A resposta a esse argumento é a seguinte: nunca enfrentamos um desafio dessa magnitude e escala. Uma coisa é adaptar pequenas populações a condições extremas, outra coisa é adaptar a humanidade inteira. Além disso, a diferença entre fazer algo ou não pode ser entre viver num planeta hostil, mas ainda suportável, e viver num inferno que pode tornar inviável a vida humana.

Outro problema é ser demasiadamente otimista, quando deveríamos ser tão somente realistas. O relatório do IPCC divulgado em 2023 foi recebido com preocupação, mas também com esperança. Nas palavras do secretário-geral da ONU, António Guterres, "O relógio está andando rápido, temos pouco tempo para reverter as mudanças climáticas". Mas ele e a maior parte dos cientistas que comentaram o relatório disseram que ainda há esperança, que se agirmos rapidamente poderemos reverter o quadro. Temos que ter cuidado com esses posicionamentos esperançosos. Se mal compreendidos, eles podem levar à complacência. Fazer as pessoas pensarem: "Já que há tempo, não precisamos nos preocupar tanto". Mas não há tempo, as mudanças climáticas e as demais transformações que descrevi aqui neste livro já estão acontecendo, já são trágicas, e a cada dia que passa ficarão piores. Deveríamos ficar alarmados, muito preocupados, e começar a agir em todas as frentes possíveis. Se não apressarmos nossas ações para evitar que as transformações do planeta continuem em seu rumo perverso, coisas muito ruins, e em grande escala, acontecerão ainda nesta geração com a maioria das pessoas, e catástrofes inimagináveis acontecerão com as próximas.

Como mencionei anteriormente, o surgimento das nações foi algo extremamente importante para a civilização humana. Devido à nossa capacidade de abstração (adquirida principalmente depois da revolução cognitiva), somos os únicos animais capazes de, voluntariamente, nos sentir parte de um grupo organizado composto por milhões de indivíduos (há quem possa argumentar que alguns insetos também fazem parte de grupos organizados de milhões de indivíduos, mas, até prova em contrário, não parece que eles têm consciência disso). O surgimento das nações permitiu a organização da sociedade em classes executando diferentes funções, estados que passaram a se responsabilizar por estabilidade e proteção, que foram fundamentais para o progresso humano. Por outro lado, não conseguimos ir muito além. Porque somos intrinsicamente tribais, precisamos da visão de "nós e eles". Por isso, o mundo tem tanta dificuldade de se unir em torno de causas comuns. E as transformações pelas quais o planeta está passando não se limitam às fronteiras. Exigem ações globais. E estamos falhando terrivelmente nisso.

Há uma frase que diz: "Toda política é local". Por mais que olhem o mundo, os políticos sempre pensam em como seus eleitores vão reagir. E as pessoas votam pensando em seus bolsos. São as contas do fim do mês que realmente pesam nas decisões. Se formos um pouco além, será o emprego, o acesso à saúde, à moradia, ao conforto. Poucos estão de fato dispostos a se sacrificar para salvar o planeta. Que planeta? Às vezes parece que as pessoas pensam na Terra como um lugar tão distante quanto a Lua ou Marte. Se houver uma catástrofe climática, ou contaminação química, ou uma crise no ecossistema que prejudique suas vidas ou seus negócios, as pessoas vão perguntar o que o governo pode fazer para ajudá-las em cada problema específico. Não vão pressionar para que se tomem medidas para evitar que o planeta deteriore. No máximo, vão pedir que façam obras para evitar as próximas inundações, os próximos deslizamentos, ou remediar o problema ambiental específico que as está prejudicando. Eu posso dizer isso, vi o que aconteceu na minha própria cidade. Nós temos sido essencialmente reativos. No entanto, quando o colapso sistêmico ocorrer, e nos depararmos com um planeta que nos ataca por todos os lados, vamos nos dar conta de que ser reativos, agindo para remediar situações específicas, foi um grande erro.

E as empresas? Pensam acima de tudo no lucro. É claro que muitos empresários e empregados têm boas intenções. Querem ajudar. Mas, se o calo doer, o lucro virá primeiro. Não podemos condená-los, pois todos, acionistas, empregados e até fornecedores e clientes, desejam, antes de mais nada, que a empresa sobreviva. Se tudo estiver bem, e os lucros altos, então as empresas começam a pensar mais seriamente em retribuições para a sociedade. Mas há muita hipocrisia. Muito *greenwashing* (hipocrisia verde). Ou seja, muita gente se aproveitando das preocupações ambientais e com a saúde para ganhar dinheiro oferecendo falsas soluções. Somente com incentivos, com a perspectiva de proteger seu lucro ou incrementá-lo, as empresas vão seguir na direção certa. Os governos é que criam esses incentivos, seja aumentando, seja reduzindo os impostos. Não tenhamos ilusões, isso é a essência do capitalismo. O que significa que o dinheiro vai para onde houver retorno, seja onde for. Cabe aos governos, à sociedade organizada e aos consumidores dar esse direcionamento. É aí que entra você. Há pelo menos duas coisas que você pode fazer: ser um consumidor mais consciente e pressionar o governo. Sua ação como consumidor vai depender, naturalmente, de seu padrão de vida. Atualmente, no Brasil, é muito caro ser vegetariano. Mas não é caro, pelo contrário, reduzir o consumo de carne vermelha. Não é caro dar preferência a produtos locais e frescos em vez dos industrializados. Não custa prestar atenção ao comportamento das empresas, para prestigiar aquelas que realmente estão fazendo algo para reduzir seu impacto ambiental (mas seja muito desconfiado das propagandas – ou você é daqueles que acreditam que um produto contém antioxidantes que vão prolongar sua vida?). E, o mais importante, é preciso pressionar os governos para que parem de subsidiar atividades danosas ao ambiente e à saúde, e incentivem aquelas que precisam ser desenvolvidas. E isso tem que ser feito de forma ampla e agressiva.

Os efeitos das mudanças climáticas serão distribuídos de forma muito desigual. Os países mais atingidos serão os mais pobres, cuja capacidade de se adaptar é muito menor. Não podemos esquecer que a redução da desigualdade é fundamental para que todas as pessoas possam se engajar no esforço de combate às transformações do planeta. Paradoxalmente, um dos países menos afetados será o que primeiro lançou grandes quantidades de gases de efeito estufa na atmosfera, o Reino Unido. Os países mais atrasados, que produzem quantidade menor de emissões, serão os mais duramente afetados. O sistema climático da República do Congo, por exemplo, um dos países mais pobres do mundo, será profundamente perturbado. Uma tragédia causada por chuvas intensas que desabrigou milhares de pessoas na região em 2022 antecipou essa tendência. Tragédias recentes em outros países da África (como Moçambique), na Índia, Indonésia e na América Latina são exemplos do despreparo e da dificuldade de recuperação dos países em desenvolvimento. A riqueza pode ajudar os mais ricos, mas não é uma garantia. A Austrália, por exemplo, já está aprendendo isso. Ainda que seja o país mais rico a sofrer em curto prazo efeitos intensos do aquecimento, trata-se de um caso interessante para estudar como os países ricos vão reagir ao novo estado de coisas.

A Austrália se tornou rica com os imigrantes, inicialmente europeus e mais recentemente os asiáticos, ignorando quase que totalmente a população nativa, praticando a agropecuária, (muita) mineração e atividades industriais variadas. Em 2011, uma única onda de calor produziu a morte de milhões de árvores e outras plantas, de grandes extensões de corais (num fenômeno denominado embranquecimento dos corais, que vimos no capítulo sobre os oceanos), perda de muitos pássaros, picos nunca vistos de reprodução de insetos e transformações em ecossistemas marinhos e terrestres. Quando o país criou uma taxa de carbono, as emissões diminuíram. Mas logo depois, sob pressão política, a taxa caiu, e depois foi novamente reativada.

Em 2018, o parlamento do país declarou o aquecimento global "um risco atual e existencial à nação". Poucos meses depois, seu primeiro-ministro, que tinha consciência da ameaça representada pelo aquecimento global, foi forçado a renunciar pela "vergonha" de querer cumprir o Acordo de Paris. Esse tipo de pressão política vai crescer em todo o mundo. A Austrália é uma grande produtora – e exportadora – de carvão. Nos Estados Unidos, vários estados produtores, como a Virgínia Ocidental, fazem pressão contra a tentativa de desativar as termoelétricas. No Brasil, a pressão veio primeiro dos agricultores. Mas, como um grande produtor de petróleo, e produtos dele derivados, consistindo em indústrias em que executivos e empregados têm grande força política, esperem até tentarmos substituir os veículos a gasolina e a diesel, os petroquímicos e os plásticos. A Rússia, países árabes e até mesmo a sempre afável Noruega farão enorme pressão contra a redução no consumo de combustíveis fósseis, financiando entidades negacionistas (que, como já comentei, agem agora de forma muito mais sutil), justificando a continuidade de seus projetos para evitar "a perda de milhares de empregos" (como se outras formas de produzir energia não criassem novos empregos), e até mesmo com hipocrisia verde, ao propor usarmos o gás natural como "o combustível da transição" (como se, ao iniciar agora um projeto de gás natural, não precisassem de garantia dos governos de que poderão operar e, portanto, gerar gases de efeito estufa por décadas).

Não podemos brincar com isso. E estamos, como já disse, fazendo um experimento perigoso com o planeta. Um jogo em que a nossa preguiça, a nossa inércia e o nosso comodismo vencem. Mas todo o resto perde. As oportunidades de desenvolvimento científico e tecnológico que a transição para a economia verde oferece e a perspectiva de sermos uma sociedade mais justa e humana nos dão a chance de deixar para trás nossa longa infância de crianças mimadas e nos tornarmos adultos de verdade. Tomando conta do planeta como pessoas responsáveis, que tantos de nós gostam de dizer que são. Como eu também já disse, olhando o futuro da perspectiva atual, nós estamos indo de mal a pior.

O OTIMISMO REALISTA

Ao longo deste livro, de forma análoga ao sombrio parágrafo acima, usei muito expressões como "experiência perigosa com o planeta" ou "estamos brincando com fogo", ou ainda "estamos sendo incrivelmente irresponsáveis". Essas expressões não são exageradas. Elas são as corretas para descrever a situação em que nos encontramos. Não é alarmismo usar esses termos se temos razões para estar alarmados. O caminho para sairmos da encrenca em que nos metemos é bastante evidente. E envolve uma mudança profunda na nossa maneira de viver. Embora não seja o principal foco deste livro, mencionei, nos diversos capítulos, várias maneiras de fazer isso. No entanto, não estamos fazendo o suficiente. Ou melhor, apesar de muitas tímidas iniciativas, estamos muito longe de agir. Espero ter conseguido, ainda que de maneira ampla, apontar alguns dos caminhos que temos que seguir. Ao chegar até aqui na leitura – e muito obrigado por isso –, você viu quais precisam ser nossas ações, ainda que em termos bem gerais. As soluções específicas para cada situação são muito variadas, algumas dependendo de tecnologias embrionárias, ou nem isso ainda. Agora você não pode mais dizer que não sabe. Cada vez mais as pessoas sabem que a situação é crítica, e pouco a pouco começam também a compreender o que deve ser feito, que é hora de mudar. Aos poucos, muito mais lentamente do que seria ideal, as coisas começam a mudar.

No Brasil, tomando como exemplo a empresa que conheço melhor, a Petrobras, poderia liderar a transição energética. Com seu sistema tecnológico extremamente avançado, que inclui não apenas seus próprios técnicos e pesquisadores, mas também uma série de grupos de pesquisas em universidades e outras instituições de ciência e tecnologia do Brasil e de todo o mundo, a empresa teria plenas condições de prover o Brasil com as soluções tecnológicas necessárias para uma transição energética rápida e eficiente. Mas para isso seria necessário deixar de se ver como uma empresa de petróleo e se tornar, verdadeiramente – com coração e mente –, uma empresa de energia. Limpa. Mas, como falei no capítulo 2, isso não será fácil. O grupo técnico da companhia, formado principalmente por engenheiros e geólogos, tem muito orgulho de sua história. Tornou um país com uma produção desprezível de petróleo em gigante do setor, respeitado no mundo inteiro, utilizando muitas vezes soluções tecnológicas inovadoras, a maior parte delas criada dentro do Brasil, por mentes brasileiras. Petróleo está, como dizem, no seu "DNA".

Mas o mundo está mudando, e os novos tempos nos indicam que, se por um lado ainda vamos precisar produzir petróleo por algum tempo, temos que nos preparar para o fim da era dos combustíveis fósseis. Não é uma mudança tão inviável assim. Por exemplo, você sabia que, atualmente, as principais fornecedoras de energia eólica produzida no mar são as companhias de petróleo (muitas mudando sua definição para "empresas de energia")? Sendo assim, por que a maior empresa de energia do Brasil não pode mudar? Por que não fazer agora aquilo que o país precisa? As próximas gerações da Petrobras, e sua rede de pesquisa associada, não teriam orgulho, daqui a cinquenta anos, de ter novamente ajudado o país, desta vez na transição energética? A Petrobras e eu temos quase a mesma idade (eu sou um pouco mais jovem!). Se eu mudei a minha visão, por que os que fazem parte da geração que hoje está assumindo o comando da companhia – muitos dos quais eu vi amadurecer como profissionais, tendo sido até mesmo mentor de alguns deles – não assumem esse novo desafio? Na verdade, eu penso que essa é a única alternativa para a empresa não definhar lentamente, à medida que abandonamos o uso do petróleo.

A Petrobras, naturalmente, não é a única que precisa se reinventar. Empresas de geração de energia, petroquímicas e químicas em geral, transportadoras, montadoras, siderúrgicas, empresas de construção civil e um grande número de indústrias e serviços que citei aqui ao longo do livro terão que se envolver. E o agronegócio? Esse certamente será um grande polo de resistência às necessárias mudanças na dieta e na maneira de se fazer agropecuária. Mas nossos fazendeiros são altamente competentes. Se eles perceberem que o mercado – no Brasil e no mundo – está mudando, vão mudar também. E continuar ganhando dinheiro. Evidentemente, para que tudo isso aconteça, será preciso muita pressão da sociedade e um amplo conjunto de ações governamentais. Não discursos, não promessas, não hipocrisia, mas ações efetivas. Algumas muito duras. O governo terá que ser eficiente em adotar as medidas corretas e em comunicar para os brasileiros que elas são necessárias, e que, no médio e longo prazos, vão beneficiar a todos nós. E é aqui que você tem que fazer a sua parte. Os governos não atuam sem a pressão da sociedade.

Portanto, nós temos que pressionar os governos municipais, estaduais e federal para que atuem de maneira enfática, não só na transição de energia, mas em todas as transformações que mencionei aqui. Você pode fazer isso diretamente, escolhendo representantes comprometidos com as causas do planeta – e não aqueles que desviam dinheiro público e depois arrumam algum para a escola da cidade, fazendo todo o mundo achar o sujeito o máximo –, cobrando o cumprimento de promessas pelos governantes e acompanhando as discussões nas casas legislativas. Ou, melhor ainda, contribuindo com dinheiro para organizações não governamentais (ONGs) que atuem nas diversas frentes que vimos aqui. Não precisa ser muito. Mas doar dinheiro a ONGs realmente atuantes, tanto as que agem diretamente nos problemas como aquelas que pressionam os políticos, pode ser a maneira mais eficiente de contribuir para que alcancemos resultados efetivos. Acredite, usar sua energia para conseguir trabalhar um pouco mais, ou ainda melhor, estudar formas de evitar aquele gasto supérfluo, e usar o dinheiro ganho ali para contribuir para uma ONG é mais eficiente do que gastar a mesma energia cuidando de uma composteira em casa. Mas pesquise bem. Como em tudo neste mundo, há muitas ONGs trambiqueiras por aí. Lembra que eu mencionei que o Selo Azul de pesca sustentável é concedido por ONGs sustentadas pela indústria pesqueira? Felizmente, existem muitas ONGs bem conhecidas que têm uma longa história de bons serviços e reputação ilibada. Procurando um pouco, você vai encontrar aquelas que melhor representam seus pensamentos e preocupações.

Este livro foca os problemas, pois eu penso que é preciso primeiro entendê-los, para, a seguir, encontrarmos as melhores soluções. Pois há um grande número de alternativas. Muitas delas já existem, mas não são mais amplamente aplicadas por esbarrarem em questões econômicas. A substituição dos combustíveis fósseis na geração de eletricidade é tecnicamente viável. É viável a redução no consumo de carne vermelha e dos produtos animais em geral, além das mudanças mais urgentes no sistema de produção de alimentos. Reduzir o uso de fertilizantes e pesticidas, também. Mudar a forma como praticamos a pesca industrial, também. Isso tudo e a maior parte das demais mudanças que são necessárias só depende da sociedade. Agindo, pressionando, fiscalizando.

É claro que serão necessários grandes investimentos em pesquisa e tecnologia para viabilizar algumas mudanças, acelerar outras, e descobrir as melhores formas de aprimorar os esforços de mitigação e adaptação para os efeitos que não conseguiremos evitar. Tudo isso custa dinheiro. No entanto, como eu já disse, se colocarmos nas contas os custos que os processos danosos ao planeta representam, vamos verificar que eles custam muito mais caro do que as opções mais sustentáveis. E se considerarmos os subsídios que os processos danosos recebem, perceberemos que seu custo real é ainda maior. Esse cálculo tem que ser corrigido, e cabe principalmente aos governos, via redução de subsídios e criação dos corretos incentivos fiscais, valorar devidamente os diferentes processos, levando em conta não apenas os custos para esta geração, mas também para as futuras. É hora de sermos responsáveis, de mudar nossos padrões de consumo e alimentação, de pressionar nossos governos para que trabalhem mais fortemente em prol da sustentabilidade. Sem hipocrisia, sem falsas promessas. Não quero, você não quer, e creio que poucos de nós das gerações que hoje estão vivas, que sejamos lembrados como aqueles que foram responsáveis pela maior tragédia que já aconteceu com o planeta e com a humanidade. Nós podemos evitar isso. Já conhecemos muitas soluções e podemos desenvolver as tecnologias que nos faltam. Vai ser difícil, vai piorar antes de melhorar, mas não há outro caminho que não o de começar logo e trabalhar duro. O que vamos enfrentar é pior do que a pior das guerras. Mas é possível vencer.

UM ÚLTIMO ALERTA

Em 1950, enquanto caminhava para o almoço com seus colegas do Laboratório de Los Alamos, o físico italiano Enrico Fermi, pensando sobre o universo, fez uma pergunta: "Onde está todo o mundo?". Essa questão, conhecida como "Paradoxo de Fermi", pode ser formulada com mais detalhes da seguinte maneira: se o universo é tão grande, como é possível que não tenhamos encontrado até agora nenhum sinal de vida inteligente? E olha que estamos escutando. Há décadas radiotelescópios poderosos varrem o universo em busca de um sinal que pareça ter sido emanado de outra civilização. E esta nem precisa existir mais, pois os telescópios capturam inclusive sinais emitidos há muitos milhões de anos. Nada foi detectado. Será que estamos fadados à autodestruição? Neste começo dos anos 2020, com tantas notícias ruins sobre o planeta, com ditadorezinhos ameaçando com suas armas nucleares, com o fascismo renascendo em diferentes partes do mundo, inclusive no Brasil, somos tentados a pensar que sim, que não temos mesmo salvação. Mas os humanos já demonstraram inúmeras vezes sua capacidade de superação. Já enfrentamos ditadores, já colocamos de joelhos indústrias poderosas, já salvamos milhões de pessoas da fome. Podemos enfrentar mais desafios. No entanto, por outro lado, eles nunca foram tão formidáveis.

Parece-nos inimaginável que isso aconteça. Mas me pergunto: o que pensaram todas as civilizações alienígenas que talvez tenham sido extintas sem que soubéssemos de sua existência? Afinal, como eu disse, num universo imenso, ainda não recebemos nenhum sinal de que existe vida inteligente em algum lugar. Será que não existe mais porque toda vez que uma civilização atinge um estágio tecnológico mais avançado ela se destrói? Ou ainda mais, agora entrando num terreno meramente especulativo, será que a morte das civilizações está implantada na própria fábrica do universo tanto quanto a nossa morte está em nosso DNA?

Especulações à parte, o fato é que estamos brincando, e essa palavra não está errada, com algo muito perigoso. Se não levarmos a sério as ameaças que pairam sobre nós, se os governantes, os políticos, os demais líderes da sociedade, assim como todos nós, não agirem rapidamente, o improvável pode se tornar provável, e o que parece impossível pode se tornar inevitável. Eu procurei apresentar, ao longo dos capítulos, a situação como ela está hoje, da maneira mais realista que os dados permitem. Quanto aos cenários futuros, há incertezas, sem dúvida, mas procurei apresentar os mais prováveis. Eu sei que muitos deles parecem assustadores, como se eu estivesse escolhido os piores possíveis. Assim seria se o livro tivesse sido escrito na década de 1990. Se tivéssemos começado a agir de modo mais firme naquela época, seriam de fato os mais pessimistas. Mas agora, em 2023, esses cenários não são apenas possíveis. Mas, de fato, os mais prováveis.

Não vamos conseguir evitar que o planeta se transforme num lugar muito mais hostil, perigoso e imprevisível. Estamos próximos de testemunhar o fim do mundo que conhecemos. Esse mundo que nos abrigou por tanto tempo, e que propiciou o desenvolvimento da civilização humana. Seremos estranhos num mundo que nós mesmos criamos. Por outro lado, o mundo que irá surgir se nós não agirmos agora é muito pior do que os cenários que vimos aqui. Em certos aspectos, é tão ruim que temos até dificuldade em visualizá-lo. Nós simplesmente nos recusamos a olhar o monstro face a face. De uma certa forma, será um mundo parecido com aquela história fantástica na qual os quatro cavaleiros do apocalipse, peste, guerra, fome e morte, espalham seu terror de forma devastadora. Tudo isso parece muito exagerado. Mas a verdade é que eles, e outros mais, estão à espreita. À espera da nossa inação, da nossa complacência. Eles não têm pressa. Apenas esperam. E a cada ano que passa, enquanto nos perdemos em discussões fúteis, como de que forma podemos salvar o mundo e ainda lucrar com isso (parece ser a única forma de convencer o capital de que vale a pena salvar a humanidade!), assistimos complacentes à deterioração do planeta, esperando que alguma solução mágica resolva nossos problemas.

A cada ano, a cada dia, o apocalipse parece mais próximo de se tornar real, até a hora em que não haverá mais jeito para esse primata arrogante chamado *sapiens*. Se não agirmos rapidamente, nossa rápida passagem sobre a Terra ficará marcada para sempre na história geológica do planeta como uma fina camada que Verena e seus colegas escavarão para desenterrar os nossos restos.

Mas eu acredito que a história da Verena seja, de fato, apenas ficção. Eu penso, de uma forma que beira a teimosia, que em algum momento, que espero seja em breve, vamos começar a agir de forma mais eficaz. Vamos entender que, embora seja inevitável que as transformações que estamos promovendo na Terra mudem o planeta de forma permanente, ainda podemos reduzir muito os impactos de todas elas, tornando a vida suportável, até mesmo no planeta hostil. Os humanos são capazes de grandes realizações quando decidem se unir e lutar por uma causa comum. Nunca fizemos isso em escala planetária, mas a história está cheia de sagas de povos que lutaram e venceram, mesmo quando tudo parecia perdido.

Muitos estudiosos da felicidade dizem que ela depende muito mais de encontrarmos uma razão para viver do que a simples conquista de prazeres fugazes ou bens materiais. Esse imenso desafio que se descortina diante de nós talvez nos dê um motivo a mais para viver e sermos felizes pelo que estamos conquistando. Eu tenho uma sobrinha que está na adolescência, e um sobrinho-neto que ainda é uma criança pequena.

Eles provavelmente viverão para ver toda a saga humana de destruição e restauração do planeta ao longo do século XXI. Sendo um realista esperançoso, ainda acredito que eles e alguns dos meus leitores, os muito jovens naturalmente, verão, no início do século XXII, seus netos brincando na areia de uma praia limpa à beira de um mar transparente e cheio de vida, respirando ar puro, levando uma vida saudável, num mundo menos desigual. Para que isso aconteça, precisamos começar agora, hoje mesmo, todos nós. Junte-se a esse esforço. O planeta e dezenas, talvez milhares de gerações futuras, quando olharem para o passado, vão agradecer a você.

Notas e referências

INTRODUÇÃO

1 Chamamos de CO_2 equivalente porque consideramos não só a quantidade de CO_2, mas também dos outros gases de efeito estufa, devidamente ponderados por seu efeito (por exemplo, se o metano é 80 vezes mais potente que o CO_2 em termos de efeito estufa, multiplicam-se as toneladas de metano emitidas por 80, e assim por diante).

2 Obtenha o relatório do CAAD sobre a COP27, assim como outras informações relevantes sobre a desinformação acerca das mudanças climáticas no portal: https://caad.info.

3 A maior parte dos dados que eu considerei de domínio público foram obtidos de três sites: www.wikipedia.org, www.ourworldindata.org e www.visualcapitalist.com. São excelentes fontes de dados, não apenas para os tópicos deste livro. Outras referências, para dados mais específicos, são citadas ao longo do livro.

4 Li esse interessante argumento no livro *A terra inabitável – Uma história do futuro*, de David Wallace-Wells, tradução de Cássio de Arantes Leite (Companhia das Letras, 2019). Esse livro serviu de inspiração para vários trechos dos capítulos sobre as mudanças climáticas.

5 O site do IPCC (veja em www.ipcc.ch) apresenta um grande número de relatórios sobre mudanças climáticas e seus efeitos no planeta e na humanidade. Os mais importantes são os Relatórios de Avaliação (*Assessment Reports* – AR, sigla em inglês). Eu me referi a eles como "AR" seguido do seu número. Assim, "AR6", por exemplo, se refere ao sexto relatório de avaliação do IPCC, publicado em 2023, de onde extraí a maior parte das informações do IPCC.

6 O conjunto de relatórios do IPBES (https://www.ipbes.net) possibilita uma ampla consulta sobre os mais diferentes aspectos da crise da biodiversidade e da destruição dos ecossistemas do planeta, assim como seus impactos sobre a sociedade humana.

Capítulo 1

1 A história de Guy Callendar e Eunice Foote pode ser encontrada no artigo de Sidney Perkovitz, publicado on-line pela revista do Museu de História da Ciência de Filadélfia, intitulado "How two outsider scientists saw inside climate change". Acesse o artigo pelo link: https://www.sciencehistory.org/stories/magazine/how-two-outsider-scientists-saw-inside-climate-change.

2 Parte da história do efeito estufa contada aqui foi baseada no livro *The quest,* de Daniel Yergin (Penguin Books, 2011). Há uma tradução em português (por Ana Beatriz Rodrigues) publicada no Brasil em 2014 pela Editora Intrínseca.

3 YERGIN, D. *The quest*, citado na nota acima.

4 TYNDALL, J. *Contributions to molecular physics in the domain of radiante heat* (1873): Don Appleton and co., New York, 481 p.

5 ARRHENIUS, S. On the influence of carbonic acid in the air upon the temperature of the ground (1896): *Philosophical Magazine* and *Journal of Science,* Fifth Series, pp. 237-276.

6 YERGIN, D. *The quest*, citado na nota 2.

7 KEELING, C. D.; e coautores. *Atmospheric concentrations of carbon dioxide at Mauna Loa Observatory,* Hawaii (1976): Tellus, v. XXVIII, n. 6, pp. 538-551.

8 MARQUES, Luiz. *O decênio decisivo – Propostas para uma política de sobrevivência* (2023). Editora Elefante. 801 p. Esse livro foi publicado quando eu já havia terminado a pesquisa para meu livro. Ainda assim, o utilizei para incluir algumas informações mais recentes. É um trabalho de fôlego, com uma grande profusão de dados e informações úteis. Trata-se de uma importante referência para quem quiser se aprofundar em vários temas abordados neste livro. Além de apresentar, como descrito no subtítulo, propostas para as sociedades enfrentarem as mudanças do planeta.

9 GRAVEN, H.; Changes to carbon isotopes in atmospheric CO_2 over the industrial era and into the future (2020): *Global Biogeochemical Cycles*, v. 34, 12 p. Disponível em: https://doi.org/10.1029/2019GB006170.

10 RYAN, W.B.F. e coautores (1997). An abrupt drowning of the Black Sea shelf. *Marine Geology*, v. 138. pp. 119-126.

11 Para mais detalhes sobre a física do aquecimento global, consulte o relatório específico do WG1 (Working Group 1 – The Physical Science Basis) do AR6 do IPCC. Disponível em: https://www.ipcc.ch/report/ar6/wg1.

Capítulo 2

1 Esses dados, e parte da descrição aqui apresentada sobre os processos que geram gases de efeito estufa, são do livro de Bill Gates, intitulado *Como evitar o desastre climático*, tradução de Cássio Arantes Leite (Companhia das Letras, 2021). Gates concorda que não conseguiremos zerar a emissão de gases de efeito estufa até 2030. Mas propõe que o façamos até 2050, tentando mostrar como fazer isso. Pelas razões expostas neste livro, eu o considero excessivamente otimista.

2 Veja mais detalhes em: https://stories.undp.org/what-do-plastics-have-to-do-with-climate-change#.

3 Acesse esses dados e outros sobre a matriz energética brasileira em: https://www.gov.br/pt-br/noticias/energia-minerais-e-combustiveis/2022/02/setor-eletrico-brasileiro-alcanca-recordes-historicos-e-conquistas-em-2021.

4 GATES, Bill. *Como evitar o desastre climático*, citado na nota 1.

5 Veja mais detalhes em: https://ourworldindata.org/energy-access

6 Acesse o relatório da IEA pelo link: https://www.iea.org/topics/energy-subsidies.

Planeta hostil   331

7 GATES, Bill. *Como evitar o desastre climático*, citado na nota 1.

8 GATES, Bill. *Como evitar o desastre climático*, citado na nota 1.

9 Veja mais detalhes em: https://www.iea.org/reports/the-future-of-cooling.

10 Veja mais detalhes no livro *Sob um céu branco – A natureza no futuro*, de Elizabeth Kolbert (título original: *Under a bright sky*). Tradução de Maria de Fátima Oliva do Coutto (Editora Intrínseca, 2021).

Capítulo 3

1 IMWERZEEL, W.W. e coautores, Importance and vulnerability of the world's water towers (2019): *Nature*, v. 577, pp. 364-369.

2 Parte da descrição sobre o derretimento das geleiras em ambas as regiões polares apresentadas neste capítulo foi baseada no livro *A espiral da morte*, do jornalista brasileiro Claudio Angelo (Companhia das Letras, 2016).

3 KING, M.D. e coautores. Dynamic ice loss from the Greenland Ice Sheet driven by sustained glacier retreat (2020): *Nature Briefing*, Commun. Earth Environ. Disponível em: https://doi.org/10.1038/s43247-020-0001-2.

4 ANGELO, C. *A espiral da morte*, citado na nota 2.

5 CHRIST, A.J. e coautores, Deglaciation of northwestern Greenland during Marine Isotopic Age 11 (2023): *Science*, v. 381, pp. 330-335. Disponível em: https://www.science.org/doi/10.1126/science.ade4248.

6 Acesse o relatório pelo link: https://www.ipcc.ch/assessment-report/ar4.

7 ANGELO, C. *A espiral da morte*, citado na nota 2.

8 ANGELO, C. *A espiral da morte*, citado na nota 2.

9 Veja mais detalhes em: https://www.noaa.gov/ocean-coasts.

Capítulo 4

1 ANGELO, C. *A espiral da morte*. Este livro, além de discutir o degelo, apresenta uma descrição detalhada da influência da região antártica no clima do planeta.

2 DITLEVSEN, P.; DITLEVSEN, S. Warning of a forthcoming collapse of the Atlantic meridional overturning circulation (2023): *Nature Communications*, v. 14, n. 4254, 12 p. Acesse o artigo pelo link: https://www.nature.com/articles/s41467-023-39810-w.

3 ANGELO, C. *A espiral da morte*, citado na nota 1.

4 GAN, M.A. e colaboradores. A monção sul-americana: *Revista do Instituto Nacional de Pesquisas Espaciais* (2017), 6 p. Acesse o artigo pelo link: http://climanalise.cptec.inpe.br/~rclimanl/revista/pdf/30anos/ganetal.pdf.

5 Veja mais detalhes em: https://www.epa.gov/climate-indicators/climate-change-indicators-tropical-cyclone-activity

6 ROBINSON, A. e coautores. Increasing heat and rainfall extremes now far outside the historical climate (2021): *NPG Climate and Atmospheric Science*, 4 p. Acesse o artigo pelo link: https://www.nature.com/articles/s41612-021-00202-w.

7 Veja mais detalhes em: https://www.ipcc.ch/site/assets/uploads/2018/03/SREX-Chap3_FINAL-1.pdf.

Capítulo 5

1 GOODELL, Jeff. *The heat can kill you first* (2023). Editora Little, Brown and Company. 382 p. Ainda sem tradução para o português. Esse livro foi publicado quando eu já havia terminado a pesquisa para meu livro. Ainda assim o utilizei para incluir algumas informações mais recentes. Trata-se de uma referência atualizada e importante sobre os vários aspectos do efeito do calor no planeta e nos humanos.

2 Veja mais detalhes em: https://www.carbonbrief.org/mapped-how-climate-change-affects-extreme-weather-around-the-world.

3 *Extreme heat – Preparing for the heat waves of the future*, October, 2022, A joint publication of the United Nations Office for the Coordination of Humanitarian Affairs, the International Federation of Red Cross and Red Crescent Societies, and the Red Cross Red Crescent Climate Centre. Acesse pelo link: https://www.unocha.org/story/heatwaves-account-some-deadliest-disasters-and-are-intensifying-warn-ocha-ifrc.

4 BALLESTER, J. e coautores. Heat-related mortality in Europe during the summer of 2022 (2023): *Nature Medicine*, v. 29, pp. 1857-1866. Acesse pelo link: https://www.nature.com/articles/s41591-023-02419-z.

5 Veja mais detalhes no relatório da UNDRR: https://www.undrr.org/gar2021-drought.

6 Obtenha o relatório Spreading like wildfire (em tradução livre: "Se espalhando como fogo no mato) do Programa das Nações Unidas para o Meio Ambiente (sigla em inglês: UNEP) pelo link: https://www.unep.org/resources/report/spreading-wildfire-rising-threat-extraordinary-landscape-fires.

7 Obtenha o relatório pelo link: https://www.worldbank.org/en/topic/water/publication/high-and-dry-climate-change-water-and-the-economy.

Capítulo 6

1 Parte do relato sobre a extinção dos corais e de outros organismos marinhos foi baseada no livro *The sixth extinction*, de Elizabeth Kolbert (Editora Bloomsbury, 2014). Há uma tradução em português – *A sexta extinção* (por Mauro Pinheiro), publicada em 2015 pela Editora Intrínseca.

2 CARPENTER, K.E. e coautores. One-third of reef-building corals face elevated extinction risk from climate change and local impacts (2008): *Science*, v. 321, issue 5.888, pp. 560-63. Disponível em: https://doi.org/10.1126/science.1159196.

3 KOLBERT, E. *The sixth extinction*, citado na nota 1.

4 Veja mais detalhes em: https://www.unep.org/interactives/beat-plastic-pollution.

5 Além dessa observação sobre plásticos, parte do relato sobre a pesca predatória, apresentado na respectiva seção, foi baseado no documentário *Seaspiracy* (o título é um jogo de palavras entre conspiração (*conspiracy*) e pirataria (*piracy* no mar), e nas referências nele apresentadas. Você pode também obter mais detalhes no site: https://www.seaspiracy.org.

6 ROCHMAN, C.; TAHIR, A.; WILLIAMS, S. *et al.* Anthropogenic debris in seafood: Plastic debris and fibers from textiles in fish and bivalves sold for human consumption (2015): *Sci Rep.*, v. 5, 14340 (2015). https://doi.org/10.1038/srep14340.

7 Veja mais detalhes no site: https://www.wri.org/initiatives/eutrophication-and-hypoxia/learn.

8 RITZEL, M. Gulf of Mexico's hypoxic dead zone (2014): *Research Gate Publication,* n. 269470554, 6 p. Acesse pelo link: https://www.researchgate.net/publication/269470554_Gulf_of_Mexico's_Hypoxic_Dead_Zone.

9 *Seaspiracy*, citado na nota 5.

10 Veja mais detalhes em: https://oeco.org.br/reportagens/desperdicio-do-arrasto-aumenta-chances-de-extincao-da-vida-marinha/#:~:text=H%C3%A1%20cerca%20de%205.225%20barcos%20de%20arrasto%20registrados%20no%20Brasil.

Capítulo 7

1 Obtenha o relatório pelo link: https://www.fao.org/3/I8429EN/i8429en.pdf.

2 Veja mais detalhes em: https://www.globalsoilbiodiversity.org/blog-beneath-our-feet/2018/1/9/how-much-soil-is-lost-every-year.

3 Veja mais detalhes em: https://www.bbc.com/portuguese/noticias/2016/01/160127_vert_earth_solo_lab

4 SCHOLLES, R. e coautores. *IPBES Report on land degradation and restoration* (2018). Acesse pelo link: https://www.ipbes.net/sites/default/files/spm_3bi_ldr_digital.pdf.

5 Veja mais detalhes no site da UNCCD: https://www.unccd.int/land-and-life/desertification/overview.

6 Acesse o relatório pelo link: https://www.terrabrasilis.org.br/ecotecadigital/index.php/estantes/pesquisa/1382-programa-de-acao-nacional-de-combate-a-desertificacao-e-mitigacao-dos-efeitos-da-seca-pan-brasil.

7 DUNCOMBE, J. (2021). Index suggests that half of nitrogen applied to crops is lost. *Eos,* 102 (2018). Disponível em: https://doi.org/10.1029/2021EO162300.

8 Veja mais detalhes em: https://e360.yale.edu/features/can-the-world-find-solutions-to-the-nitrogen-pollution-crisis.

9 SANTOS, E. A. Demanda de nitrogênio e eficiência agroambiental na produção brasileira de cereais (2020): Tese de Mestrado, Universidade Federal de Viçosa. Acesse pelo link: https://www.locus.ufv.br/bitstream/123456789/28266/1/texto%20completo.pdf.

Capítulo 8

1 Parte do relato apresentado neste capítulo foi baseada no livro *The sixth extinction*, de Elizabeth Kolbert, já citado no capítulo 6.

2 Veja um resumo das principais questões levantadas pelo relatório "IPBES sixth assessment report" em: https://www.ipbes.net/news/million-threatened-species-thirteen-questions-answers#Q2.

3 Acesse esse e outros estudos pelos links da reportagem: https://www.theguardian.com/environment/2018/may/21/human-race-just-001-of-all-life-but-has-destroyed-over-80-of-wild-mammals-study.

4 KOLBERT. *The sixth extinction*, citado na nota 1.

5 ROSENBERGET, K. V. e coautores. Decline of the North America avifauna (2019): *Science*, v. 366, p-. 120-124. Acesse o artigo pelo link: https://www.science.org/doi/10.1126/science.aaw1313.

6 HUGHES, K. e coautores. The world forgotten fishes (2023): Relatório preparado para a WWF. Acesse pelo link: https://c402277.ssl.cf1.rackcdn.com/publications/1460/files/original/wwfintl_freshwater_fishes_report.pdf?1617110723.

7 WAKE, D. R.; VREDENBURG, V. T. Are we in the midst of the sixth mass extinction? A view from the world of amphibians (2008): Procedings of the National Academy of Sciences: Acesse pelo link: https://www.pnas.org/doi/full/10.1073/pnas.0801921105

8 KOLBERT. *The sixth extinction*, citado na nota 1.

9 KOLBERT. *The sixth extinction*, citado na nota 1.

Capítulo 9

1 Parte dos relatos sobre as funções dos insetos nos ecossistemas foi baseada no livro *Planeta dos insetos*, de Anne Sverdrup-Thygeson (tradução de Leonardo Pinto Silva), Editora Matrix, 2020.

2 SVERDRUP-THYGESON, A.: citado acima.

3 Parte da descrição dos microbiomas, principalmente no que se refere aos humanos, foi baseada no livro *I contain multitudes*, de Ed Yong ("Eu contenho multidões", em tradução livre). Harper Collins Publisher, 2016. O livro ainda não tem tradução para o português.

4 TAUCHER, J., Bach; L.T., J. A.; PROWE, A. E. F.; BOXHAMMER, T.; KVALE, K.; RIEBESELL, U. (2022). Slower silica dissolution under ocean acidification triggers global diatom decline: *Nature.* Disponível em: https://doi.org/10.1038/s41586-022-04687-0.

5 Dubey, A. e coautores. Soil microbiome: a key player for conservation of soil health under a changing climate (2019): *Biology and Conservation*, 25 p. https://doi.org/10.1007/s10531-019-01760-5.

6 Veja mais detalhes em: https://www.nhm.ac.uk/discover/soil-degradation.html.

7 Mencionado por Ed Yong no livro *I contain multitudes*, citado na nota 3.

8 Murray, C. J. L. e coautores. Global burden of bacterial antimicrobial resistance in 2019: a systematic analysis (2022*): Lancet,* v. 399, pp. 699-55.

9 TANG, K. e coautores. Restricting the use of antibiotics in food-producing animals and its association with antibiotic resistance in food-producing animals and human beings: a systematic review and meta-analysis (2017): *The Lancet Planetary Health*, v. 1, n. 8, pp. 316-327. Disponível em: https://doi.org/10.1016/S2542-5196(17)30141-9.

Capítulo 10

1 NAIDU, R. e coautores. Chemical pollution: a growing peril and a potential catastrophic risk to humanity (2021): *Environmental International*, v. 156, pp. 1-12. Disponível em: https://doi.org/10.1016/j.envint.2021.106616.

2 Veja mais detalhes em: https://www.pops.int/TheConvention/Overview.

3 Para mais detalhes em português acesse: https://cetesb.sp.gov.br/centroregional/a-convencao/poluentes-organicos-persistentes-pops.

4 SCHERINGER, M. Innovate beyond PFAs (2023): *Science*, v. 381. p. 251. Disponível em: https://www.science.org/doi/10.1126/science.adj7475.

5 Veja mais detalhes em: https://www.whitehouse.gov/briefing-room/statements-releases/2022/06/15/fact-sheet-biden-harris-administration-combatting-pfas-pollution-to-safeguard-clean-drinking-water-for-all-americans.

6 Veja mais detalhes em: https://www.who.int/news-room/fact-sheets/detail/dioxins-and-their-effects-on-human-health.

7 Obtenha o relatório pelo link: https://www.fao.org/documents/card/en/c/cb3411en.

8 UGAI, T. e coautores. Is early-onset cancer a global epidemy? Current evidence and future implications (2022): *Nature Reviews Clinical Oncology*, v. 19, pp. 656-673. Acesse o artigo pelo link: https://www.nature.com/articles/s41571-022-00672-8.epdf?sharing_token=1umLnn8X8BYzX5QTMHyArtRgN0jAjWel9jnR3ZoTv0Mbf4RPi-ocNFWHJz8DUBZsAPhKJF2UqgYLHsA0Cpbtq9pHyF5VY4_W23Ny67AuPivP2QGjseGKUadh2IPLERt0L07AH5dSEBqCheSrvp_NMPuByyxFdBZ3yftAdU%3D

Capítulo 11

[1] Dados extraídos do site da Statista (é preciso fazer a inscrição – há uma opção gratuita). Acesse esses dados pelo link: https://www.statista.com/statistics/282732/global-production-of-plastics-since-1950.

[2] Veja mais detalhes em: https://www.greenpeace.org/usa/reports/circular-claims-fall-flat-again.

[3] Veja mais detalhes em: https://www.unep.org/news-and-stories/press-release/plastic-waste-causes-financial-damage-us13-billion-marine-ecosystems.

[4] Veja mais detalhes em: https://www.nationalgeographic.com/environment/article/microplastics-are-in-our-bodies-how-much-do-they-harm-us.

[5] WIESINGER, H. e coautores. Deep dive into plastic monometers, additives and processing aids (2012): *Environ. Sci. Technol.*, v. 55, pp. 9339-9351. Acesse o artigo pelo link: https://pubs.acs.org/doi/epdf/10.1021/acs.est.1c00976.

[6] DE WIT, W. e coautores. Solucionar a poluição plástica: transparência e responsabilização (2019): Relatório preparado pela Dalberg Advisors para a WWF (World Wide Fund), 50 p.